青岛大学学术专著出版基金资助

中国海洋功能区划制度研究

崔鹏◎著

中国社会科学出版社

图书在版编目（CIP）数据

中国海洋功能区划制度研究/崔鹏著．—北京：中国社会科学出版社，2017.12

ISBN 978-7-5203-1129-8

Ⅰ．①中…　Ⅱ．①崔…　Ⅲ．①海洋经济—经济规划—研究—中国　Ⅳ．①P74

中国版本图书馆CIP数据核字(2017)第239171号

出 版 人　赵剑英
责任编辑　刘晓红
责任校对　周晓东
责任印制　戴　宽

出　　版　中国社会科学出版社
社　　址　北京鼓楼西大街甲158号
邮　　编　100720
网　　址　http://www.csspw.cn
发 行 部　010-84083685
门 市 部　010-84029450
经　　销　新华书店及其他书店

印　　刷　北京明恒达印务有限公司
装　　订　廊坊市广阳区广增装订厂
版　　次　2017年12月第1版
印　　次　2017年12月第1次印刷

开　　本　710×1000　1/16
印　　张　18.5
插　　页　2
字　　数　256千字
定　　价　86.00元

自　　序

2001 年 10 月 27 日，全国人大常委会颁布了一部名为《海域使用管理法》的法律，宣布了中华人民共和国的海域“属于国家所有”，同时，创设了一种新型的财产权——“海域使用权”。

在一切自然资源中，最重要的莫过于土地，因此，土地权利当然成了十分受关注的问题。但长期以来我们却忽略有这样一片蓝色的“土地”，广袤无垠，藏金纳银，价值无限，这片土地的名字叫“海洋”。当我们眺望无边大海汹涌波涛时，并不会把大海与土地在观念上相连接，也通常不会考虑大海是谁的。正如在计算中国领土面积时，人们大多忘记中国周边浩瀚海洋之下的土地一样，忘记除九百六十万平方千米陆地领土外，还包括我国管辖的三百多万平方千米的海域。

我生长在海滨城市青岛，对大海有着特殊的感情，而令我有些惭愧的是，对于大海，我过去从审美的角度、简单使用的角度思考的较多，从来没想过大海是不是一种财产。但作为一个学习研究《海域管理使用法》《海洋环境保护法》《联合国海洋法公约》等法律的人，随着学习研究的拓宽和加深，开始了从环保的角度甚至于国家主权的角度进行思考，深深地感到海域研究领域是一个藏有巨大价值的宝库。从而更为强烈的一种学者的社会责任感促使我不得不考虑做点什么，当环绕小半个中国的领海和内水被现行法律宣布为国家所有之时，我们不予以重视，不予以研究和讨论，无论如何也是说不过去的。

因此，我博士学位论文选择了这个主题，并在此基础上不断进行研究与修改，从最初的构思到现在的成稿已有数年时间，形成拙作《中国海洋功能区划制度研究》。经过数年的潜心研究，终于所得，在其即将付梓之际，感慨颇多，既有欣喜也有不安。

作为一名长期从事法律教育工作者而言，从理论到实践，确是一件极富吸引力又具挑战性的工作。写作的过程对我性格的磨炼，学识的增长，工作的促进都起着巨大的作用。海洋研究尚属我国法学研究广阔天地中一个较为薄弱的地带，无论是从理论上还是实务中都出现了许多亟须解答的新情况、新问题，亟须理论的支持和实务的支撑。在写作过程中我从相关书籍、中外学者的论述、中外立法的比较中学习领悟到海洋功能区划制度研究有其特有的原理、特有的原则、特有的措施和特有的方法。本书共分为“我国海洋功能区划制度”“我国海洋功能分区概况”“我国各海域的主要功能”“我国海洋功能区划的形成与成效”“海洋功能区划制度的法律体系”“海洋功能区划与海域使用论证”“我国海域使用制度”“主要沿海国家海域有偿使用制度”“海洋价值与海洋管理体系”“保障海洋功能区划落实的对策”十章进行了论述。虽力求全面进行探讨，但由于本人知识的浅薄，理论功底不够深，有些问题难以从理论上更透彻地论证，难以从更深层次、更多角度找出更加合适的答案，这正是我欣喜之余又惴惴不安的原因。

非常感谢我的恩师徐祥民教授，数年的博士学业得以顺利完成，得益于徐老师的悉心教诲，无论是平日的授课，还是拙作之完成，徐老师都给予了巨大的帮助。当我在学习上遇到困难的时候，徐老师更是给予热情的鼓励，尤其是对拙作的写作，徐老师对选题、资料索引、论证说理，甚至是文理句法都给予了精心指导。同时，他严谨的治学风范和宽厚的人格魅力，也给我留下了深刻的印象，并将成为我今后为人、治学、工作的精神动力。借此向恩师徐祥民教授表示由衷的谢意。

在拙作的写作过程中，很多老师同学也给我提供了许多宝贵的资料、信息及其他帮助，为拙作的写作及时提出了中肯的意见和建议，对拙作的成稿、出版给予了重要帮助，在此深表感谢！

借助诸多未曾相识的专家、学者之智慧、才识给予的诸多启发，仅仅列出参考文献、著作目录以示感谢是不够的。我深知，没有诸多的资料，拙作是难以完成的。此权当致谢！

同时，青岛大学法学院的领导与同事们对拙作的出版十分重视和关心，给予了大力支持，在此表示衷心感谢！

拙作涉及海域研究中的诸多问题，因水平有限，论述论证的远未达到专著的水准，若能使此书成为海洋功能区划研究浩瀚大海之一粟，茂密森林之一叶，是为不虚矣。书中的观点、提法若存在不当之处，愿读者不吝赐教，作者不胜感激之至。

作者　崔　鹏

二〇一七年九月

前　言

海洋是由作为海洋主体的海水水体、生活于其中的海洋生物、邻近海面上空的大气和围绕海洋周缘的海岸及海底等几部分组成的统一体。或者说，是地球表面连成一体的海和洋的统称。它既是全球生命支撑系统的一个重要组成部分，也是人类社会可持续发展的宝贵财富。

由于陆地资源急剧短缺、人口增长迅速、自然环境恶化等问题的日趋严峻，世界沿海国家早已把目光投向海洋，对海洋的研究开发和利用突飞猛进。以开发海洋为突破口的“蓝色革命”[①] 早在20世纪80年代世界沿海国家迅猛兴起。海洋资源的有效开发利用推动了沿海国家乃至全世界经济发展的增速，同时，也满足了人类向海洋要效益的愿望，但在海洋开发迅速升温的同时，海洋资源也正在承受着前所未有的压力。

海洋作为独特的地理单元，有其自身独立运行的规律和方式，这是不以人的意志为转移的。人类受制于海洋，海洋却不受制于人类。如果人类仅仅把海洋看作是自己生存或者是谋生的猎物，无度地、不择手段地、随心所欲地去开发利用它，轻者干扰、重者破坏它的规律和运行方式，那么，海洋必定以其强大的自然之力反作用于人类。“现在已达到历史上这样一个时刻：我们在决定世界各地的行动时，必须更加审慎地考虑它们对环境产生的后果。由于无知

---

① 20世纪80年代初在我国正式提出开展“蓝色革命”的新构想，其含义是：运用现代科学技术，向蓝色的海洋和内陆水域索取人们所需要的、更多的水产品。

或不关心，我们可能给我们的生活和幸福所依靠的地球环境造成巨大的无法挽回的损害。反之，有了比较充分的知识和采取比较明智而科学的行动，我们就可能使我们自己和我们的后代在一个比较符合人类需要和希望的环境中过着较舒适的生活。改善环境的质量和创造美好生活的前景是广阔的，我们需要的是热烈而镇定的情绪，紧张而有秩序的工作。为了在自然界里取得自由，人类必须利用知识在同大自然合作的情况下建设一个较好的环境。"① 在对海洋的开发利用中，"由于无知或不关心"，我们正在或已经给海洋造成了巨大的损害，海洋环境被污染、海洋资源被破坏、海洋灾难在加重，这些问题已经反过来影响到了人类自身。因此，要使海洋与人类和睦相处，就需要在海洋开发利用的同时，尊重海洋、热爱海洋，顺海洋自然之势而为之。要做到这一点，则需要借助科学的海洋管理，通过建立一种有效的海洋管理制度，规范人们开发利用海洋的行为，协调并有效地解决涉海各方的矛盾冲突，以合理配置海洋开发中的各种资源，实现海洋利用的可持续发展。

在我国，海洋经济发展较世界海洋经济发展滞后十年甚至几十年，但自改革开放以来，全国海洋资源的开发利用发展迅速而成效显著。我国海洋经济在 20 世纪 80 年代以年均 17% 的速度增长；90 年代以年均 20% 的速度增长；2000 年海洋产业产值达到 5000 多亿元；2010 年海洋生产总值达 38439 亿元，与上年同比增长 12.8%，海洋生产总值占国内生产总值的比重为 9.7%；② 2013 年海洋生产总值达 54313 亿元，与上年同比增长 7.6%，海洋生产总值占国内生产总值的比重为 9.5%，③ 我国海洋经济继续保持了良好的发展势头，但增速趋缓，海洋经济已由高速增长进入增速"换挡期"；2014 年海洋生产总值达 59936 亿元，与上年同比增长 7.7%，海洋

① 联合国《人类环境宣言》。
② 国土资源部 2011 年 10 月 19 日发布的《2010 中国国土资源公报》。
③ 国家海洋局 2014 年 3 月 11 日发布的《2013 年中国海洋经济统计公报》。

生产总值占国内生产总值的比重为9.4%；[1] 2015年海洋生产总值达64669亿元，与上年同比增长7.0%，海洋生产总值占国内生产总值的比重为9.6%。[2] 近40年来我国海洋经济的发展一直保持快速增长的良好势头，海洋经济成为国家经济的重要组成部分。

与此同时，随着我国海洋开发力度的不断加大，形成了不断扩大的海洋产业群：海洋渔业和海洋交通运输业等传统海洋产业占据主导地位，长期提供60%左右的水产品和70%左右的外贸货运量，海洋油气、海洋旅游、海洋化工等新兴海洋产业正在逐步上升为海洋支柱产业。自“十一五”以来，我国海洋经济步入健康成长期，海洋经济的发展由不够成熟逐步走向成熟到逐步成为国民经济的支柱产业。

为更好地建立和保护良好的海洋环境，有法有规有据地科学开发和合理利用海洋资源，促进我国海洋经济发展，建立海洋功能区划制度势在必行，这必将是我国海域使用管理的一项基本制度或者说是根本制度，因此，我国政府早在1988年首次提出了把海洋功能区划作为一项海洋管理的基础性工作进行组织和开展，目的是按照海域的区位条件、资源状况、环境容量等自然属性，根据经济和社会发展的需求，科学划定海洋功能区，统筹安排各行业用海。于是，1989年启动了海洋功能区划研究和实践工作，自此海洋功能区划工作经过了两个发展阶段：第一个阶段，从1989年开始，国家海洋局组织沿海11个省、自治区、直辖市人民政府的海洋管理部门以及部分高等院校和科研机构开展了小比例尺海洋功能区划工作；第二个阶段，从1998年开始，国家海洋局组织开展了大比例尺海洋功能区划工作。通过卓有成效的工作，积累了大量的研究成果，主要集中于海洋功能区划分类体系选择、划分的原则及分区方法、区划意义与作用、与海洋发展规划关系、与海洋使用规划关系、区划基

---

① 《2015—2022年中国气象及海洋专用仪器制造市场专项调研及投资前景分析报告》。

② 2016年3月3日《经济参考报》。

本理论和实践、区划体系、区划矛盾和变革、GIS 模型灾区划分区中的应用以及海洋功能区划评价等方面。初步完成了全国海洋功能区划工作，主要包括《中国海洋功能区划报告》《中国海洋功能区划登记表》和《中国海洋功能区划图集》及沿海 11 个省、市、自治区海洋功能区划报告、登记表和图件等。

全国人大第九届常委会第十三次会议于 1999 年 12 月 25 日修订通过，并自 2000 年 4 月 1 日施行的《中华人民共和国海洋环境保护法》（以下简称《海洋环保法》），全国人大第九届常委会第二十四次会议于 2001 年 10 月 27 日通过，并自 2002 年 1 月 1 日施行的《中华人民共和国海域使用管理法》（以下简称《海域法》）正式确立了海洋功能区划的法律地位，明确规定了由国家海洋部门会同有关部门负责对海洋功能区划进行编制，依法批准后具有强制执行的法律效力，使海洋功能区划从单纯的技术文件上升为权威的公共政策。海洋功能区划由此也成为制定海洋开发战略、海洋经济发展规划、海洋环境保护规划以及涉海行业规划的基础依据。2002 年 8 月国务院批准发布了《全国海洋功能区划》《省级海洋功能区划审批办法》《海洋功能区划验收管理办法》《海洋功能区划管理规定》等一系列政策法规。2003 年国务院发布的《中国 21 世纪初可持续发展行动纲要》和《全国海洋经济发展规划纲要》对完善和实施海洋功能区划提出了明确要求。时至今日，我国海洋功能区划从问题的提出到制度的建立完善历经近 30 年的时间，可以说它作为海洋管理的重要依据日臻完善。

随着海洋功能区划制度政策法规的建立和完善，海洋功能区划的理论研究也不断深入。鹿守本教授在《海洋管理通论》一书中阐述了海洋功能原则是海洋管理基本原则之一，并提出了海洋功能原则的意义及其贯彻要点。[①] 鹿守本、艾万铸主编的《海岸带综合管理——体制和运行机制研究》一书对海洋功能区划的依据、性质、

① 鹿守本：《海洋管理通论》，海洋出版社 1997 年版。

目的、方法体系和贯彻措施等都有深刻而明确的论述，并把海洋功能区划作为海洋管理的基础性工作之一。[①] 1998 年 10 月，在国家海洋局组织举办的全国海洋功能区划技术培训班上，葛瑞卿研究员曾以“大比例尺海洋功能区划的理论基础”为题介绍了 1989 年至 1997 年开展的全国海洋功能区划的有关问题以及大比例尺海洋功能区划的一些技术要求，明确提出：“在今后的大比例尺海洋功能区划工作中，在强调修定、细化海洋功能区划的同时，尤其要重视海洋功能区划理论和方法的深化、完善，探索其贯彻执行的途径。”

海洋功能区划是我国海域使用管理的一项基本制度。自我国政府首次提出把海洋功能区划作为一项海洋管理的基础性工作开展至今，经过近 30 年的实践充分证明，海洋功能区划确实起到了调整规范海洋开发利用、协调各涉海行业部门之间关系、保护海洋环境、遏制海域使用无序、无度、无偿的“三无”现象的重要作用。但是，自海洋功能区划制度实施以来，海洋环境质量在某些方面不仅没有好转，反而更加恶化，我国海洋环境质量状况仍然不容乐观，这些问题的出现客观上与我国经济迅猛增长不无关系，但同时也说明了我国的海洋功能区划还有不够完善的地方甚至还存在一定的问题，如区划编制水平还不是很高、区划制度被批准后频频修改、区划被批准后得不到严格实施等，由此使海洋功能区划还没有发挥出我们建立这一制度所预期的应有的全部作用。基于此，笔者选择以《中国海洋功能区划制度研究》为课题，试图从我国海洋使用、海洋管理和海洋保护等方面进行探析，但明知这个课题从理论到实践要求很高，难度很大，并涉及诸多海洋功能区划制度在实施中的问题，又因水平有限，不妥之处在所难免，恳请读者不吝赐教，笔者不胜感激之至。

在选择这个课题期间，曾多次听同仁们说：“海洋功能区划制

---

① 鹿守本、艾万铸：《海岸带综合管理——体制和运行机制研究》，海洋出版社 2001 年版。

度已经实行多年了，历经多年的实践检验，应该是比较健全和完善了，没有什么好写的。”但本人不这样认为，这是因为，历经数年的海洋环境专业学习研究，尤其是无数专家学者和导师们的点拨、开导与启发，特别是生长在大海环抱的青岛，看30多年潮起潮落，虽不能说对研究这个课题有多大优势，但和其他热爱海洋的人们一样有着特殊的感情和嗜好，所以，本人的理解和态度是：海洋功能区划制度历经多年的实践检验，它所发挥的作用是有目共睹的，历经多年的历练，确实日臻健全和完善，这是公认的、不争的事实。但是，用辩证的观点观察问题，用一分为二的方法分析问题，任何事物都是发展变化的，一成不变的东西是没有的，人无完人，金无足赤就是这个道理。所以，就海洋功能区划而言问题还是有的，有关问题将随着本书内容的展开而不断探讨，这里暂不详述。但有一个问题，如我国现行的海洋功能区划期限到2000年，届时我们还要制定颁布下一个时期的海洋功能区划，仅此也需要对其进行深入的探讨和研究。再如，海洋功能区划与海洋开发规划问题，它们之间既相互联系，又相互区别。它们之间具有互补和参考价值，海洋功能区划和海洋开发规划都是以海洋区域的客观条件为依据而作出的选择性安排。海洋功能区划以海洋的自然属性为主，兼顾社会属性，与海洋开发规划注重社会效益有明显的不同，它考虑的是海洋开发利用的治理保护的合理布局，它既注意了三者的相同点，又注意了三者的不同点，对海洋开发规划中合理的内容进行了融合和兼顾，对不合理的内容进行了协调和调整；而海洋开发规划则主要考虑社会需求，是一定时间内的工作安排。虽然海洋功能区划和海洋开发规划之间的关系以及如何处理它们之间的关系，从理论上说都是比较明确和统一的，但是，从海洋功能区划开始实施至今，以海洋开发规划为基础编制海洋功能区划，为迎合海洋开发规划而修改海洋功能区划的问题频发，其原因为何？这只是我国海洋功能区划制度存在的诸多问题之一。所以，加强海洋功能区划制度的研究不仅是必要的而且是急需的，如何完善海洋功能区划制度，保障海洋功能区划制度确实有效地顺利实施，发挥我们期望其应该发挥的作用，这正是本书写作的应有之义和主要缘由。

本书通过对海洋功能区划制度从理论到实践进行深入研究，阐述了我国海洋功能区划、海洋环境质量、海域使用管理状况；论述了海洋功能区划制度在海域使用、管理、保护中的重要地位和积极作用；借鉴世界沿海国家海洋管理、使用、保护的法律法规和实践，对比寻找和分析我国海洋功能区划制度中存在的问题和不足，并就如何完善我国海洋功能区划制度提出意见和建议，以达到推动我国海域使用管理制度更加完善规范的目的。

目　　录

第一章　我国海洋功能区划制度

海洋功能区划制度是《海域法》确立的一项基本制度，其目的是指导海洋开发利用和海洋环境保护活动，协调各海洋产业之间、沿海各地区之间在海洋开发利用和海洋环境保护中的关系，形成合理的产业结构和生产力布局，确保海洋合理开发利用，充分发挥海洋资源的最佳效益，同时，保持良好的海洋生态环境。海洋功能区划制度的实施，有效解决了渔业养殖、港口航运、油气开采、旅游开发、国防建设等用海之间矛盾突出的问题，促进了海洋产业结构的调整和产业布局的优化。

第一节　海洋功能区划制度的概念

海洋作为资源，具有整体性、流动性和使用多宜性等特点，极易产生用海矛盾和冲突。例如，各级人民政府职能部门根据各自发展需要编制和实施海洋开发规划无可厚非，但如果相互之间缺乏协调机制，就很容易导致海域开发秩序混乱、产生局部海域用海矛盾以及造成人力、物力上的浪费等。改革开放以来，特别是 20 世纪 90 年代以来，我国海洋经济、沿海经济和江河湖海流域经济一方面快速发展，另一方面近岸海域污染加剧，包括赤湖在内的海洋环境灾害频繁发生，人为造成的个体或群体性事件屡屡发生等。用海的混乱和因用海造成的社会不稳定等问题，使人们普遍认识到要解决这些问题和矛盾，必须制定切实可行的海洋功能区划制度，并坚决付诸实施，以确保我国海洋资源开发利用和海洋环境保护健康有序运行。因此，我国 20 世纪 80 年代提出了组织开展海洋基础性工作，即海洋功能区划工作。时至今日已 30 多年，海洋功能区划制度制定并颁布实施已有 15 年，全国涉海部门和地区都进行了海洋功能区划的实践，并应用于海洋管理之中，且取得了显著成效，但仍存在一些明显的问题。鉴于此，加强海洋功能区划制度的研究势在必行。

对海洋功能区划制度进行研究，首先要弄清楚有关海洋功能区划的概念。

（1）功能。功能在《现代汉语词典》中的解释，即事物或方法所发挥的有利的作用。国家质监总局和国家标准化管理委员会联合发布的于 2007 年 5 月 1 日实施的《海洋功能区划技术导则》（以下简称《导则》）中对功能（function）的表述：是指“自然或社会事物对人类生存和社会发展具有的价值与作用”。①

（2）海洋功能。海洋功能即海洋及其资源于自然和社会发展的价值和作用，它包括经济功能、生态功能、文化旅游功能、交通功能和军事功能等。

我国海洋的核心功能，即“追求国家海洋权益和国家利益高于一切，服务于国家海洋经济建设”。海洋特定区域功能，即海洋特定区域所拥有的价值和所能发挥的作用。

（3）海洋功能区（marine functional zone）。《导则》对海洋功能区的表述：是指“根据海域及海岛的自然资源条件、环境状况、地理区位、开发利用现状，并考虑国家或地区经济与社会持续发展的需要，所划定的具有最佳功能的区域，是海洋功能区划最小的功能单元”。②

海洋功能区是海洋功能区划制度中的重要概念。从海洋管理工作的需要出发，海洋功能区是有利于资源合理开发利用，能够发挥

① 《导则》GB/T 17108—2006 第 1 页，3 术语和定义。

② 同上。

海洋最佳综合效益的区域。① 它的定义有四层含义：一是海洋特定区域的自然属性条件，这是划定海洋功能区的基础和先决条件；二是海洋特定区域的社会属性条件，这是划定海洋功能区必备的不可缺少的条件；三是工作中确定的是海洋特定区域的主导功能，而不是其所有的一般功能；四是划定海洋功能区的目的是保证实现海洋资源的合理开发利用，实现海洋综合效益的最佳发挥，奠定科学依据。海洋功能区的定义的这种特性确立了它作为海洋管理，尤其是执法监察管理依据的地位，海洋功能区划工作是海洋管理工作的基础和重要组成部分。②

（4）区划。区划在《现代汉语词典》中的解释，即区域的划分。根据不同的区划对象分为行政区划、经济区划和自然区划等类别；按不同指标分为自然区、经济区、文化区等类别。

（5）功能区划。功能区划即按功能对区域进行的划分。

（6）海洋功能区划（division of marine functional zonation）。《导则》对海洋功能区划的表述：是指“按照海洋功能区的标准，将海域及海岛划分为不同类型的海洋功能区，是为海洋开发、保护与管理提供科学依据的基础性工作”。③

由此，我们可以得出这样一个结论：海洋功能区划，是指根据海域的地理位置情况、自然环境条件、自然资源状况、开发保护现状和经济、社会发展的需要，按照海洋功能标准，将海域划分为不同使用类型和不同环境质量要求的功能区，用以控制和引导海域的使用方向，保护和改善海洋生态环境，促进海洋资源的可持续利用。同时，海洋功能区划又是海洋管理的基础。其中，地理位置情况，是指开发活动占有的场所及场所具有的自然属性；自然环境，是指海域的地质、地貌、气候、水文、生物、化学环境、自然灾害等；自然资源状况，是指港口资源、渔业资源、矿产资源、海水资

---

① 《导则》GB/T 17108—2006 第 1 页，3 术语和定义。
② 葛瑞卿：《海洋功能区划的理论和实践》，《海洋通报》2001 年第 4 期。
③ 《导则》GB/T 17108—2006 第 1 页，3 术语和定义。

源、可再生能源、旅游资源、滩涂资源等;[①] 开发保护现状，是指海域使用现状和海洋生态保护现状；经济社会发展的需要，是指国民经济和社会发展对海洋资源和海域空间产生的需求。

"海洋功能区划"一词具有多义性。它在现实生活中并非仅有前述定义所表明的动词意味，有时候也有作为名词指代"通过区划行为所划分的结果"的意思。即使在法律规范中，该词的使用也不是统一的。如《海洋环保法》中有这样的规定："海洋功能区划，是指依据海洋自然属性和社会属性，以及自然资源和环境特定条件，界定海洋利用的主导功能和使用范畴。"[②] 在这个规定中"海洋功能区划"一词就是典型的动词。在同一部法中还同时分别规定了"国家海洋行政主管部门会同国务院有关部门和沿海省、自治区、直辖市人民政府拟定全国海洋功能区划，报国务院批准。沿海地方各级人民政府应当根据全国和地方海洋功能区划，科学合理地使用海域",[③] "国家根据海洋功能区划制定全国海洋环境保护规划和重点海域区域性海洋环境保护规划"。[④] 海洋功能区划在这里则具有名词含义。因此，"区划"一词既有动词含义，也有名词含义，在特定的语境下其具体指代内容有所不同。作为特定法律制度概念的"海洋功能区划"一词其意义实际上涵盖两种：既包括特定国家机关依法对不同海域进行划分行为的动词含义，又包括通过"区划"行为所划定的海洋功能区分布结果的名词含义。

（7）全国海洋功能区划（national marine functional zoning）。《导则》对全国海洋功能区划的表述：是指"国务院海洋行政主管部门会同国务院有关部门和沿海省、自治区、直辖市人民政府开展的，以中华人民共和国内水、领海、海岛、大陆架、专属经济区为划分对象，以地理区域（包括必要的依托陆域）为划分单元的海洋功能

---

① 《经济地理学概念》。
② 《海洋环保法》第十章第95条第4款。
③ 《海洋环保法》第二章第6条。
④ 《海洋环保法》第二章第7条。

区划”。[1]

（8）省级海洋功能区划（provincial marine functional zoning）。《导则》对省级海洋功能区划的表述：是指“省级人民政府海洋行政主管部门会同本级人民政府有关部门，依据全国海洋功能区划开展的，以本级人民政府所辖海域及海岛为划分对象，以地理区域和海洋功能区为划分单元的海洋功能区划。其范围自：海岸线（平均大潮高潮线）至领海的外部界线，可根据实际情况向陆地适当延伸”。[2]

（9）市、县级海洋功能区划［county（city）marine functional zoning］。《导则》对市、县级海洋功能区划的表述：是指“市、县级人民政府海洋行政主管部门会同本级人民政府有关部门，依据上级海洋功能区划开展的，以本级人民政府所辖海域及海岛为划分对象，以海洋功能区为划分单元的海洋功能区划”。[3]

（10）海洋生态环境敏感区（marine eco – environment sensltive area）。《导则》对海洋生态环境敏感区的表述：是指“海洋生态环境功能目标很高，且遭受损坏后很难恢复其功能的海域，包括海洋渔业资源产卵场、重要渔场水域、海水增养殖区、滨海湿地、海洋自然保护区、珍稀濒危海洋生物保护区、典型海洋生态系（如珊瑚礁、红树林、河口）等”。[4]

（11）海洋生态环境亚敏感区（marine eco – environment sub – sensltive area）。《导则》对海洋生态环境亚敏感区的表述：是指“海洋生态环境功能目标高，且遭受损坏后难以恢复其功能的海域，包括海滨风景旅游区、人体直接接触海水的海上运动或娱乐区、与人类食用直接有关的工业用水区等”。[5]

---

① 《导则》GB/T 17108—2006 第 1 页，3 术语和定义。
② 同上。
③ 同上。
④ 同上。
⑤ 同上。

第二节　海洋功能区划原则概述

原则，是指人们说话或行事所依据的法则或标准。自然的或社会的一切事物的存在和发展都是有其客观规律的，原则是事物存在和发展规律的一种抽象概括。原则一旦被科学地抽象出来，它就能反过来指导、约束、规范人们的社会行为，保证人们的活动适合于自然界和社会的运动规律，从而实现人们追求的目标和达到的目的。海洋功能区划原则，是指实施海洋功能区划所依据的法则或标准。在这里我们就《海域法》和《导则》所规定的原则进行简要研究。

在功能区划的具体编制过程中应该坚持自然属性原则、社会属性原则、生态环境保护原则和可持续利用原则、保障海上交通安全原则以及保障国防安全用海原则。

第一，应该坚持自然属性原则。所谓自然属性原则是指每一个海域都具有特定的区位、自然资源和自然环境，即特定海域具有自然属性的特殊性和差异性。这是划定各种功能区的先决条件。环境功能区的划分必须首先尊重自然属性。从这个意义上讲，自然属性原则是海洋功能区划分的首要标准。

第二，应该坚持社会属性原则。由于海域使用上的兼容性和多功能性等特点，往往单靠自然属性原则很难划定，例如，一个具体海域单元的主导功能出现 2 个或 2 个以上时，仅靠自然属性就很难决定取舍。同时，功能区的划分还需要兼顾生产力布局以及各功能区之间的相互协调等因素，所以，还应坚持社会属性原则，综合考虑海洋开发利用的现状和经济社会发展的需要，统筹安排各行业用海。

第三，要充分考虑生态环境问题，注意对生态环境的保护和海洋的可持续利用。

第四，海洋交通运输作为古老而又新兴的产业，承担着海洋各大洲之间贸易货物运输量的88%以上，因此，在进行功能区划时应充分考虑到海上交通安全问题。

第五，在编制功能区划时，还应充分注意国防安全问题。由于该问题具有它自身的特殊性，因此，对于军事用海应放于优先地位予以考虑。

一　《海域法》规定的原则①

（一）按照海域的区位、自然资源和自然属性，科学确立海域功能原则

本条原则规定了海洋功能区划编制应遵循的基本原则，以保证海洋功能区划的客观性、社会性和可实施性。

海域特定区域自然属性的特殊性和不同区域自然属性的差异性是划定各种功能区的先决条件。也可以说，自然属性才是海洋功能区划分的主要标准。海洋自然属性的内涵是丰富的，主要包括区位、自然资源和自然环境等方面。

（1）区位原则。即地理区位或某一海域在空间的地理位置。海洋作为一个地理综合体，既有径向和纬向的区域分带，也有垂直的分带。以我国东部海域为例，其纬向海域可分为热带、亚热带、温带海域；其径向海域，可分为海岸带、中近海和中远海等；其垂直分带，则可分为极浅海、浅海、深海、海沟和大洋（在台湾岛以东的西北太平洋）等。不论哪种方向的分带现象，都会有不同海域的自然环境与资源的相关规律。凡处于同一个地域（或海域）单元的，其环境和资源（特别是生物资源）往往表现出某种程度上的一致性和相似性，而分处在不同的海域者，则表现出某种程度的差异和区别，这便形成了不同区位的海域。不同的区位，决定了它所处位置的重要程度，所以，它是划分海洋功能区必须考虑的重要因素。

---

① 《海域法》第二章第11条。

（2）自然资源原则。海洋功能区的核心在于它有什么用途（功能），这种用途是由它包含的资源的类型和丰度所决定的。所以，海洋功能区划中自然资源是非常重要的因素。海洋功能区划时，必须全面分析、充分认识该海域的一切资源，既包括生命资源的渔业资源、生物资源等，也包括非生命资源的矿产资源、港口资源、动力资源、化学资源、旅游资源等。海洋功能区单元，绝大部分是由这些资源对象划定的，比如港口区、航运区、油气区、固体矿产区、盐田区、海洋能区、地下卤水区、旅游区、海水养殖区、海洋捕捞区等。在自然资源运用到海洋功能区划时，一定要掌握各类资源类别、分布、储（蕴）藏量、时空变化、可利用条件等，如果仅了解资源类别，其他条件不清楚时，开发利用的功能就无法选择。

（3）自然环境原则。海洋自然环境是由海洋水文气象、海水化学、海洋生物、海洋地质地貌、海洋灾害和海污染等条件组成的。海洋环境与陆地环境相比，两者有显著的差别。海洋环境具有组成要素复杂性，自然变化过程相对更为迅速，局部区域有时会十分激烈等特点。由此也造成了人们对海洋环境状况及其变化的了解和认识的难度大大增加。海洋自然环境状况直接影响海洋资源的开发利用程度和方向，所以，在海洋功能区划时，必须充分重视海洋自然环境要素。

（二）根据经济和社会发展的需要，统筹安排各有关行业用海原则

海洋的社会属性要求在划定海洋功能区时，要“考虑到海洋开发利用和经济社会发展的需要”。这不是可有可无的条件，而是必要的条件。只有按照经济和社会发展的需要来选择何种功能（或功能顺序），才能使划分的功能区更具有可操作性、实践性和生命力。“根据经济和社会发展的需要，统筹安排各有关行业用海”原则，除其作为普遍性原则外，在运用到海洋功能区划时，主要针对以下三种情况：一是当一个具体海域单元的主导功能（即处于最具价值优势的功能）出现两个或两个以上时，仅就自然属性难以决断其取

舍的排序，那么，就需要根据经济与社会发展需要的紧迫程度和国家优先政策来加以确定。例如，我国在编制小比例尺海洋功能区划时，各地都遇到近海的一些海域，既有港口与航运功能，也有增养殖功能，而且两者对该海域都有优势。当时国家经济发展确立了交通、能源先行的政策，据此就把该海域划定为港口航运区。二是相邻海域功能单元，如果有一海域已投入开发利用并已形成产业规模，而且有一定的开发历史，那么，尚待确定的功能区海域就要考虑其协调性问题，在若干功能方向中合理选定能够与已有产业匹配的优势功能。三是依据沿海地区的经济区划及社会发展目标和海区（比如，渤海区、北黄海区、南黄海区、长江三角洲海区等）的开发利用的生产布局和局部海域生产结构的合理性需要，必将对海域新的开发利用内容有某些范围的要求，海域优势功能的选择范围就会有所缩小，以使海洋经济的发展适应海区生产布局方向与社会发展的全国定向。如此等等，说明海洋功能区划的社会属性原则是很重要的。

（三）保护和改善生态环境，保障海域的可持续利用，促进海洋经济发展原则

该项原则实际包含两层意思，即海洋生态环境保护和海洋可持续利用，促进海洋经济发展是这项原则要达到的目标之一。

（1）海洋生态环境保护原则。生态环境，是指任何区域的生物，其全部生态因素和其分布区域的生存环境条件的统一体。地球上的陆地和海洋区域的动、植物的生存、演化都紧密地依赖于周围的环境，两者相互联系、相互作用，组成密不可分的统一体。环境由许多要素构成，直接作用于动、植物生命过程的那些环境因素称之为生态因素，如空气、热、水、土壤、生物条件和人类影响等，它们都是生态环境的基本内容。在早期，原始的海洋自然生态环境是长期自然演化的结果，海洋生态环境内部各要素之间基本是平衡的，后来随着人类对海洋进行大规模开发利用，海洋生态系统内部、生态环境诸要素之间彼此的平衡被打破，从而使海洋生态环境

失衡，进而危害动物、植物为主体的生物界的生存和发展，直至今天海洋生态环境甚至成了海洋持续发展的障碍。所以，在近40多年来，联合国及其有关国际组织一直坚持不懈地警告全球生态环境的危机及提倡大力加强生态环境保护的重要性与紧迫性。如1972年5月联合国《人类环境宣言》原则之六号召：“为了保护不使生态环境遭到严重的或不可挽回的损害，必须制止在排除有毒物质或其他物质以及散热时其数量或集中程度超过环境能使之无害的能力。应该支持各国人民反对污染的正义斗争”；1992年6月联合国《里约环境与发展宣言》原则七又强调：“世界各国都要本着全球伙伴精神，为保存、保护和恢复地球生态系统的健康和完整进行合作。鉴于导致全球环境退化的各种不同因素，各国负有共同的但又是有差别的责任。”因此，海洋功能区划就是为合理开发利用海洋和保护海洋生态环境的一项基础性、科学性和保障性的工作。

（2）海洋可持续发展原则。海洋可持续发展的概念是20世纪80年代后期提出的一个新概念，90年代被联合国正式确立为人类继续发展的思想，现在已被国际社会普遍接受并付诸实施。其基本含义是：“既能保证使之满足当前的需要，而又不危及下一代满足其需要的能力。”我国于1996年制定并颁布实施的《中国海洋21世纪议程》提出了中国海洋产业可持续发展的战略，标志着我国海洋开发与利用可持续发展战略的全面实施。海洋可持续发展既是人类今天和未来发展的要求和目标，也是发展应实行的原则和方法。海洋可持续发展原则目前已成为国际社会共同遵守的准则，编制海洋功能区划无疑也不能例外。

（四）保障海上交通安全原则

在经济全球化的背景下，海洋交通运输承担着各大州之间的贸易货物运量的88%以上。在这种形势下，畅通和安全的海上交通运输是发展海洋经济的重要条件。所以，在编制海洋功能区划时，应该充分注意港口和锚地建设的需要及安全航运的需要。

（五）保护国防安全，保证军事用海需要原则

沿海国家毗连海域，其领海外界之内海域，按照《联合国海洋法公约》规定："沿海国的主权及于其陆地领土及其内水以外邻接的一带海域。"《联合国海洋法公约》第3条又规定："每一国家有权确定其领海的宽度，直至从按照本公约确定的基线量起不超过12海里的界限为止，称为领海。此项主权及于领海的上空及其海床和底土。"中华人民共和国《领海及毗连区法》规定，我国领海宽度确定为12海里，我国对领海的主权及于领海上空、领海的海床、底土。从国际法和国内法给领海确定的法律地位可见，领海外界向陆一侧的海域是沿海国家国土的组成部分。领海之外的国家管辖海域其自然资源的主权利用亦属于沿海国家。只要有国家主权权益的地方，就存在政治、军事安全的保障设施和力量的条件，确保国家的主权不受侵犯，利益不受损害。尤其是当国家在此区域存在诸多不确定因素和国家政治、经济和国际关系总体战略，必须通过该海洋区域实现时，这一海洋区域的战略价值就会异乎寻常地凸显出来。这些因素必然反映在海域的使用安排和海洋功能区划上。对于海洋功能区划编制有关国家安全和其军事利用区的划定，就不能不在统筹兼顾之中，予以优先考虑。虽然在本法的海洋功能区划适应原则中系最后一款规定，但其事物本质的规定性，又客观决定了该原则的优先性。

二　《导则》规定的原则

（一）自然属性和社会属性兼顾原则

海洋功能区划应根据海域和海岛的自然资源条件、环境状况、地理区位、开发利用现状，并考虑国家或地区经济与社会发展的需要，合理划定海洋功能区，使海域和海岛的开发利用从总体上获得最佳的社会效益、经济效益和生态环境效益。

（二）统筹安排与重点保障并重原则

海洋功能区划应统筹考虑海洋开发利用与保护、当前利益与长远利益、局部利益与全局利益的关系，合理配置开发类、保护类和

保留类的海洋功能区。应统筹安排各涉海行业用海，保障海上交通安全和国防安全，保证军事用海需要。

（三）促进经济发展与资源环境保护并重原则

海洋功能区划应有利于海洋经济的可持续发展，妥善处理开发与保护的关系。应严格遵循自然规律，根据海洋资源再生能力和海洋环境的承载能力，科学设置海域和海岛的功能，保障海洋生态环境的健康，实现海域和海岛的可持续利用。

（四）协调与协商一致原则

海洋功能区划应在充分协商的基础上，合理反映各部门和各地区关于海洋开发与保护的主张，协调与其他涉海规划的关系，解决各涉海行业的用海矛盾，避免相邻海域的功能冲突。

（五）备择性原则

在具有多种功能的区域，当出现某些功能相互不能兼容时，应优先设置海洋直接开发利用中资源和环境等条件备择性的项目，同时，也应注意考虑海洋依托性开发利用功能以及非海洋性配套开发利用功能。

（六）前瞻性原则

海洋功能区划应在客观展望未来科学技术与社会经济发展水平的基础上，充分体现对海洋开发与保护的前瞻意识，应为提高海洋开发利用的技术层次和综合效益留有余地。

三　《海域法》与《导则》所规定原则的异同

《海域法》与《导则》相比，《海域法》是国家法律，《导则》是国家标准，虽然就效力上来看，法律效力大于标准效力。就效力层级比较来说，《海域法》高于《导则》。《海域法》与《导则》所规定的原则相比，既有相同之处，也有异同之处。从总体上分析它们都是海洋功能区划的原则，就具体分析研究还是有区别的。前者强调的是“区划编制”的原则，并非整个海洋功能区划工作的原则。它们之间虽然有部分相似之处，但侧重点不同，《导则》所规定的原则外延要大于《海域法》所规定的原则，《海域法》所规定的原则更切合编制海洋功能区划的实际，应是编制海洋功能区划的原则；《导则》所规定的原则更切合海洋功能区划工作的实际，应是海洋功能区划工作的原则。

2006年国家质检总局和国家标准化管理委员会联合发布的《导则》中所确立的六项原则是海洋功能区划工作的原则。[①] 这六项原则与1997年版的《导则》所确定的六项原则相比较有了很大的变化和进步，1997年版的《导则》所确定的六项原则是：以自然属性为主，兼顾社会属性原则；效益统一原则；统筹兼顾，突出重点原则；备择性原则；可行性原则和超前性原则。[②] 2006年国家发布的《导则》无论从文字的表述还是内容的规定上都更为精准和完备，基本涵盖了海洋功能区划工作的方方面面，可以说反映了我国海洋功能区划制度从理论到实践的成熟和进步。

这里还需要一提的是，笔者在整理翻阅有关海洋功能区划相关资料时，发现在有的文章中提到海洋功能区划的原则是《海域法》所规定的五项原则。在这里我们需要注意的是《海域法》规定的原则是海洋功能区划编制的原则，实际上这五项原则是我国《海域法》对海洋功能区划编制原则的规定。这在《海域法》第二章第11条中已有明确规定："海洋功能区划按照下列原则编制……" 因此，它所指向的仅仅是整个海洋功能区划工作的部分内容，两者指向的对象不是同一层次、同一类别。因此，用海洋功能区划编制原则统揽整个海洋功能区划工作的原则显然是不科学、不全面、不准确的。

第三节　海洋功能区划的目的

海洋功能区划最根本的目的可以概括为：一是促进海洋资源的

---

① 《导则》GB/T 17108—2006第2页。

② 《导则》GB/T 17108—1997（已被《导则》GB/T 17108—2006所替代）。

充分、可持续利用；二是保护海洋环境，维护海洋生态平衡；三是保障海洋开发者的合法权益；四是实现海域使用综合管理。这其中有两个方面的含义：第一、第二个目的是海洋的自然属性的目的；第三、第四个目的是海洋的社会属性的目的。

一　海洋功能区划的目的的主要内容

（1）指导和制约海洋开发利用活动。海洋资源具有复合性、渗透性、综合性的特点，在开发中又有密切的相关性和制约性。例如，海水水体，它既有直接可利用的海水资源（海水直接使用、海水淡化等）、海水中的化学资源（包括盐、钾、镁、碘等若干种）、海水中的生物资源、海水养殖资源等。这些资源共同存在于海水之中，充分代表海洋资源的分布特征。这种特征决定了在海洋开发中，同一个海域可能发生对多种开发对象的选择，并由此决定开发中矛盾发生的必然性。那么，要想既解决这类矛盾，又保证开发优先选择，就国内外历史的和现实的经验教训告诉我们，只有依赖海洋功能区划来提供科学的保证最为可行。这是海洋功能区划应有和具备的功能，所以，能够对海洋开发起到指导和制约作用。因此，在《海域法》中，把海洋功能区划规定为指导和制约海洋开发利用活动的科学依据。“国家实行海洋功能区划制度。海域使用必须符合海洋功能区划。国家严格管理填海、围海等改变海域自然属性的用海活动”。[①]“县级以上人民政府海洋行政主管部门依据海洋功能区划，对海域使用申请进行审核”。[②] 在《海域法》的释义中也明确指出，海域使用必须符合海洋功能区划，是《海域法》确定的一项基本原则。[③] 海洋功能区划一经批准，就具有法律的约束力，一切单位和个人都必须遵守。这一原则不仅要求各级人民政府和各级海洋行政主管部门在审核、审批海域使用时，必须严格以海洋功能区

---

① 《海域法》第一章第 4 条。

② 《海域法》第三章第 17 条。

③ 吕彩霞：《关于〈海域法〉有关条款的解释》，《中国海洋报》2001 年 12 月 25 日。

划为依据，而且要求海域使用权人必须按照海洋功能区划确定的用途使用海域，不得擅自改变经批准的海域使用用途。海域功能区划性质的决定和法律规定两者是一致的，使之能够对海洋开发进行指导和制约，保证海洋开发利用的秩序和效益。

（2）防止海域污染，保证海洋生态平衡。在海洋开发的同时，创造保护海洋生态的良好条件，是海洋可持续发展和利用的基本条件。我国《海洋环保法》规定："国家建立并实施重点海域排污总量控制制度，确定主要污染物排海总量控制指标，并对主要污染源分配排放控制数量。"① 实行污染物排海的总量控制是我国《海洋环保法》建立的一项极为关键的制度。该项制度建立的决定性条件就是海洋功能区划。只有把海域的使用类别、使用方向确定下来，才有可能具体了解、掌握各个海域的水质、生物和沉积物的环境质量标准，只有在此基础上，才能制定出各重点海域的环境质量要求，并据此确定污染物排海总量及其数量分配。我国《海洋环保法》的其他制度，包括监督管理制度、海洋生态保护制度、防治陆源污染制度、防治海岸与海洋工程建设污染制度、海洋倾废制度和防治船舶污染制度等，基本上都要按照海洋功能区划要求规范和实施。所以，我国《海洋环保法》规定："国家根据海洋功能区划制定全国海洋环境保护规划和重点海域区域性海洋环境保护规划"；②"开发利用海洋资源，应当根据海洋功能区划合理布局，不得造成海洋生态环境破坏"；③"设置陆源污染物深海离岸排放排污口，应当根据海洋功能区划"；④"海洋工程建设项目必须符合海洋功能区划"⑤等。几乎在各项管理制度中都明确规定遵守海洋功能区划的要求。因此，海洋功能区划在防止海洋污染，保护海洋生态管理工作中具

---

① 《海洋环保法》第一章第3条。
② 《海洋环保法》第二章第7条。
③ 《海洋环保法》第三章第24条。
④ 《海洋环保法》第四章第30条。
⑤ 《海洋环保法》第六章第47条。

有重要的不可替代的作用。

（3）海洋功能区划是海洋政策、海洋规划和海洋业务技术制度的基础。海洋开发与保护的战略、政策和各类规划以及业务技术规范标准等的制定和实施，因其内容、目标都必然是围绕海洋资源开发、环境与资源保护、减灾防灾等基本问题，而这些基本问题，都是海洋功能区划经过科学论证所划定的区域单元。例如，海洋功能区划分为：油气开发区、盐田开发区、倾废区、风能区、养殖区、禁渔区、污染防治区、自然保护区、海岸防侵蚀区、军事区、排污口、泄洪区等。国家无论在制定海岸战略政策，还是制定规划和减灾防灾措施，都必须使用海洋功能区划的资料与成果，同时，需要贯彻海洋功能区划的规定和要求，制定有关业务技术规范和标准，其性质和数量均应按照海洋功能区的指标体系来反映，这样才能取得相互衔接和协调一致的效果。

（4）海洋功能区划是海域管理和海洋综合管理的科学依据。从海洋功能区划的提出到实施是经过在全面调研论证、勘察探测的基础上选择利用了海洋功能区划，达到了实施海洋综合管理的目的。海洋问题不是单纯的行政事务，其具有很强的科技性，决策者的决策不能凭个人主观好恶，而必须有坚实的科学基础。其中，海洋功能区划就是其做出行政行为的重要科学依据，就是其决策的基础。

二　海洋功能区划的分类体系

海洋功能区划是依据海域的区位条件、自然属性和海洋经济发展的需求，按照海洋功能标准，将海域划分为不同类型的功能区。

1. 五类四级分类体系

我国的海洋功能区划始于20世纪80年代末，历时10年完成了全国近岸海域的小比例尺区划，区划指标为五类三级分类体系。小比例尺区划指标分类体系的建立主要依据当时海洋经济发展的现状，在充分考虑现有主要海洋产业的基础上，还考虑了海岸带作为海洋重要组成部分的完整性，吸纳了相关陆域的部分功能作为指标体系的一部分，这一指标体系被不断完善后成为1997年由国家技术监督局与国家标准化管理委员会发布的《导则》（GB/T 17108—1997）中五类四级分类体系的主要依据。五类，即开发利用区、整治利用区、旅游区、海洋保护区、特殊功能区；四级，即大类、子类、亚类、种类（见表1－1）。与五类三级指标分类体系基本相似。

表1－1　　　　海洋功能区划五类四级分类体系

功能区划类型			
大类	子类	亚类	种类
开发利用区	空间资源利用区	海上航运区	港口区
			航道
			锚地
		旅游区	自然景观区
			人文景观区
			旅游度假区
		农林牧区	农业区
			林业区
			畜牧区
			工业和城镇建设区
	矿产资源利用区	油气区	油田
			油气
			其他固体矿产区
		固体矿产区	金属矿区
			非金属矿区
	生物资源利用区	海水养殖区	滩涂养殖区
			浅海养殖区
		海洋捕捞区	
	化学资源利用区	盐田区	
		地下卤水区	
	海洋能和风能利用区	海洋能区	
		风能区	
	海上工程利用区	海上工程建筑区	
		海底管线区	

续表

功能区划类型			
大类	子类	亚类	种类
整治利用区	资源恢复保护区	增殖区	
		禁渔区	
	环境治理保护区	防护林带	
		地下水禁采和限采区	
	防灾区	污染防治区	
		海岸防侵蚀区	
		防风暴区	
		防海冰区	
旅游区	自然景观区		
	人文景观区		
	旅游度假区		
海洋保护区	海洋自然保护区	生态系统自然保护区	红树林生态系统
			珊瑚礁生态系统
			温地与沼泽地生态系统
			汇聚流生态系统
		珍稀与濒危生物自然保护区	珍稀与濒危动物自然保护区
		历史遗迹自然保护区	珍稀与濒危植物
		典型海洋景观自然保护区	自然历史遗迹
	海洋特别保护区		
特殊功能区	科学研究试验区		
	军事区		
	倾废区		
	排污区		
	泄洪区		
保留区	预留区		
	功能待定区		

2. 十类二级的分类体系

随着海洋经济的不断发展，涉海产业日益增多，在2001年全国大比例尺海洋功能区划协调阶段，中央有关部委提出了许多修改意见和建议，最终形成了十类二级分类体系。

2002年由国务院批准发布的《海洋功能区划》（国函〔2002〕77号）采用了十类二级分类体系，2006年由国家技术监督局与国家标准化管理委员会发布的《导则》GB/T 17108—2006则确立了十类二级分类体系，十类，即农渔业资源利用和养护区、港口航运区、工业与城镇用海区、矿产资源利用区、旅游休闲娱乐区、海洋能利用区、工程用海区、海洋保护区、海水资源利用区、特殊利用区；二级，即一级类、二级类（见表1－2）。

表1－2　　海洋功能区划十级二类分类体系

一级类		二级类	
代码	名称	代码	名称
1	农渔业资源利用和养护区	1.1	渔港和渔业设施基地建设区
		1.2	养殖区
		1.3	增殖区
		1.4	捕捞区
		1.5	重要渔业品种保护区
2	港口航运区	2.1	港口区
		2.2	航道区
		2.3	锚地区
3	工业与城镇用海区	3.1	工业用海区
		3.2	城镇用海区
4	矿产资源利用区	4.1	油气区
		4.2	固体矿产区
		4.3	其他矿产区
5	旅游休闲娱乐区	5.1	风景旅游区
		5.2	度假旅游区

续表

一级类		二级类	
代码	名称	代码	名称
6	海洋能利用区	6.1	潮汐能区
		6.2	潮流能区
		6.3	波浪能区
		6.4	温差能区
7	工程用海区	7.1	海底管线区
		7.2	石油平台区
		7.3	围海造地区
		7.4	海岸防护工程区
		7.5	跨海桥梁区
		7.6	其他工程用海区
8	海洋保护区	8.1	海洋和海岸自然生态保护区
		8.2	生物物种自然保护区
		8.3	自然遗迹和非生物资源保护区
		8.4	海洋特别保护区
9	海水资源利用区	9.1	盐田区
		9.2	特殊工业用水区
		9.3	一般工业用水区
10	特殊利用区	10.1	科学研究试验区
		10.2	军事区
		10.3	排污区
		10.4	倾倒区
11	保留区	11.1	预留区
		11.2	待定区

3. 两种分类体系之比较

两种分类体系从形式上看调整很大，但保留的分类其包含的内容差别并不很大，有些分类内容是基本相同的，如旅游区、海洋保护区等。

（1）港口航运区与原港口区、海上航运区。港口航运区是指为满足船舶安全航行、停靠，进行装卸作业或避风所划定的海域，包括港口、航道和锚地。从定义上看，两者是一样的，只是由于渔业资源利用和养护区中增加了渔港区，这样就把渔港的区域和职能从港口区中分离出来了。

（2）渔业资源利用和养护区与原生物资源开发利用区。十类二级的渔业资源利用和养护区是指为开发利用和养护渔业资源、发展渔业生产所需要划定的海域，包括渔港和渔业设施建设基地建设区、养殖区、增殖区、捕捞区和重要渔业品种保护区。而五类四级的生物资源利用区是指正在合理利用或具有一定优势的生物资源可供开发利用的区域。前者增加了渔港和渔业设施基地建设、渔业资源增殖、渔业资源养护的内容。

（3）海水资源利用区与原化学资源利用区。十类二级的海水资源利用区是指为开发利用海水资源或直接利用地下卤水需要划定的海域，包括盐田区、特殊工业用水区和一般工业用水区等。特殊工业用水区是指从事食品加工、海水淡化或从海水中提取供人食用的其他化学元素的海域。一般工业用水区是指利用海水作冷却水、冲刷库场等的海域。而原有的化学资源利用区只包括盐田区和地下卤水区。十类二级海水资源利用区的内容较原来的分类更全面地反映了海水资源利用的空间。

（4）工程用海区与原海上工程开发利用区。十类二级的工程用海区是指为满足工程建设项目用海需要划定的海域，包括占用水面、水体、海床或底土的工程建设项目。主要包括海底管线区、石油平台区、围海造地区、海岸防护工程区、跨海桥梁区和其他工程用海区。原海上工程开发利用区是指已建或规划近期内建设海上工程的区域，其中，工程建筑区是指已建或规划近期建设海上构筑物（包括人工岛、石油平台等）的区域。相比较而言，前者更全面一些。

（5）海洋保护区。十类二级的海洋保护区是指为保护珍稀、濒危海洋生物物种、经济生物物种要划定的海域，包括海洋和海岸自然生态保护区、生物物种自然保护区、自然遗迹和非生物资源保护区、海洋特别保护区。而原海洋保护区是指海洋环境中那些在自然资源、海洋开发和海洋生态方面对国家和地方有特殊重要意义，需要特别管理和保护，实现资源持续利用的区域。前者的内容比后者更为详细、具体。

（6）特殊利用区与原特殊功能区。十类二级的特殊利用区是指为满足科研、倾倒疏浚物和废弃物等特殊用途需要划定的海域，包括科学研究实验区、军事区、排污区、倾倒区等。原来的特殊功能利用区除包含泄洪区的内容，其余相同。

从以上比较我们不难看出，新的海洋功能区划指标体系是在旧的指标体系基础上发展起来的。新旧两种不同的海洋功能区划指标分类体系形成于不同的时期，反映了我国不同时期海洋经济发展的特点。相比较而言，新的分类体系更全面地反映了新兴的海洋产业现状，而旧的指标体系对海洋功能区划与陆域功能的衔接考虑得相对较多。

第四节 海洋功能区划制度认知

一 海洋功能区划制度的基本构成

制度是指约束人们行为的一系列规范，既包括政治法律制度等成文的规则，又包括存在于人们的观念中，依靠人们的自我约束和舆论监督来实施的道德、风俗、习惯等非成文的规则。经济学家诺斯在《制度变迁的理论》一文中指出："制度是人所发明设计的对人们相互交往的约束。它们由正式规则、非正式规则的约束（行为规范、惯例和自我限定的行为准则）和它们的强制性所构成。简单来说，它们是由人们在相互打交道中的强制约束的结构所组成。"据此，我们加以概括便知，制度主要是由正式规则、非正式规则和它们的运行方式构成的。

（1）正式规则。正式规则又称明文规定的正式制度，是指人们有意识创造的一系列政策法则，包括法律、政治规则、经济规则等，它由公共权威机构制定或由有关各方共同制定。正式规则具有强制力。

人们通常在谈到制度时，看到的和考虑更多的往往是正式制度，因为它是有形的，看得见、摸得着，如果设计合理，无论是奖还是罚都有章可循，可以非常容易地照章办事。就行为个体而言，正式的制度就是一个行为指南、活动准则。由于正式的制度易于操作，而且它本身也是管理部门的职责和权威体现，因此，当提到加强制度建设时，主要指的是正式制度的建设。

在海洋使用管理工作中，《海域法》《海洋环保法》《海洋功能区划》等就是海洋管理的正式规则，它们对涉海人员和涉海组织对海洋进行使用或管理行为具有普遍的约束力。海洋管理的正式规则主要有涉及海域区划、海域使用、海域环境保护、海洋维权、海洋管理等方面的法律法规、方针政策、战略规划、条令条例、规定要求等，它由中央和地方各级党委、全国各级人大、人民政府、涉海管理部门依职权制定，对涉海人员和组织具有普遍的约束力。由于这种强制性的约束力，使人们在对海洋的开发利用活动中以及对这些开发利用活动进行的管理中，不得不形成一些用海方法、方式、习惯等，而这些就是海洋管理的政策、法规、规划等所规定要求的。俗话说："习惯成自然。"久而久之，人们对这些用海的方法、方式、习惯等就会慢慢由正式制度开始实行时的被动接受、被动遵守逐渐变成主动接受、自觉遵守。当从被动转变成自觉的时候，人们的海洋意识也就同步加强了。

目前，我国海洋管理制度体系的建设速度远远落后于对海洋开发利用实践活动的要求。如果我们通过先培养国民的海洋意识，待达到一定程度后再进行建立或完善海洋管理制度的工作显然是不合时宜的。因此，这就要求海洋管理正式制度的建设和国民海洋意识的提高同步进行、同步发展、同步提高。由于海洋意识是人们在长期用海过程中无意识地逐渐形成的，并构成历代相传的文化中的一个部分。因此，我们就需要借助于海洋管理的正式制度的强制性来实现同步的目的。

（2）非正式规则。非正式规则又称无明文规定的非正式制度，是人们在长期交往中无意识形成的，并构成历代相传的文化中的一部分，主要包括价值信念、伦理规范、风俗习性、意识形态等，它是对正式规则的补充、拓展、修正、说明和支持。海洋管理的非正式规则主要包括来自社会舆论和社会成员自律作用下实施的规则，它主要是指海洋价值观、海洋意识、海洋习俗、海洋禁忌等，它是人们在长期海洋实践活动的历史发展中自然演化而形成的产物，属于“潜规则”，具有很强的稳定性。它是无形的，它依靠的是内在的心理约束力，约束着人们的行为选择，其影响无时、无处、无事不在，并与人们的行为方式、思维方式和生活方式融合在一起，形成了得到社会广泛认可的行为规范和内心行为标准。

非正式制度往往是不成文的或无形的，给人以“软”的感觉，但因其根深蒂固和有深厚的群众基础而左右着涉海人员或涉海组织的行为。从某种意义上说，非正式制度甚至比正式制度更为重要。因为在一定的社会物质生活条件下，非正式制度中的观念形态是影响制度形成、制度选择的决定因素，不同的观念体系影响着人们的制度选择和行为方向。正式制度与非正式制度相互联系、相互制约、共同作用，交织成一种影响人们海洋实践活动的制度框架。这种框架的设立是以确定的、为绝大多数成员认可的方式或规则存在的，并把涉海人员的行为纳入这种关系框架内，使之遵循一定的规矩和模式，从而保证涉海个体或组织的行为与社会要求相吻合，实现同步发展。因此，进行海洋功能区划制度建设，正确认识非正式制度在海洋功能区划中的作用，加强非正式制度的建设至关重要。

（3）正式规则和非正式规则。正式规则和非正式规则告诉了人们应当做什么，不应当做什么，它们给人们定下了行为标准，但如果不执行，从现实的效果看就等于没有制度。制度的执行机制，一方面表现在对违规行为的惩罚上，另一方面表现在激励上，即通过一些刺激人们利益动机的措施，来改变人们的价值取向和行为嗜好，以此实现制度设置的目的。

“在任何制度结构中，非正式制度是以意识形态和文化占主导地位的，它可以使其由个人意识转变为社会意识，由主观精神转变为客观精神，从而形成一定的社会文化环境。”[①] 它往往以指导思想的形式构成正式制度的理论基础和最高准则，同时，还可以在形式上构成某种正式制度的先验模式或雏形。非正式制度与人们的动机和行为有着内在的联系，因而它可以构成影响市场秩序、制约经济可持续发展的无形力量。如果非正式制度与正式制度产生矛盾时，则会阻碍新制度的贯彻实施，增大和提高制度创新和实施的阻力和成本。而与正式制度相一致的非正式制度则有助于降低正式制度的运行成本。

（4）制度的运行机制。海洋管理制度还包括海洋管理的运行机制，它是海洋功能区划制度的具体运作体系和实际操作过程。这个过程是通过涉海人、财、物进行合理安排，使其在发挥各自功效的同时，实现系统整体功效的最大化。海洋管理运行机制主要表现为约束和激励，一方面，它给涉海人员以规则约束，规范着他们行为方式的选择；另一方面，它又通过影响利益分配等手段，保证涉海人员的责权利有机结合，从而调动起积极性，激发动力和活力。

二　海洋功能区划制度的特征

（1）行政性。正如海洋功能区划所明确指出的：“海洋功能区划，目的是为海域使用管理和海洋环境保护工作提供科学依据。”[②] 海洋功能区划的直接作用是为海洋行政管理部门进行行政管理提供依据，其直接适用的主体是各级海洋行政管理部门，对象是海洋行政管理行为，是整个海洋管理行政制度的基础和重要组成部分，其

---

① 赵字鸣、赵荣：《谈文化遗产业发展中的制度体系建设》，《商业时代》2006 年第 4 期。

② 国家海洋局 2002 年 9 月 10 日发布的《全国海洋功能区划》。

具有很强的行政性。

（2）强制性。海洋功能区划是国家各级行政职能机关依法制定的，具有法律效力。而且其制度的行政性同时赋予其公法上之强制效力，各涉海社会主体必须严格遵守，不得违反。否则，即属于违法行为，应承担行政法律责任。

（3）法定性。作为一种效力高、范围广、影响深远的重要制度，海洋功能区划不能由各行政部门自主决定、任意而为，而必须依法进行，要严格遵照法律规定的主体范围、授予权限、划分原则、审批程序行事，并只能对法律许可的事项进行规定，具有极强的法定性。

（4）技术性。与一般法律规范的社会性不同，海洋功能区划考虑的是如何在现有技术水平上更好地开发、利用、保护海洋的问题，这既是社会问题，从根本上说又是一个技术问题。海洋功能区划主要是依据海洋的自然属性及人类自然科学技术的发展程度而定，受海洋自然属性的制约和科学技术发展的直接影响，具有强烈的技术性特征。

（5）公益性。无论海洋资源的充分、高效、可持续利用，还是海洋生态环境的良好保护，海洋功能区划都是站在全社会的高度，以全社会共同利益为根本出发点的。海洋功能区划是对部门利益、行业利益、群体利益、个人利益的协调与超越，是对人类眼前利益和长远利益的综合，着眼于人类社会整体发展的可持续和长治久安，具有强烈的公益色彩。

三 海洋功能区划制度中的法律关系构成

海洋功能区划制度中的法律关系，是指相关社会主体在各种涉海活动中，根据海洋功能区划相关法律规定所形成的法律权利义务关系。由于海洋功能区划的行政性，海洋功能区划制度中的法律关系主要是一种行政法律关系，其具体体现在以下几方面。

（1）主体。法律关系主体是指在具体的法律关系中享受权利、承担义务的当事人。行政法律关系是经行政法规范调整的，因实施国家行政权而发生的行政主体之间、行政主体与行政人之间、行政主体与行政相对人之间的权利义务关系。[①] 从其定义上可以看出，行政主体与行政相对人是其行政法律关系的基本构成主体。在海洋功能区划法律关系中，其表现为：

行政主体方：沿海县级以上人民政府、国务院有关部门和国家海洋行政主管部门。《海洋环保法》规定："国家海洋行政主管部门会同国务院有关部门和沿海省、自治区、直辖市人民政府拟定全国海洋功能区划，报国务院批准。沿海地方各级人民政府应当根据全国和地方海洋功能区划，科学合理地使用海域。"[②]《海域法》规定："国务院海洋行政主管部门会同国务院有关部门和沿海省、自治区、直辖市人民政府，编制全国海洋功能区划。沿海县级以上地方人民政府海洋行政主管部门会同本级人民政府有关部门，依据上一级海洋功能区划，编制地方海洋功能区划"。[③] 由此可见，在海洋功能区划的制定中，国家海洋行政主管部门、国务院有关部门、沿海县级以上人民政府均为海洋功能区划制定的主体。同时，沿海各级人民政府又是海洋功能区划的适用机关。

行政相对人方：行政相对人是指在具体的行政法律关系中与行政主体相对应的另一方当事人，其不限于普通社会主体，在具体法律关系中，行政机关也有可能成为行政相对人。[④]《海洋环保法》第三章第 24 条规定："开发利用海洋资源，应当根据海洋功能区划合理布局，不得造成海洋生态环境破坏。"据此，在海洋功能区划的适用过程中，普通社会主体，无论是个人、法人、非法人组织，只要在特定海域内从事相关用海活动，都必须遵照各级海洋功能区划的规定，不得从事其禁止的行为，也不能擅自从事需经审批的活动。所以，一切用海社会主体均受海洋功能区划的制约，为其行政

① 胡建淼：《行政法学》，法律出版社 1998 年版，第 27 页。

② 《海洋环保法》第二章第 6 条。

③ 《海域法》第二章第 10 条。

④ 胡建淼：《行政法学》，法律出版社 1998 年版，第 202—204 页。

相对方。另外，在特定的行政活动中，如排污口设置、海洋工程建设项目审批、涉及海域使用的沿海土地利用总体规划、城市规划、港口规划等的制定均应遵循海洋功能区划①，此时的行政相对人为从事审批、制定活动的行政机关。

（2）客体。法律关系客体是指具体的权利义务所指向的对象。由于海洋的整体性特征，海洋功能区划所针对的只能是特定的海洋，即海域，尤其是地方级别的海洋功能区划，其区域性更为明显。海洋功能区划是根据特定海洋的自然属性和社会属性将大范围的海域分别划分为不同的若干个“小”海域，并明确其功能和可利用的方式、条件，其具体的权利义务针对的是海域。

（3）内容。法律关系的内容是指法律关系主体所享有的权利和义务。在海洋功能区划制度的法律关系中，由于具体法律关系的不同，其权利义务内容也有差异。一般而言，行政主体方的权利主要表现为：依照法律和上级海洋功能区划制定本级海洋功能区划、组织实施上级海洋功能区划、依照海洋功能区划对海域进行监督管理等；对于行政机关而言，这些“职权”相应也构成其义务，海洋功能区划明确规定要“依法行政，认真组织实施海洋功能区划。各级海洋功能区划经批准后，应当向社会公布。各级人民政府要根据《海域法》《海洋环保法》及其他涉海法律法规的规定，依据海洋功能区划管理海域、保护海洋环境”。② 同时，其还负有保障相对人的合法权益的义务。相对人主要是负有依照海洋功能区划的规定和要求对海域进行利用，遵守海洋行政管理规定，保护海洋环境的义务；同时，也享有在符合区划的前提下依法对海域和海洋资源进行充分利用的权利，在权利受到侵犯时可请求行政机关和司法机关予以救济。

---

① 《海洋环保法》第四章第 30 条、第六章第 47 条；《海域法》第二章第 15 条第 2 款。

② 《全国海洋功能区划》第五部分第 2 条。

第二章　我国海洋功能分区概况

海洋是潜力巨大的资源宝库，是人类赖以生存和发展的蓝色家园，是我国经济社会可持续发展的重要资源和生态文明建设的战略空间。为了合理开发利用海洋资源，保护和改善海洋生态环境，提高海洋综合管控能力，促进海洋经济可持续发展，2012 年 3 月 3 日，国务院批准了《全国海洋功能区划》，这是继 2011 年国家“十二五”规划提出“推进海洋经济发展”战略后，国家依据《海域法》《海洋环保法》等法律法规和有关方针、政策及规定，从我国海洋实际出发，对我国所管辖的海域未来十年的开发利用和养护及海洋环境保护做出的全面部署和具体安排。

第一节　海洋开发与保护状况分析

一　海域和海洋资源开发利用与保护现状

我国是海洋大国，濒临渤海、黄海、东海、南海以及台湾以东海域，跨越温带、亚热带和热带。领海面积 38 万平方千米，大陆海岸线北起鸭绿江口，南至北仑河口，长达 1.84 万多千米，岛屿岸线长达 1.4 万多千米。面积 500 平方米以上的海岛 6900 余个。入海河流众多，有长江、黄河等 1500 余条河流入海。海岸类型多样，大于 10 平方千米的海湾 160 多个，大中河口 10 多个，自然深水岸线 400 多千米。

改革开放以来，我国的海域使用管理与海洋环境保护工作逐步加强，社会各界合理开发与保护海洋的意识不断增强，海洋事业不断取得新的进展。截至2000年，我国海域使用面积200多万公顷（不含捕捞区面积），其中，海水养殖面积120多万公顷，盐田面积441482公顷，港口用海面积20多万公顷，油气开采矿区20多万公顷，旅游休闲娱乐用海面积近1万公顷，海洋倾废区面积0.2万公顷。另外，铺设海底电缆管道13500多千米，有海滨滩涂、湿地219万顷，已建立以海洋和海岸生态系统及海洋珍稀动植物为主要保护对象的自然保护区69个，总面积130多万公顷。目前，海水可养殖面积约200万公顷，已经养殖的面积71万公顷；浅海、滩涂可养殖面积约242万公顷；2008年围填海总面积由1990年的8241平方千米增至13380平方千米，预测到2020年沿海地区发展将有5780平方千米的围填海需求，2009年至2020年的围填海年均在500平方千米以上。

我国海洋资源种类繁多，开发潜力巨大。海洋资源的开发利用为沿海地区经济社会发展做出了重要贡献。“十二五”期末，全国海洋生产总值占国内生产总值的比重接近10%，涉海就业人员超过3300万；海水产品产量2798万吨，比“十一五”期间增加26%；沿海港口150多个，年货物吞吐量56.45亿吨，比“十一五”期间增加228%，其中，吞吐量位居世界前十位的港口有8个；海洋油气年产量超过5000万吨油当量，占全国油气年产量的近20%；滨海旅游业增加值约占海洋产业增加值的22%，已成为海洋经济的重要支柱产业。目前，已经建立起了比较完善的海洋法律法规体系和管理机构，不合理用海和海域污染严重恶化的趋势得到缓解，局部海区的环境质量得到改善，并使大面积海域水质基本保持在良好状态。

二 海域和海洋资源开发利用与保护存在的主要问题

海洋功能区划未颁布实施之前我国海域使用缺乏统筹规划和权属管理，资源过度利用与开发不足并存，近岸海域污染和生态恶化未得到有效控制。主要表现在：涉海部门根据各自的发展需要编制和实施规划，相互之间缺乏协调机制和依据，造成海域开发秩序混乱、局部海域用海矛盾突出及人力、财力的浪费；近岸海域污染严重；海洋环境灾害频发，每年仅赤潮就发生20—30起，直接经济损失数亿至数十亿元；主要经济鱼类资源衰退，海岸生态系统遭到破坏，20世纪50年代以来，滨海湿地减少了50%，红树林丧失了70%，近岸珊瑚礁损毁了80%，许多深水港口不得不重新选址或依靠清淤维持发展。因此，在当时的情况下急需加快海洋功能区划工作，为海洋管理提供法律法规和科学依据，促进海洋经济与资源、环境的协调发展。

三　海域管理与环境保护状况

到2010年年底，国务院和沿海县级以上地方各级人民政府依据海洋功能区划确权海域使用面积为194万公顷，基本解决了海域使用中长期存在的“无序、无度、无偿”等问题。依法审批建设用海24.2万公顷，切实保障了能源、交通等国家重大基础设施和防灾减灾等民生工程的用海需求，成为沿海地区拓展发展空间、推动经济社会发展的重要途径；依法确权海水增养殖及渔港、人工鱼礁等渔业用海160多万公顷，为沿海渔业发展、渔民增收提供了用海保障。

海洋污染防治和生态建设工作不断加强。国家与地方相结合的立体海洋环境监测与评价体系基本形成。沿海地区采取有效措施加大陆源入海污染物的控制力度，减少了海上污染排放。海洋保护区数量和面积稳步增长，建立起各级各类海洋保护区221处，其中，海洋自然保护区157处，海洋特别保护区64处，总面积330多万公顷（含部分陆域）。建立起海洋国家级水产种质资源保护区35个，覆盖海域面积达505.5万公顷。通过红树林人工种植等生态修复工程，恢复了部分区域的海洋生态功能。通过采取海洋伏季休渔、养增殖放流、水产健康养殖、水产种质资源保护区、人工鱼礁和海洋牧场建设等措施，减缓了海洋渔业资源衰退的趋势。目前，我国管辖海域海洋环境质量状况总体较好，基本能够满足海洋功能区的管理要求。

但是，海域管理和环境保护仍然存在一些问题。海域管理的法律法规、制度与任务要求不相适应，海域监管能力薄弱；海岸和近岸海域开发密度高、强度大，可供开发的海岸线和近岸海域后备资源不足；工业和城镇建设围填海规模增长较快，海岸人工化趋势明显，部分围填海区域利用粗放；陆地与海洋开发衔接不够，沿海局部地区开发布局与海洋资源环境承载能力不相适应；近岸部分海域污染依然严重，滨海湿地退化形势严峻，海洋生态服务功能退化，赤潮、绿潮等海洋生态灾害频发，溢油、化学危险物品泄漏等重大海洋污染事故时有发生。

四　海域管理与环境保护面临的形势

当前和今后一个时期，是我国全面建成小康社会的攻坚时期，也是坚定不移走科学发展道路、切实提高生态文明建设水平的关键阶段，我们必须深刻认识并全面把握海洋开发利用与环境保护面临的新形势，有效化解由此带来的各种矛盾。

（1）海洋经济发展战略的实施进一步加快。党的十八大提出了“大力发展海洋经济，建设海洋强国”的要求，国家“十三五”规划对坚持陆海统筹，壮大海洋经济，科学开发海洋资源，保护海洋生态环境，维护国家海洋权利，建设海洋强国做出了战略部署。国务院批准了沿海多个区域规划，全面推行了海洋经济发展试点的经验和做法。

（2）沿海地区工业化、城镇化进程进一步加快。能源、重化工业向沿海地区集聚，滨海城镇和交通、能源等基础设施在沿海布局，各类海洋工程建设规模不断扩大，海洋新兴产业迅速发展，建设用海需求旺盛。

（3）陆源和海上污染物排海总量快速增长，重大海洋污染事件频发。气候变化导致了海平面的上升，极端天气与气候事件屡有发生等，海洋自然灾害损失成倍增长，海洋防灾减灾和处置环境突发事件的形势依然非常严峻。仅2015年国家成功应对了“杜鹃”“彩虹”等6次台风风暴潮、20余次温带风暴潮和海浪灾害。

（4）涉海行业用海矛盾突出，渔业资源和生态环境损害严重，统筹协调海洋开发利用的任务依然十分艰巨。近岸海域渔业用海进一步被挤占，稳定海水养殖面积、促进海洋渔业发展、维护渔民权益的任务异常艰巨。

（5）沿海地区人民群众的环境意识不断增强。对清洁的海洋环境、优美的滨海生活空间和亲水岸线的要求不断提高，对健康、安全的海洋食品需求不断增加，对核电、危险化学品生产安全高度关注。

（6）海洋权益斗争趋于复杂。根据国际海洋法规定，我国拥有管辖海域总面积约300万平方千米，包括渤海、黄海、东海和南海，包括内水、海域、专属经济区和大陆架。但我国面临着激烈的海域划界争端问题，要按照《联合国海洋法公约》争得300万平方千米的管辖海域还有相当大的困难。沿海国家制定和实施海洋战略，围绕控制海洋空间、争夺海洋资源、保护海洋环境等方面，进一步加强了对海洋的控制、占有和利用。在黄海，我国与朝鲜和韩国存在着18万平方千米的争议海区；在东海，按日本的无理要求，日本与我国有16万平方千米的争议海区；在南海，我国海洋权益受到的侵犯更加严重，从权威的海洋研究机构获取的数字是大约有120万平方千米的海洋国土处于争议之中。

总之，随着我国经济社会发展及沿海地区人口增长，必然导致对海域空间提出持续增长的数量需求和质量安全需求。我们既要保障经济发展提出的建设用海需求，又要保障渔业生产、渔民增收提出的基本用海需求，更要保障生态安全提出的保护用海需求。只有三者相互兼顾，才能保持平衡，也才能协调发展。

第二节　海洋功能区划的指导思想、原则和目标[①]

一　海洋功能分区的重要性

自我国海洋经济发展战略全面实施以来，始终坚持在发展中保护、在保护中发展的原则，及时有效地统筹协调海洋开发利用和环境保护的艰巨任务，合理配置海域资源，优化海洋空间开发布局，促进了海洋及国民经济平稳较快发展和社会和谐稳定。

依据海洋功能区划要求，根据海域区位、自然资源、环境条件和开发利用的实际要求，按照海洋功能标准，将海域划分为若干不同类型的功能区，目的是为海域使用管理和海洋环境保护工作提供更加科学的依据，为国民经济和社会发展提供更加有力的用海保障。因此，海洋功能区划是合理开发利用海洋资源、有效保护海洋生态环境的法定依据，必须严格执行。建立起全覆盖、立体化、高精度的海洋综合管理体系，不断完善海域管理的体制机制，加大海洋执法监察力度，整顿和规范海洋开发利用秩序。各级各部门应积极支持海洋功能分区工作，中央和地方海域使用金收入应用于支持海域海岸带开展综合整治修复工作，通过全面而严格地实施海洋功能区划，经过十年积极而有效的努力，到2020年渔民生产生活和现代化渔业发展得到有效保障，海洋生态环境质量有较大改善，海洋可持续发展能力显著增强。

海洋功能区划科学评价了我国管辖海域的自然属性、开发利用与环境保护现状，统筹考虑国家宏观调控政策和沿海地区发展战略，提出了指导思想、基本原则和主要目标，划分了农渔业、港口航运、工业与城镇用海、矿产与能源、旅游休闲娱乐、海洋保护、

① 国家海洋局2002年9月10日发布的《全国海洋功能区划》。

特殊利用等十类海洋功能区，确定了渤海、黄海、东海、南海及台湾以东海域的主要功能和开发保护方向，并据此制定了保障海洋功能区划实施的政策措施。海洋功能区划是我国海洋空间开发、控制和综合管理的整体性、基础性、约束性文件，是编制地方各级海洋功能区划及各级各类涉海政策、规划，开展海域管理、海洋环境保护等海洋管理工作的重要依据。海洋功能区划范围为我国的内水、领海、毗连区、专属经济区、大陆架以及管辖的其他海域（香港、澳门特别行政区和台湾省毗邻海域除外）。海洋功能区划期限为2011年至2020年。

二　海洋功能区划的指导思想

海洋功能区划的指导思想就是：高举中国特色社会主义伟大旗帜，以马列主义、毛泽东思想、邓小平理论和“三个代表”重要思想为指导，深入贯彻落实科学发展观，以实施可持续发展战略、促进国民经济和社会发展为中心，以保护和合理利用海洋资源、提高海域使用效率、遏制海洋生态恶化、改善海洋环境质量为目标，从我国海洋开发利用现实与未来发展需要出发，适应“发展海洋经济”“提高海洋开发、控制、综合管理能力”“维护我国海洋权益”战略实施的新形势，坚持在发展中保护、在保护中发展，科学分区、准确定位、综合平衡，统筹协调行业用海，优化海洋开发空间布局，实现规划用海、集约用海、生态用海、科技用海、依法用海，促进沿海地区经济平稳较快发展和社会和谐稳定。协调好与其他涉海规划、区划的关系，科学合理划定海洋功能区。

三　海洋功能区划的原则

（1）以自然属性为基础。根据海域的区位、自然资源和自然环境等自然属性，综合评价海域开发利用的适宜性和海洋资源环境的承载能力，科学确定海域的基本功能。

（2）以科学发展为导向。根据经济社会发展的需要，统筹安排各有关行业用海，合理控制各类建设用海规模，保证生产、生活和生态用海，引导海洋产业优化布局，节约集约用海。

（3）以保护渔业为重点。渔业可持续发展的前提是传统渔业水域不被挤占、不被侵占、不被破坏，保护和改善生态环境，保障海域可持续利用，促进海洋经济的发展。保护渔业资源和改善生态环境是渔业生产的基础，是渔民增收的保障，更是保证渔区稳定的基础。

（4）以保护环境为前提。切实加强海洋环境保护和生态建设，统筹考虑海洋环境保护与陆源污染防治，控制污染物排海，改善海洋生态环境，防范海洋环境突发事件，维护河口、海湾、海岛、滨海湿地等海洋生态系统安全。

（5）以陆海统筹为准则。根据陆地空间与海洋空间的关联性，以及海洋系统的特殊性，统筹协调陆地与海洋的开发利用和环境保护。严格保护海岸线，切实保障河口海域防洪安全。

（6）以国家安全为关键。保障国防安全和保证军事用海需要，保障海上交通安全和海底管线安全，加强领海基点及周边海域保护，维护我国海洋权益。

四 海洋功能区划的目标

通过科学编制和全面而严格地实施海洋功能区划，经过十年积极而有效的努力，到2020年，切实建立起符合海洋功能区划的海洋开发利用秩序，实现海域的合理开发和可持续利用，满足国民经济和社会发展对海洋的需求。这是总体目标。具体目标是：

（1）增强海域管理在宏观调控中的作用。海域管理的法律、经济、行政和技术等手段不断得到完善，海洋功能区划的整体控制作用明显增强，海域使用权的市场机制逐步健全，海域的国家所有权和海域使用权人的合法权益得到有效保障，海洋可持续发展的能力显著增强。

（2）改善海洋生态环境，扩大海洋保护区面积。主要污染物排海总量得到初步控制，重点污染海域环境质量得到一定改善，局部海域海洋生态恶化趋势得到有效遏制，部分受损海洋生态系统得到初步修复。海洋保护区得到有力保护，海洋生态环境质量有较大改善。至 2020 年，海洋保护区总面积达到我国管辖海域面积的 5% 以上，近岸海域海洋保护区面积达到 11% 以上。

（3）维持渔业用海基本稳定，加强水生生物资源养护。渔民生产生活和现代化渔业发展用海需求得到有力保障，重要渔业水域、水生野生动植物和水产种质资源、保护区得到有效保护。至 2020 年，水域生态环境逐步得到修复，渔业资源衰退和濒危物种数目增加的趋势得到基本遏制，捕捞能力和捕捞产量与渔业资源可承受能力大体相适应，海水养殖用海的功能区面积不少于 260 万公顷。

（4）合理控制围填海规模。应严格实施围填海年度计划审批制度，遏制围填海增长过快的趋势，使围填海等改变海域自然属性的用海活动得到合理控制。围填海控制的面积符合国民经济宏观调控总体要求和海洋生态环境承载能力。

（5）保留海域后备空间资源。划定专门的保留区，并实施严格的阶段性开发限制，为未来发展预留一定数量的近岸海域。近岸海域保留区面积比例不低于 10%。严格控制占用海岸线的开发利用活动，至 2020 年，大陆自然岸线保有率不低于 35%。

（6）开展海域海岸带整治修复。遭到破坏的海域海岸带得到进一步整治修复，重点对由于开发利用造成的自然景观受损严重、生态功能退化、防灾能力减弱，以及利用效率低下的海域海岸带进行整治修复。海洋环境灾害和突发事件的应急机制得到明显加强。至 2020 年，完成整治和修复海岸线长度不少于 2000 千米。

实现上述总体目标和具体目标应分两步走：

第一步：2011—2015 年，加强海洋功能区划的实施管理，逐步调整不符合海洋功能区划的用海项目，实现重点海域开发利用基本符合海洋功能区划，控制住近岸海域环境质量恶化的趋势。

第二步：2016—2020 年，严格实行海洋功能区划制度，实现海域的开发利用符合海洋功能区划，生态环境质量得到改善，海洋经济稳步发展。

第三节　海洋功能分区[①]

海洋功能区划把我国管辖海域划定为10种主要海洋功能区，也就是说海洋功能区划分类体系有10个一级类，分别是：农渔业资源利用和养护区、港口航运区、工业与城镇用海区、矿产资源利用区、旅游休闲娱乐区、海洋能利用区、工程用海区、海洋保护区、海水资源利用区、特殊利用区，它们共含有36个三级类。每种海洋功能区在开发利用和保护重点及管理制度等方面都提出了严格而明确的要求，因它们各自功能的不同而均有不同。

一　农渔业资源利用和养护区

农渔业资源利用和养护区是指适于拓展农业发展空间和开发海洋生物资源，可供农业围垦、渔港和育苗场等渔业基础设施建设，海水增养殖和捕捞生产以及重要渔业品种养护的海域。或者指为开发利用和养护渔业资源、发展渔业生产需要划定的海域，它包含5个二级类：一是渔港和渔业设施基地建设区，指可供渔船停靠、进行装卸作业和避风的区域以及用来繁殖重要菌种的场所，包括港池、码头、附属仓储以及重要苗种繁殖场所等；二是养殖区，指以人工培育和饲养具有经济价值生物物种为主要目的的渔业资源利用区，包括浅海养殖区、滩涂养殖区、围塘养殖区等；三是增殖区，指由于过度捕捞和不合理采捕或环境破坏等因素而使海洋生物资源衰退或生物资源遭到破坏，需要经过繁殖保护措施来增加和补充生物群体数量的区域；四是捕捞区，指在海洋游泳生物（鱼类和大型无脊椎动物）产卵场、索饵场、越冬场以及它们的洄游通道（即过路渔场）使用国家规定的渔具或人工垂钓的方法获取海产经济动物的区域；五是重要渔业品种保护区，指用来保护具有重要经济价值

① 国家海洋局2002年9月10日发布的《全国海洋功能区划》。

和遗传育种价值的渔业品种及其产卵场、越冬场、索饵场和洄游路线等栖息、繁衍的区域；还有农业围垦区。

农渔业资源利用和养护区主要分布在江苏、上海、浙江及福建沿海。渔业基础设施区主要为国家中心渔港、一级渔港和远洋渔业基地。

养殖区和增养殖区主要分布在黄海北部、长山群岛周边、辽东湾北部、冀东、黄河口至莱州湾、烟台和威海近海、海州湾、江苏辐射沙洲、舟山群岛、闽浙沿海、粤东、粤西、北部湾、海南岛周边等海域；捕捞区主要分布在渤海、舟山、石岛、吕泗、闽东、闽外、闽中、闽南、珠江口、北部湾及东沙、西沙、中沙、南沙等渔场；水产种质资源保护区主要分布在双台子河口、莱州湾、黄河口、海州湾、乐清湾、官井洋、海陵湾、北部湾、东海陆架区、西沙附近等海域。

为实现海洋渔业经济可持续发展，维护沿海地区社会稳定，国家应保证重点大型渔港及渔业物资供给和重要苗种繁殖场所等重要渔业设施基地建设用海需要，保证渤海区、北黄海区、南黄海区、长江口区、东海西岸区、南海北岸区等重要养殖区的养殖用海需要，保证局部近岸海域和海岛周围海域生物物种放流及人工鱼礁建设的用海需要，确保重点渔场不受破坏。其他用海活动应处理好与养殖、增养殖、捕捞之间的关系，避免相互影响，禁止在规定的养殖区、增养殖区和捕捞区内进行有碍渔业生产或污染水域环境的活动。农业围垦区、渔业基础设施区、养殖区、增养殖区应执行不低于二类海水的水质标准；渔港区应执行不劣于现状海水的水质标准，捕捞区、水产种质资源保护区应执行一类海水的水质标准。

国家应通过控制近海和外海捕捞强度，鼓励和扶持远洋捕捞以及设置禁渔区、休渔期和重要渔业品种保护区等，加强海域渔业资源养护。设立重要渔业品种保护区，保护具有重要经济价值和遗传育种价值的渔业品种及其产卵场、越冬场、索饵场和洄游路线等栖息繁衍生存生长环境。加强对渤、黄海对虾保护区、东海和黄海的产卵带鱼保护区、大黄鱼幼鱼保护区、带鱼幼鱼保护区、大黄鱼越冬群体保护区及其他重要渔业品种保护区的建设和管理。未经批准，任何单位或个人不得在保护区内从事捕捞活动；禁止捕捞重要渔业品种的苗种和亲体；禁止在鱼类洄游通道建闸、筑坝和有损鱼类洄游的活动。进行水下爆破、勘探、施工作业等涉海活动时应采取有效补救措施，防止或减少对渔业资源的损害。

农业围垦应控制规模和用途，应严格按照围填海计划和自然淤涨情况科学安排用海。渔港及远洋基地建设应合理布局，节约集约利用岸线和海域空间。确保传统养殖用海稳定，支持集约化海水养殖和现代化海洋牧场发展。加强海洋水产种质资源保护，防治海水养殖污染，防范外来物种侵害，保持海洋生态系统结构与功能的稳定。

二　港口航运区

港口航运区是指适于开发利用港口航运资源，为满足船舶安全航行、停靠，进行装卸作业或避风所划定的海域，港口航运区内的海域主要用于港口建设、运行和船舶航行及其他直接为海上交通运输服务的活动。它包含3个二级类：一是港口区，指可供船舶停靠，进行装卸作业和避风的区域，包括港池、码头和仓储地；二是航道区，指供船只用来航行使用的区域；三是锚地区，指供船舶候潮、待泊、联检、避风使用或者进行水上装卸作业的区域。

港口区主要包括大连港、营口港、秦皇岛港、唐山港、天津港、烟台港、青岛港、日照港、连云港港、南通港、上海港、宁波—舟山港、温州港、福州港、厦门港、汕头港、深圳港、广州港、珠海港、湛江港、海口港、北部湾港等。港口的划定是坚持深水深用、浅水浅用、远近结合、各得其所和充分发挥港口设施作用的原则划定的，以求合理使用有限的海域，以保证国家和地区重要港口的用海需要，重点保证有权机关批准的新建深水泊位和航道项目的用海需要。

航道区主要包括渤海海峡（包括老铁山水道、长山水道等）、成山头附近海域、长江口、舟山群岛海域、台湾海峡、珠江口、琼州海峡等重要航运水道。航运区内的海域主要用于港口建设、运行和船舶航行及其他直接为海上交通运输服务的活动。

锚地区主要分布在重点港口和重要航运水道周边邻近海域。

禁止在港口区、锚地区、航道区、通航密集区以及公布的航路内进行与港口作业和航运无关、有碍航行安全的活动，已经在这些海域从事上述活动的应限期调整，严禁在规划港口航运区内建设其他永久性设施。

应深化港口岸线资源整合，优化港口布局，合理控制港口建设规模和节奏，重点安排全国沿海主要港口的用海。堆场、码头等港口基础设施及临港配套设施建设用围填海应集约高效利用岸线和海域空间。维护沿海主要港口、航运水道和锚地水域功能，保障航运安全。

港口的岸线利用、集疏运体系等要与临港城市的城市总体规划做好衔接。港口建设应减少对海洋水动力环境、岸滩及海底地形地貌的影响，防止海岸侵蚀。港口区水域应执行不低于四类海水的水质标准；航道、锚地和邻近水生野生动植物保护区、水产种质资源保护区等海洋生态敏感区的港口区应执行不低于现状海水的水质标准。

三　工业与城镇用海区

工业与城镇用海区是指适于发展临海工业与滨海城镇的海域。它包含 2 个二级类：一是工业用海区；二是城镇用海区。工业与城镇用海区主要分布在沿海大、中城市和重要港口毗邻海域。

工业和城镇建设围填海，首先应考虑和做好与土地利用的总体规划、城乡规划、河口防洪与综合整治规划等方面的相互衔接，突出节约集约用海原则，合理控制规模，优化空间布局，提高海域空间资源的整体使用效能。优先安排国家区域发展战略确定的建设用海，重点支持国家级综合配套改革试验区、经济技术开发区、高新技术产业开发区、循环经济示范区、保税港区等方面的用海需求。

重点安排国家产业政策鼓励类的产业用海，鼓励海水综合利用，严格限制高耗能、高污染和资源消耗型工业项目用海。在适宜的海域，采取离岸、人工岛式围填海，减少对海洋水动力环境、岸滩及海底地形地貌的影响，防止海岸侵蚀。

工业用海区应制定和落实环境保护措施，严格实行污水达标排放的管理要求，以避免工业生产造成海洋环境污染，新建核电站、石化等危险化学品项目应远离人口密集的城镇；城镇用海区应保障社会公益项目用海，维护公众亲海需求，加强自然岸线和海岸景观的保护，营造宜居的海岸生态环境。工业与城镇用海区应执行不低于三类海水的水质标准。

四　矿产资源利用区

矿产资源利用区是指适于开发利用的矿产资源与海上能源，可供油气和固体矿产等勘探、开采矿产资源需要划定的海域以及盐田和可再生能源等开发利用的海域，包括油气区、固体矿产区、盐田区和可再生能源区等。它包含 3 个二级类：一是油气区，指正在开采的或尚未开发但已探明具有工业开采价值的除油气、固体矿产之外的其他种类矿区；二是固体矿产区，指正在开采的矿区或尚未开发但已探明具有工业开采价值的矿区；三是其他矿产区，指正在开采的矿区或尚未开发但已探明具有工业开采价值的除油气、固体矿产之外的其他种类矿区。

油气区主要分布在渤海湾盆地（海上）、北黄海盆地、南黄海盆地、东海盆地、台西盆地、台西南盆地、珠江口盆地、琼东南盆地、莺歌海盆地、北部湾盆地、南海南部沉积盆地等油气资源富集的海域；盐田区主要分布在辽东湾、长芦、莱州湾、淮北等盐业产区；可再生能源区主要分布在浙江、福建和广东等近海的重点潮汐能区，福建、广东、海南和山东沿海的波浪能区，浙江舟山群岛（龟山水道）、辽宁大三山岛、福建嵛山岛和海坛岛海域的潮流能区，西沙群岛附近海域的温差能区以及海岸和近海风能分布区。

在重点保证正在生产、计划开发和在新建油田用海需要的前提下，矿产资源勘探、开采首先应选取有利于生态环境保护的工期和方式，把开发活动对生态环境的破坏减少到最低限度；严格控制在油气勘探开发作业海域进行可能产生相互影响的活动；新建采油工程应加大防污措施，抓好现有生产设施和作业现场的“三废”治理；禁止在海洋保护区、侵蚀岸段、防护林带毗邻海域及重要经济鱼类的产卵场、越冬场和索饵场开采海砂等固体矿产资源；严格控制近岸海城海砂开采的数量、范围和强度，防止海岸侵蚀等海洋灾害的发生；加强对海岛采石及其他矿产资源开发活动的管理，防止造成对海岛及其周围海域生态环境的破坏。

在重点保障油气资源勘探开发用海需求的前提下，应支持海洋可再生能源开发利用，但应遵循深水远岸布局原则，科学论证与规划海上风电建设，促进海上风电与其他产业的协调发展。禁止在海洋保护区、侵蚀岸段、防护林带毗邻海域开采海砂等固体矿产资源，防止造成海砂开采破坏重要水产种质资源，如产卵场、索饵场和越冬场等。严格执行海洋油气勘探、开采中的环境管理要求，防范发生海上溢油等海洋环境突发污染事件。油气区应执行不劣于现状海水的水质标准；固体矿产区应执行不低于四类海水的水质标准；盐田区和可再生能源区应执行不低于二类海水的水质标准。

五 旅游休闲娱乐区

旅游休闲娱乐区是指为开发利用滨海和海上旅游资源，可供发展旅游业需要和海上文体娱乐活动场所建设所需要划定的海域。它包含2个三级类：一是风景旅游区，指具有一定质和量的自然景观或人文景观的区域；二是度假旅游区，指具有度假、运动以及娱乐价值的区域；还有文体休闲娱乐区等。旅游休闲娱乐区主要为沿海国家级风景名胜区、国家级旅游度假区、国家5A级旅游景区、国家级地质公园、国家级森林公园等的毗邻海域及其他旅游资源丰富的海域。

旅游休闲娱乐区应坚持旅游资源严格保护、合理开发和永续利用的管理原则，立足国内市场、面向国际市场，实施旅游精品战略，大力发展海滨度假旅游、海上观光旅游和涉海专项旅游。根据我国滨海和海上旅游资源状况，首先应重点保证鸭绿江、大连金石滩、大连海滨—旅顺口、兴城海滨、秦皇岛北戴河、青岛崂山、胶东半岛海滨、云台山和海滨、普陀山、嵊泗列岛、福建湄州岛和东山岛、海坛、鼓浪屿—万石山、清源山、太姥山、阳江海陵岛、三亚热带海滨等国家重点风景名胜区和国家级旅游度假区的用海需要。科学确定旅游休闲娱乐区的游客容量，使旅游基础设施建设与生态环境的承载能力相适应；应加强自然景观、滨海城市景观和旅游景点的保护，严格控制占用海岸线、沙滩和沿海防护林的建设；旅游休闲娱乐区的污水和生活垃圾处理，应实现达标排放和科学处置，禁止直接排海；旅游休闲娱乐区开发建设应合理控制规模，优化空间布局，有序利用海岸线、海湾、海岛等重要旅游资源；应严格落实生态环境保护措施，保护海岸自然景观和沙滩资源，避免因旅游活动对海洋生态环境造成不良影响。保障现有城市生活用海和旅游休闲娱乐区用海，应禁止非公益性设施占用公共旅游资源。开展城镇周边海域海岸带整治修复，形成新的旅游休闲娱乐区。度假旅游区（包括海水浴场、海上娱乐区）应执行不低于二类海水的水质标准；海滨风景旅游区应执行不低于三类海水的水质标准。

六　海洋能利用区

海洋能利用区是指为开发利用海洋再生能源需要划定的海域。它包含4个二级类：一是潮汐能区，指已经开发或具有开发潮汐能条件的区域；二是潮流能区，指已经开发或具有开发潮流能条件的区域；三是波浪能区，指已经开发或具有开发波浪能条件的区域；四是温差能区，指已经开发或具有开发温差能条件的区域。

海洋能是可再生的清洁能源，开发不会造成环境污染，也不占用大量的陆地，在海岛和某些大陆海岸很有发展前景。我国海洋能资源蕴藏量丰富，开发潜力大，应大力提倡和鼓励海洋能的开发，并应以潮汐发电为主，适当发展波浪、潮流和温差发电。

潮汐发电以浙江、福建沿岸为主，应重点开发建设浙江三门湾、福建八尺门等潮汐发电站；波浪发电应以福建、广东、海南和山东沿岸为主；温差发电应以西沙群岛附近海域为主。加快海洋能开发的科学试验，提高电站综合利用水平。

七　工程用海区

工程用海区是指为满足工程建设项目用海需要划定的海域。包括占用水面、水体、海床或底土的工程建设项目。它包含6个二级类：一是海底管线区，指已埋（架）设或规划近期内埋（架）设海底管线的区域，包括埋设海底油气管道、通信光（电）缆、输水管道及架设深海排污管道的区域；二是石油平台区，指已建或规划近期内建设海上石油平台的区域；三是围海造地区，指规划近期内通过围海、填海新造陆地的区域；四是海岸防护工程区，指已建或规划近期内建设为防范海浪、沿岸流的侵蚀及台风、气流和寒潮大风等自然灾害的侵袭等海岸防护工程的区域；五是跨海桥梁区，指已建或规划近期内建设跨海桥梁的区域；六是其他工程用海区，指已建或规划近期内建设其他工程的区域。

海底管线区是指在大潮高潮线以下已铺设或规划铺设的海底通信光（电）缆和电力电缆以及输水、输油、输气等管状设施的区域；在区域内从事的各种海上活动，应采取一切切实可行的措施保护好经批准、已铺设的海底管线；应禁止在规划的海底管线区域内兴建其他永久性建筑物。海上石油平台周围及相互间管道连接区的一定范围内应禁止其他用海活动，采取有效措施，保护石油平台周围的海域环境。围海、填海项目应进行充分论证，对可能导致地形、岸滩及海洋环境破坏的要有切实可行的整治对策和措施；应严禁在城区和城镇郊区随意开山填海；对于港口附近的围填海项目应合理利用港口疏浚物。

八　海洋保护区

海洋保护区是指专供海洋资源、海洋环境和海洋生态保护的海域，也是指为保护珍稀、濒危海洋生物物种、经济生物物种及其栖息地以及有重大科学、文化和景观价值的海洋自然景观、自然生态系统和历史遗迹需要划定的海域，它包含 4 个三级类：一是海洋和海岸自然生态系统自然保护区，指以海洋和海岸自然环境、自然资源和具有一定代表性、典型性和完整性的生物群落和非生物环境共同组成的生态系统作为主要保护对象的区域；二是海洋生物物种自然保护区，指以珍稀与濒危物种种群及自然环境作为主要保护对象的区域；三是海洋自然遗迹和非生物资源系统自然保护区，指在对自然历史的研究方面具有重要科学价值（如地质剖面、海蚀—海积古海岸地貌等），经县级以上人民政府批准的自然历史遗迹保护区域；四是海洋特别保护区，指在海洋环境中那些在自然资源、海洋开发和海洋生态方面对国家和地方有特殊重要意义，需要特别管理和保护，实现资源持续利用的区域。

海洋保护区主要分布在鸭绿江口、辽东半岛西部、双台子河口、渤海湾、黄河口、山东半岛东部、苏北、长江口、杭州湾、舟山群岛、浙闽沿岸、珠江口、雷州半岛、北部湾、海南岛周边等邻近海域。

应在海洋生物物种丰富、具有海洋生态系统代表性、典型性、未受破坏的地区，根据我国目前海洋保护区的情况，抓紧抢建一批新的海洋自然保护区。海洋特别保护区是指具有特殊地理条件、生态系统、生物与非生物资源及海洋开发利用的特殊需要划定的海域，应当采取有效的保护措施和科学的开发方式进行特殊管理。海洋保护区应当严格按照国家关于海洋环境保护以及自然保护区管理的法律法规和标准执行，由各相关职能部门依法进行严格管理。

依据国家有关法律法规进一步加强对现有海洋保护区的管理，应限制海洋保护区内影响干扰保护对象的用海活动，维持、恢复、改善海洋生态环境和生物多样性，保护自然景观。加强海洋特别保护区管理，在海洋生物濒危、海洋生态系统典型、海洋地理条件特殊、海洋资源丰富的近海、远海和群岛海域，应新建一批海洋自然保护区和海洋特别保护区，进一步增加海洋保护区的面积。对拟选划为海洋保护区的海域应禁止开发建设，逐步建立类型多样、布局合理、功能完善的海洋保护区网络体系，促进海洋生态保护与周边海域开发利用的协调发展。海洋自然保护区应执行不劣于一类海水的水质标准；海洋特别保护区应执行各使用功能相应的海水水质标准。

九　海水资源利用区

海水资源利用区是指为开发利用海水资源或直接利用地下卤水需要划定的海域。它包含3个二级类：一是盐田区，指已开发的盐田区和具有建盐田条件的区域；二是特殊工业用水区，指从事取卤、食品加工、海水淡化或从海水中提取供人食用的其他化学元素等的区域；三是一般工业用水区，指利用海水做冷却水、冲刷库场等的区域。

盐田区应鼓励盐、碱、盐化工合理布局，协调发展，相互促进；重点保证渤海、黄海、东海、南海大型盐场建设用海需要。应限制盐田面积的发展，以改进工艺、更新设备、革新技术、提高质量、降低成本、提高单产、增加效益等项措施，解决盐业发展用海；应严格控制盐田区的海洋污染，原料海水质量应执行不低于二类海水的水质标准。特殊工业用水区是指从事食品加工、海水淡化或从海水中提取供人食用的其他化学元素等的海域，应执行不低于二类海水的水质标准。一般工业用水区是指利用海水做冷却水、冲刷库场等的海域，应执行不低于三类海水的水质标准。

十　特殊利用区

特殊利用区是指供其他特殊用途、排他使用的海域，包括用于海底管线铺设、路桥建设、污水达标排倾倒等的特殊利用区，也是指为满足科研、倾倒疏浚物和废弃物、跨海路桥和隧道用海范围内严禁建设其他永久性建筑物，从事各类海上活动必须保护好海底管线、道路桥梁和海底隧道等特定用途需要划定的海域。它包含4个二级类：一是科学研究试验区，指具有特定的自然条件和生态环境，用于试验、观察和示范等科学研究的区域；二是军事区，专指由于军事需要、现已使用或者在区划的有效时段内随着军事发展预期需要占用的陆域、岸段、水域；三是排污区，指经当地人民政府批准在河口或直排口附近海域划出一定范围用以受纳指定污水的区域；四是倾倒区，指用来倾倒疏浚物或固体废弃物的海区。

在科学研究实验区应禁止从事与研究目的无关的活动，以及任何破坏海洋环境本底、生态环境和生物多样性的活动；倾倒区应依据科学、合理、经济、安全的原则选划，合理利用海洋环境的净化能力；应加强倾倒活动的管理，把倾倒活动对环境的影响及对其他海洋利用功能的干扰减少到最低程度。应合理选划一批海洋倾倒区，重点保证国家大中型港口、河口航道建设和正常维护的疏浚物倾倒需要。对于污水达标排放和倾倒用海，应加强海洋倾倒区环境状况的监测、监视和检查工作，防止造成对周边功能区环境质量产生不良影响，根据倾倒区环境质量的变化，及时做出继续倾倒或关闭的决定。

十一 保留区

保留区是指为保留海域后备空间资源，目前尚未开发利用，专门划定的在区划期限内限制开发的且在区划期限内也无计划开发利用的海域。保留区主要包括由于经济社会因素暂时尚未开发利用或不宜明确基本功能的海域，限于科技手段等因素目前难以利用或不能利用的海域，以及从长远发展角度应当予以保留的海域。它包含2个二级类：一是预留区，指资源已经探明，主导功能已经确定，在区划期限内未规划开发利用或目前不具备开发条件的区域；二是待定区，指目前主导功能不能确定的区域。①

保留区应加强管理，暂缓开发，严禁随意开发；对确需改变海域自然属性进行开发利用时或确需临时性开发利用时，应首先修改省级海洋功能区划，调整保留区的功能，并必须实行严格的申请、论证和审批制度。保留区应执行不劣于现状的海水水质标准。

① 主要功能区参见国家海洋局2002年9月10日发布的《全国海洋功能区划》；二级类参见《导则》GB17108—2006。

全国共划分港口航运区941个，渔业资源利用和养护区1888个，矿产资源利用区202个，旅游区452个，海水资源利用区319个，海洋能利用区60个，工程用海区449个，海洋保护区285个，特殊利用区309个，保留区451个。具体分布见表2-1。表2-1不仅说明了全国海洋主要功能区的分布，还能看出各省、直辖市、自治区的海洋资源特征以及我国海洋产业结构的侧重点。

表2-1　　　　全国海洋主要功能区分布

主要功能区＼沿海省份	辽宁	河北	天津	山东	江苏	浙江	上海	福建	广东	广西	海南
港口航运区	160	52	13	173	24	79	41	205	122	41	31
渔业资源利用和养护区	251	168	26	233	320	80	5	291	389	39	86
矿产资源利用区	22	13	9	37	9	31	2	10	57	4	8
旅游区	74	55	14	56	39	45	6	55	64	14	30
海水资源利用区	38	53	9	30	113	7	0	26	29	5	9
海洋能利用区	7	0	0	10	16	6	2	3	15	0	1
工程用海区	70	47	21	32	12	136	24	29	49	5	24
海洋保护区	12	5	9	23	30	29	4	31	91	14	37
特殊利用区	54	34	9	39	32	44	22	24	23	10	18
保留区	95	3	11	31	39	61	8	104	64	14	21

第三章　我国各海域的主要功能[①]

我国的海洋功能区划涉及的重点海域包括：近岸海域、群岛海域和重要资源开发利用海域。海洋功能区划将我国管辖海域划分为渤海、黄海、东海、南海和台湾以东海域共5大海区，近30个重点海域。具体确定了其主要功能，同时，制定了实施的主要措施。

第一节　渤海海域

渤海属于我国的半封闭性内海，大陆海岸线从辽东半岛南端的老铁山角至山东半岛北部的蓬莱角，长约2700千米。沿海省、直辖市包括辽宁省（部分）、河北省、天津市和山东省（部分）。海域面积约7.7万平方千米。渤海历来都是我国北方地区对外开放的海上门户和环渤海地区经济社会发展的重要支撑。渤海海区开发利用强度大，环境污染和水生生物资源衰竭的问题较为突出。

国家在渤海海域实施了最严格的围填海管理与控制政策，限制大规模围填海活动，降低环渤海区域经济增长对海域资源的过度消耗，节约集约利用海岸线和海域资源。实施最严格的环境保护政策，坚持陆海统筹、河海兼顾，有效控制陆海污染源，实施重点海域污染物排海总量控制制度，严格限制对渔业资源影响较大的涉渔用海工程的开工建设，修复渤海生态系统，逐步恢复双台子河口湿

① 国家海洋局2002年9月10日发布的《全国海洋功能区划》。

地生态功能，改善黄河、辽河等河口海域和近岸海域生态环境。严格控制新建高污染、高能耗、高生态风险和资源消耗型项目用海，加强海上油气勘探、开采的环境管理，防治海上溢油、赤潮等重大海洋环境灾害和突发事件，建立渤海海洋环境预警机制和突发事件应对机制，维护渤海海峡区域航运水道交通安全，开展渤海海峡跨海通道研究。

一　辽东半岛西部海域

辽东半岛西部海域包括辽宁省大连市老铁山角至营口市大清河口的毗邻海域。主要功能：港口航运、海水资源利用、渔业资源利用和养护、工业与城镇用海、旅游休闲娱乐和海洋保护等。重点功能区有营口、旅顺、八岔沟等港口区及相关航道；复州湾、金州盐田区；盖州、长兴岛等养殖区；仙浴湾、长兴岛旅游区；大连斑海豹、蛇岛—老铁山、营口海湿地景观、浮渡河口沙堤自然保护区。旅顺西部至金州湾沿岸适宜重点发展滨海旅游，适度发展城镇建设，但应加强海岸景观保护与建设，维护海岸生态和城镇宜居环境；普兰店湾适宜重点发展滨海城镇建设，开展海湾综合整治，维护海湾生态环境；长兴岛适宜重点发展港口航运和装备制造，节约集约利用海域和岸线资源；瓦房店北部至营口南部海域适宜发展滨海旅游、渔业等产业，开展营口白沙湾沙滩等海域综合整治工程；仙人岛至大清河口海域保障港口航运用海，推动现代海洋产业升级，区域近海和岛屿周边海域加强斑海豹自然保护区等海洋保护区的建设与管理。辽东半岛西部海域应发展港口及海上交通运输业、渔业资源利用和养护，保护和保全沙质海岸和岛屿生态环境。

二　辽河三角洲海域

辽河三角洲海域包括辽宁省营口市大清河口至锦州市小凌河口的毗邻海域。主要功能：矿产资源利用、海水资源利用、渔业资源利用和养护、海洋保护等。重点功能区有笔架岭、太阳岛等油气区；营口、锦州盐田区；盖州滩、二界沟等养殖区；双台子河口、大凌河口自然保护区。双台子河口、大凌河河口区域适宜重点加强海洋保护区建设与管理，维护滩涂湿地自然生态系统，改善近岸海域水质、底质和生物环境质量，养护修复翅碱蓬湿地生态系统；辽东湾顶部按照生态环境优先原则，稳步推进油气资源勘探开发和配套海工装备制造，但应注意协调好与保护区、渔业用海的关系；大辽河河口附近及其以东海域适度发展城镇和工业建设，完善海洋服务功能；凌海盘山浅海区应加强渔业资源养护与利用。辽河三角洲海域国家实施污染物排海总量控制制度，改善海洋环境质量，该海域应加强滩海油气资源的勘探与开发，合理利用、增养殖和恢复渔业资源，保护湿地生态环境，强化盐区的挖潜和技术改造，加强对营口老港区、辽东湾及毗邻河口海域的环境综合治理。

三 辽西冀东海域

辽西冀东海域包括辽宁省锦州市小凌河口至河北省唐山市滦河口的毗邻海域。主要功能：港口航运、渔业资源利用和养护、旅游休闲娱乐、海洋保护、工业与城镇用海、矿产资源利用等。重点功能区有秦皇岛、京唐、锦州等港口区及相关航道；北戴河、南戴河、山海关、兴城海滨、锦州大小笔架山等旅游休闲娱乐区；昌黎、菊花岛海域、滦河口等增养殖区；昌黎、北戴河等自然保护区；绥中、锦州、冀东等油气区；滦南、大清河等盐田区。辽西冀东海域应重点保证秦皇岛港和锦州港码头的用海需要，保证油气资源勘探开发和渔业资源利用的用海需要，发展滨海旅游休闲娱乐，保护和保全海岸生态环境。锦州白沙湾、葫芦岛龙湾至菊花岛、绥中西部、北戴河至昌黎海域适宜重点发展滨海旅游；维护六股河、滦河等河口海域和典型砂质海岸区自然生态，严格限制建设用围填海，禁止近岸水下沙脊采砂；积极开展锦州大笔架山、绥中砂质海岸、北戴河重要沙滩、昌黎黄金海岸等的养护与修复；锦州湾、秦皇岛南部海域发展港口航运；兴城、山海关至昌黎新开口海域建设滨海城镇，防止城镇建设破坏海岸自然地貌，维护滨海浴场风景区海域环境质量安全。

四　渤海湾海域

渤海湾海域包括河北省唐山市滦河口至冀鲁海域分界的毗邻海域。主要功能：港口航运、工业与城镇用海、海水资源利用、矿产资源利用、能源资源开发、渔业资源利用和养护、海洋保护等。重点功能区有天津、黄骅等港口区及相关航道；长芦、汉沽、沧州盐田区；新港、马东等大港油田油气区；天津古海岸与湿地自然保护区的上古林、青坨子贝壳堤核心区；塘沽、汉沽等增殖和养殖区；汉沽、大港、北塘河口特别保护区。渤海湾海域应重点保证天津港、黄骅港专业化码头建设、滩海油气开发和渔业资源利用的用海需要。保护盐田取水水质环境，保护渔业资源利用区生态环境。建立汉沽浅海生态系、驴驹河潮间带生态系、大港古泻湖湿地、大港滨海湿地和黄骅贝壳堤自然保护区，大力发展海水综合利用；天津港、唐山港、黄骅港及周边海域适宜重点发展港口航运；唐山曹妃甸新区、天津滨海新区、沧州渤海新区等区域应集约发展临海工业与生态城镇。渤海湾海域应积极发展滩海油气资源勘探开发，加强临海工业与港口区海洋环境治理，维护天津古海岸湿地、大港滨海湿地、汉沽滨海湿地及浅海生态系统、黄骅古贝壳堤、唐山乐亭石臼坨诸岛等海洋保护区生态环境；应积极推进各类海洋保护区规划与建设；应稳定提高盐业、渔业等传统海洋资源利用效率；开展滩涂湿地生态系统整治修复，提高海岸景观质量和滨海城镇区生态宜居水平；该海域应实施污染物排海总量控制制度，改善海洋环境质量。

五　黄河口与山东半岛西北部海域

黄河口与山东半岛西北部海域包括冀鲁海域分界至蓬莱角毗邻海域。主要功能：农渔业资源利用和养护、旅游休闲娱乐、工业与城镇用海、矿产资源利用、海水资源利用、海洋保护和港口航运等。重点功能区有黄河口、虎头崖等养殖区；黄河口西部、蓬莱19—3油气区；淄脉河—虎头崖盐田区；无棣贝壳堤与湿地、黄河口湿地自然保护区；龙口港口区。黄河口与山东半岛西北部海域应重点保证油气勘探开发与养殖业的用海需要，保护湿地生态系统。黄河口海域应主要发展海洋保护和海洋渔业，加强以国家重要湿地、国家地质公园、海洋生物自然保护区、国家级海洋特别保护区、黄河入海口、水产种质资源保护区等为核心的海洋生态建设与保护，维护滨海湿地生态服务功能，保护古贝壳堤典型地质遗迹以及重要水产种质资源，维护生物多样性，促进生态环境改善，严格限制重化工业和高耗能、高污染的工业建设；黄河口至莱州湾海域应集约开发滨州、东营、潍坊北部、莱州、龙口特色临港产业区，发展滨海旅游业，合理发展渔业、海水利用、海洋生物、风能等生态型海洋产业，加强水产种质资源保护，重点保护三山岛等海洋生物自然保护区；黄河口与山东半岛西北部海域海洋开发应与黄河口地区防潮和防洪相协调；屺姆岛北部至蓬莱角及庙岛群岛海域适宜重点发展滨海旅游、海洋渔业，加强庙岛群岛海洋生态系统保护，维护长山水道航运功能；应重视开展黄河三角洲河口滨海湿地、莱州湾海域综合整治与修复。

六　渤海中部海域

渤海中部海域位于渤海中部，该海域是我国重要的海洋矿产资源利用区域。主要功能：矿产与能源开发、渔业资源利用养护、港口航运等。西南部、东北部海域适宜重点发展油气资源勘探开发，但应协调好油气勘探、开采用海与航运用海之间的关系。重点功能区有渤中 34 - 2、渤中 34 - 4、渤中 13 - 1、渤中 42 - 7、渤中 28 - 1、渤中 26 - 2、渤中 25 - 1 等油气区；渤海中部渔业资源利用和养护区。渤海中部海域应重点保证油气资源开发用海需要，加强海域污染整治，合理利用、增养殖和恢复渔业资源；渤海中部海域应积极探索风能、潮流能等可再生能源和海砂等矿产资源的调查、勘探与开发；应合理利用渔业资源，开展重要渔业品种的增养殖和恢复；应加强海域生态环境质量监测，防治赤潮、溢油等海洋环境灾害和突发事件。

七　庙岛群岛海域

庙岛群岛海域包括山东省烟台市的长岛县和蓬莱市的毗邻海域。主要功能：渔业资源利用和养护、旅游休闲娱乐和海洋保护。重点功能区有南五岛、北四岛等养殖区；蓬莱、长岛旅游区；群岛周围海域生态和海珍品自然保护区；蓬莱港口区。庙岛群岛海域应重点建设长岛水产养殖基地，发展海岛特色旅游，加强生态环境保护，完善岛陆交通运输。

第二节　黄海海域

黄海海岸线北起辽宁鸭绿江口，南至江苏启东角，大陆海岸线长约4000千米。沿海地区包括辽宁省（部分）、山东省（部分）和江苏省。黄海为半封闭的大陆架浅海，自然海域面积约38万平方千米。沿海优良基岩港湾众多，海岸地貌景观多样，沙滩绵长，黄海是我国北方滨海旅游休闲与城镇宜居主要区域。淤涨型滩涂辽阔，海洋生态系统多样，生物区系独特，是国际优先保护的海洋生态区之一。

黄海海域应优化利用深水港湾资源，建设国际、国内航运交通枢纽，发挥成山头等重要水道功能，保障海洋交通安全。稳定近岸海域、长山群岛海域传统养殖用海面积，加强重要渔业资源保护，建设现代化海洋牧场，积极开展增养殖放流，加强生态保护。合理规划江苏沿岸围垦用海，高效利用淤涨型滩涂资源。科学论证与规划海上风电布局。

一　辽东半岛东部海域

辽东半岛东部海域包括辽宁省丹东市鸭绿江口至大连市老铁山角的毗邻海域。主要功能：渔业资源利用和养护、旅游休闲娱乐、港口航运、工业与城镇用海和海洋保护等。重点功能区有大连、大东、庄河等港口区及相关航道；金石滩旅游度假区、大连南部风景区、旅顺南路风景区、丹东大鹿岛风景名胜等旅游区；大孤山半岛南端、凌水河口西部等养殖区及鸭绿江口湿地自然保护区。辽东半岛东部海域应重点保证大连港集装箱码头和大型专业化码头建设用海需要，积极发展滨海旅游，建设海珍品增养殖基地，保护沿海湿地生态环境；鸭绿江口至大洋河口、成山头、老铁山附近海域应重点发展生态保护和滨海旅游，维护鸭绿江口与大洋河口滨海湿地生态系统；长山群岛海域应重点发展海岛生态旅游和海洋牧场建设，维护海岛生态系统，协调好旅游、渔业、海岛保护与基础设施建设用海之间的关系；大连市南部海域应重点发展滨海城镇建设和旅游，维护成山头、金石滩、小窑湾等大连南部基岩海岸景观生态，推动现代化海洋服务产业升级；大连湾至大窑湾海域、大东港海域应重点发展港口航运，保障海上交通和国防安全；大东港西部海域、庄河毗邻海域、花园口、大小窑湾、大连湾顶部应重点发展滨海城镇和现代临港产业；加强近岸海域环境保护与治理，修复青堆子湾、老虎滩湾、大连湾等海湾系统。

二　长山群岛海域

长山群岛海域包括大连市长海县的毗邻海域。主要功能：渔业资源利用和养护、旅游休闲娱乐和港口航运等。重点功能区有獐子岛、小长山岛等增养殖区；四块石、庙底等港口区；大长山岛、王家岛等旅游区。长山群岛海域应重点大力发展养殖、增殖和放流，建设海洋农牧化基地，加快陆—岛交通基础设施建设，积极开展海岛旅游，发展海水综合利用，加强海岛生态环境与海洋生物多样性的保护。

三　山东半岛东北部海域

山东半岛东北部海域包括山东省烟台市蓬莱角至威海市成山头的毗邻海域。主要功能：渔业资源利用和养护、港口航运、旅游休闲娱乐和海洋保护等。重点功能区有烟台、牟平、威海港口区及相关航道；金沙滩、芝罘岛、天鹅湖、刘公岛等旅游区；套子湾、四十里湾、威海湾等增养殖区。山东半岛东北部海域应重点保证港口建设和渔业资源利用的用海需要，大力发展滨海旅游和养殖，积极开发海洋药物，发展海水综合利用；蓬莱角至平畅河海域应重点发展滨海旅游、海洋渔业；套子湾西北部、芝罘湾海域应重点发展港口航运；烟台市区至成山头近岸海域应重点发展滨海旅游业与现代服务业；该海域在利用中应协调好海洋开发秩序，维护成山头水道、烟威近岸航路等港口航运功能；应严格禁止近岸海砂开采和砂质海岸地区围填海活动；应重点保护崆峒列岛、长岛、依岛、成山头、牟平砂质海岸、刘公岛等海洋生态系统；应加强芝罘湾、威海湾、养马岛、金山港、双岛湾等海域的综合整治工作。

四　山东半岛南部海域

山东半岛南部海域包括山东省威海市成山头至苏鲁海域分界的毗邻海域。主要功能：海洋保护、旅游休闲娱乐、港口航运、工业与城镇用海、渔业资源利用和养护。重点功能区有青岛、日照、岚山等港口区及相关航道；崂山、山海天等旅游区；胶州湾北部等增养殖区。山东半岛南部海域应重点保证青岛港集装箱码头建设和渔业资源利用和养护的用海需要，积极发展滨海旅游，开展人工放流和贝类护养，加快建设海洋产业和科学实验基地。成山头至五垒岛湾海域应重点发展海洋渔业；荣成近岸海域应兼顾区域性港口建设和滨海旅游开发，适度发展临海工业；五垒岛湾至日照海域应重点发展滨海旅游业，建设生态宜居型滨海城镇，禁止破坏旅游区内自然岩礁岸线、沙滩等海岸自然景观：加强潟湖、海湾等生态系统保护；加强胶州湾、千里岩岛等海洋生物自然保护区建设；青岛西南部、日照南部应合理发展港口航运和临港工业；应开展好石岛湾、丁字湾、胶州湾等海湾综合整治工作。

五　江苏沿岸海域

江苏沿岸海域包括江苏省连云港、盐城和南通三市的毗邻海域。主要功能：港口航运、旅游休闲娱乐、海水资源利用、农渔业资源利用和养护、工业与城镇用海、矿产与能源开发、海洋保护等。重点功能区有连云港、射阳、南通等港口区及相关航道；连云港等地的养殖区和增养殖区、云台山旅游区、淮北盐田区、盐城丹顶鹤、大丰麋鹿等自然保护区。江苏沿岸海域应重点保证连云港港区及其他深水码头建设、渔业资源利用的用海需要，积极发展养殖和滨海旅游，建设盐化工业和海洋高新技术产业基地，合理、适度围垦，严格保护沿海自然保护区，进一步提高海岸防灾、抗灾的能力。海州湾和灌河口以北海域应重点依托连云港发展港口航运业，集聚布局滨海工业、城镇用海区和旅游休闲娱乐区；灌河口至射阳河口海域应重点发展海水养殖、港口和临港工业；射阳河口以南至启东角和辐射沙洲海域应协调发展农渔业、港口航运、工业与城镇用海和可再生能源开发等。江苏沿岸海域应重点加强海域滩涂开发与管理，推进海州湾生态系统、盐城丹顶鹤、大丰麋鹿、蛎蚜山牡蛎礁、吕泗渔场水产种质资源等保护区的建设与管理；应加强实施射阳河口至东灶港口淤涨岸段、废黄河三角洲和东灶港口至蒿枝港口侵蚀岸段的海岸综合整治工作。

六　黄海陆架海域

黄海陆架海域位于长山群岛以南、山东半岛和苏北海域外侧的陆架平原，为我国重要的海洋矿产与能源利用和海洋生态环境保护区域。黄海重要资源开发利用区，主要功能：渔业资源利用和养护、矿产资源利用。重点功能区包括海东、烟威、石岛、连青石、大沙和吕四等捕捞区；南黄海南部盆地、南黄海北部盆地、北黄海盆地油气勘探区。黄海陆架海域应积极开展陆架盆地区油气资源的勘探开发和浅海陆架砂矿资源的调查与评估，合理开发渔业资源。应积极推进黄海海洋生态系统的保护，加强对重要水产种质资源产卵场、索饵场、越冬场和洄游通道的保护，扩大对虾和洄游性鱼类的增养殖放流规模。

第三节　东海海域

东海海岸线北起江苏省启东角，南至福建省诏安铁炉港，大陆海岸线长约 5700 千米。沿海地区包括江苏省（部分）、上海市、浙江省和福建省。自然海域面积约77万平方千米。东海面向太平洋，战略地位重要，海岸曲折，港湾、岛屿众多，沿岸径流发达，滨海湿地资源丰富，生态系统多样性显著，东海是我国海洋生产力最高的海域。

东海海域应充分发挥长江口和海峡西岸区域港湾、深水岸线、航道资源优势，重点发展国际化大型港口和临港产业，强化国际航运中心区位优势，保障海上交通安全；加强海湾、海岛及周边海域的保护，限制湾内填海和填海连岛；加强重要渔场和水产种质资源保护，发展远洋捕捞，促进渔业与海洋生态保护的协调发展；加强东海大陆架油气矿产资源的勘探开发；协调好海底管线用海与航运、渔业等用海的关系，确保海底管线安全。

一　长江三角洲及舟山群岛海域

长江三角洲及舟山群岛海域包括江苏省启东角至长江口、杭州湾和舟山群岛毗邻海域。主要功能：港口航运、海洋工程、渔业资源利用和养护、海洋保护、旅游休闲娱乐等。重点功能区有长江口南岸及毗邻海域、杭州湾两岸及毗邻海域、崇明岛及周围海域、太仓、外高桥、金山嘴、北仑、乍浦等港口航运区及相关航道；南汇汇角、崇明东滩、长江口、镇海、慈溪、平湖海底管线区；钱塘江、平湖九龙山、海盐南北湖等旅游区；长江口捕捞、增养殖和水产种质资源保护区；崇明东滩、金山三岛、九段沙湿地、长江口中华鲟、海宁黄湾等自然保护区。

长江三角洲及舟山群岛海域应重点保证上海国际航运中心和杭州湾大桥建设用海需要，发展滨海旅游，强化对海底管线及其登陆区的规划和保护，增养殖、恢复渔业资源，逐步遏制海域环境污染加剧的趋势，保护河口、湿地、海湾和海岛生态环境，挽救保护长江口中华鲟等濒危生物物种，合理、适度围涂造地，提高海岸防灾、抗灾能力。长江口毗邻海域应重点发展以上海港为核心的港口航运服务业及海洋先进制造业，加快培育海洋生物医药、新能源等战略性新兴产业，注重长江口航道维护，保障航运和防洪防潮安全，适度开展农业围垦，加强近岸海域与海岛毗邻海域围填海和采砂活动的管理，协调好港口航运、河道整治与其他海洋开发活动的关系；杭州湾、宁波—舟山群岛海域应重点发展港口航运业、临港工业、海洋旅游和海洋渔业，支持舟山群岛新区建设，推进海岛开发开放，加强油气等矿产资源的勘探、开采；加强崇明东滩鸟类、九段沙湿地、长江口北支河口湿地、长江口中华鲟、杭州湾金山三岛、五峙山、韭山列岛、东海带鱼水产种质资源等保护区建设，保护河口、湿地、海湾、海岛和舟山渔场生态环境；大力开展重点受损近岸海域的整治与修复。

二　舟山群岛海域

舟山群岛海域包括浙江省舟山市毗邻海域。主要功能：渔业资源利用和养护、旅游休闲娱乐、海洋保护、港口航运和海水资源利用等。重点功能区有舟山渔场捕捞区；舟山群岛养殖区；普陀、嵊泗列岛、岱山等旅游区；包括洋山、定海、岱山、岙山、嵊泗等在内的舟山港口航运区及相关航道；舟山、岱山盐田区。舟山群岛海域应重点保证洋山集装箱深水港区、航道、芦洋跨海大桥及其他大型专业化中转码头建设用海需要，发展养殖业、增养殖渔业资源，限制近海捕捞强度，建立我国最大的渔业生产基地，进一步发挥海岛旅游资源优势，确保海底管线安全，保全海岛生态系统，加快舟山连岛工程建设。

三　浙中南海域

浙中南海域包括浙江省宁波市的鄞州区至闽浙交界的台州、温州毗邻海域。主要功能：渔业资源利用和养护、港口航运、工业与城镇用海、旅游休闲娱乐和海洋保护等。重点功能区有象山港、三门湾、乐清湾等养殖区；温州、台州等港口区及相关航道；南麂列岛海洋自然保护区；洞头列岛旅游区；乐清湾、三门湾潮汐能区。浙中南海域应重点保证增养殖业用海需要，建立贝类等水产资源种质库，推进以温州港和台州港为重点的浙中南沿海港口群建设，合理规划和开发浙南沿海和海岛地区旅游资源，形成区域旅游网络，严格控制港湾区域的围垦，加快沿海标准海塘和防护林的建设和维护，提高海岸防灾抗灾能力，加快温州（洞头）半岛工程建设。台州湾至乐清湾海域应重点发展港口航运和临港产业，适度进行滩涂围垦，建设滨海城镇，因地制宜开发海洋能，加强滨海湿地保护和南麂列岛、渔山列岛等保护区建设；瓯江口至浙闽交界海域应重点发展港口航运业和海洋旅游业，适度进行滩涂围垦，建设工业和滨海城镇；洞头列岛海域应重点做好海岛资源的保护与开发，积极发展具有海岛特色的滨海生态旅游和海洋渔业；该海域海洋开发应注重维护近岸岛礁系统自然景观，严格限制沿海重要岛礁、海湾地区的围填海活动，保护鱼山渔场、温台渔场生态环境，恢复重要渔场生物资源和受损近岸岛礁生态系统。

四　闽东海域

闽东海域包括闽浙交界至福建省福州市黄岐半岛的毗邻海域。主要功能：渔业资源利用和养护、港口航运、旅游休闲娱乐、海洋保护、工业与城镇用海等。重点功能区有沙埕港和三沙湾等养殖区；闽东渔场捕捞区；官井洋大黄鱼繁殖保护区；台山列岛及福瑶列岛等海洋特别保护区；三沙湾红树林生态系统自然保护区；沙埕、三沙等港口区；太姥山滨海旅游区；福鼎八尺门潮汐能区。闽东海域应建立渔业资源增养殖基地，增殖和恢复渔业资源，合理布局商港、渔港，积极发展水产加工业。沙埕港至晴川湾海域应重点发展渔业基础设施，保护红树林生态系统和海洋珍稀水生生物，因地制宜地开发海洋能；福宁湾海域应重点发展渔业资源保护、海岛生态系统保护和滨海旅游等；三沙湾海域应重点发展港口航运、临港工业和城镇、海水养殖、海洋保护等；罗源湾海域应重点发展港口航运和临港工业；该海域内应严格控制海湾内围填海，节约集约用海，注重对海岛、红树林生态系统和重要水产种质资源的保护。

五　闽中海域

闽中海域包括福建省福州市黄岐半岛至湄洲湾南岸毗邻海域。主要功能：港口航运、旅游休闲娱乐、海洋保护、工业与城镇用海、渔业资源利用和养护等。重点功能区有闽江口、罗源湾、福清湾、兴化湾、湄洲湾等港口航运区及相关航道；湄州岛、平潭岛旅游区；兴化湾、湄州湾等养殖区；长乐海蚌资源增殖保护区；平潭中国鲎、闽江口鳝鱼滩湿地自然保护区；闽中渔场捕捞区。闽中海域应重点保证福州港及毗邻港区码头泊位建设和湄洲湾的港口建设及渔业资源利用和养护的用海需要，加强闽江口航道整治，进一步开发湄洲岛、海坛岛旅游资源，建立海水增养殖基地，增殖和恢复渔业资源。黄岐半岛到海坛岛海域应重点发展港口航运、工业与城镇、海水养殖、海洋保护区建设，因地制宜开发海洋能，保护和修复闽江口滨海湿地生态系统、长乐海蚌资源、平潭中国鲎自然生态系统和山洲岛厚壳贻贝繁育区生态系统；湄洲湾、兴化湾海域应重点发展港口航运和临港工业，合理开发港口岸线资源，保护重要渔业资源，加强湄洲岛海岛生态系统和滨海旅游资源的保护。

六　闽南海域

闽南海域包括湄洲湾南岸至闽粤海域分界的毗邻海域。主要功能：港口航运、旅游休闲娱乐、海洋保护、渔业资源利用和养护、工业与城镇用海等。重点功能区有厦门、漳州、泉州等港口航运区及相关航道；东山等地的养殖区；厦门鼓浪屿—万石岩、泉州海上丝绸之路、漳州滨海火山国家地质公园、东山岛等旅游区；晋江深沪湾海底古森林自然遗迹保护区；厦门珍稀海洋物种自然保护区、东山珊瑚礁自然保护区、九龙江口及漳江口红树林生态系统自然保护区；闽南—台湾浅滩上升流渔场。闽南海域应重点保证厦门港、漳州港、泉州港海上交通运输网络建设和渔业资源利用的用海需要，发展滨海旅游，防止海岸侵蚀，保护珍稀濒危生物物种及海洋生物多样性，发展现代渔业。泉州湾海域应重点以港口航运、海洋保护、旅游和渔业基础设施建设为主，重点保护泉州湾河口湿地；厦门湾及毗邻海域应重点发展港口航运、滨海旅游、工业与城镇用海和保护区建设等，以沿海重要港湾为依托，重点发展临港工业集中区，支持海峡西岸城市群发展，以厦门市为核心，积极发展滨海旅游和文化旅游，重点保护厦门海洋珍稀物种、九龙江口红树林等重要海洋生态系统；厦门湾以南至闽粤交界海域应重点发展海洋渔业、临港工业、海洋旅游业、保护区建设等，以莱屿列岛、东山岛为核心大力发展海岛特色旅游业，重点保护漳江口红树林、东山珊瑚礁等重要海洋生态系统。

七　东海陆架海域

东海陆架海域包括上海、浙江、福建以东专属经济区和大陆架海域，为我国重要的海洋矿产与能源利用和海洋渔业资源利用区域。东海重要资源开发利用区，主要功能：矿产资源利用和渔业资源利用。东海陆架海域应重点加快油气资源的勘探开发，建设东海油气资源开采基地，合理开发、利用和养护渔业资源，确保各重要渔场和重要渔业品种保护区不受破坏。该海域重点应加强油气资源和浅海砂矿资源勘探开发，建设东海油气资源开采基地，加强传统渔业资源区的恢复与合理利用，应重点加强上升流区、鱼类产卵场、索饵场等重要海洋生态系统保护与管理。加强海洋环境监测，防治溢油等海洋环境灾害和突发事件发生，切实维护重要国际航运水道和海底管线设施的安全。

第四节　南海海域

南海大陆海岸线北起福建省诏安铁炉港，南至广西壮族自治区北仑河口，大陆海岸线长约5800多千米。沿海地区包括广东、广西和海南2个省和1个自治区。自然海域面积约350万平方千米。南海具有丰富的海洋油气矿产资源、滨海和海岛旅游资源、海洋能资源、港口航运资源、独特的热带、亚热带生物资源，同时，也是我国最重要的海岛和珊瑚礁、红树林、海草床等热带生态系统分布区。南海北部沿岸海域，特别是河口、海湾海域，是我国传统经济鱼类的重要产卵场和索饵场。

南海海域应重点加强海洋资源保护，严格控制北部沿岸海域特别是河口、海湾海域围填海规模，加快以海岛和珊瑚礁为保护对象的保护区建设，加强水生野生动物保护区和水产种质资源保护区建设。加强重要海岛基础设施建设，推进南海渔业发展，开发旅游资源。南海重要资源开发利用区，主要功能为渔业资源利用和养护、矿产资源开发和利用，应开展海洋生物、油气矿产资源调查和深海科学技术研究，推进南海海洋资源的开发和利用。应开展琼州海峡跨海通道研究。

一　粤东海域

粤东海域包括闽粤分界至广东省汕头、潮州、揭阳、汕尾等市的毗邻海域。主要功能：海洋保护、渔业资源利用和养护、工业与城镇用海、港口航运、旅游休闲娱乐等。重点功能区有潮州、汕头、广澳、汕尾等港口区及相关航道；青澳湾、龟龄岛等旅游区；粤东捕捞区；高沙、东澳等养殖区；南澳岛屿候鸟、饶平海山海滩岩自然保护区及南澎列岛—勒门列岛海洋特别保护区；汕尾遮浪外海上升流生态区；南澳风能区。粤东海域应重点保证汕头港和广澳港建设及渔业资源利用的用海需要，严格控制围海造地，发展海水增养殖业，保护上升流生态系，建设黄岗河口、韩江口防洪排涝工程。大埕湾至柘林湾应重点发展渔业、港口航运，保护大埕湾中华白海豚和西施舌种质资源及海洋生态系统；南澳海域应重点发展生态旅游和养殖、清洁能源等产业，保护性发展海山岛、南澳岛旅游，维护海岛自然属性，保护南澎列岛、勒门列岛及周边海域的生物多样性，保护南澎列岛领海基点；南澳至广澳湾应重点发展工业与城镇、港口航运、渔业和旅游休闲娱乐，重点保护海岸红树林、中国龙虾和中华白海豚，维持牛田洋、濠江等海域的水动力条件和防洪纳潮能力；海门湾至神泉港应重点发展渔业、港口航运、工业与城镇，重点保护石碑山角领海基点和沿海礁盘生态系统；碣石湾至红海湾应重点发展渔业、海洋保护、港口航运，保护碣石湾海马资源，严格保护沿海礁盘生态系统和遮浪南汇聚流海洋生态系统，维持海洋的生态环境和生物的多样性。

二　珠江三角洲海域

珠江三角洲海域包括广东省广州、深圳、珠海、惠州、东莞、中山、江门市的毗邻海域。主要功能：港口航运、矿产资源开发利用、工业与城镇用海、海洋保护、渔业资源利用和养护、旅游休闲娱乐等。重点功能区有马鞭洲、惠州、秤头角、盐田、深圳西部、太平、南沙、黄埔、珠海、江门、新会、桂山等港口航运区及相关航道；珠江口油气区；巽寮、大梅沙、小梅沙、莲花山、珠海飞沙滩、大万山岛、东澳岛、川山群岛等旅游区；珠江口等地的养殖区和珠江口中华白海豚自然保护区及广东惠东港海龟自然保护区；福田、淇澳岛、内伶仃岛和担杆列岛、万山岛等海洋自然保护区。珠江三角洲海域应重点加强珠江口海域环境综合整治和珠江三角洲港口体系建设，加大石油天然气的勘探与开发，大力发展滨海旅游，强化自然保护区管理，发展海水增养殖，加强保护岛屿海域生态环境。大亚湾至大鹏湾应重点发展海洋保护、港口航运、旅游休闲娱乐，重点保护红树林、珊瑚礁及海龟等生物资源，保护针头岩领海基点；狮子洋至伶仃洋应重点发展港口航运、工业与城镇、旅游休闲娱乐，重点保护中华白海豚、黄唇鱼和红树林等生物资源，狮子洋两岸严格控制填海造地，保障防洪泄洪和航道安全；万山群岛应重点发展海洋保护、旅游休闲娱乐、港口航运、渔业，重点保护佳蓬列岛领海基点以及珊瑚礁和上升流生态系统；磨刀门至镇海湾应重点发展港口航运、工业与城镇、渔业、旅游休闲娱乐，重点安排横琴总体发展规划用海；珠江口外应重点开展油气和矿产资源的勘探开发，保护围夹岛和大帆石领海基点，保护中华白海豚等生物资源及红树林和海草床等生态系统；该海域应重点加大对海岸、海湾及周边海域的整治修复力度。

三　粤西海域

粤西海域包括广东省阳江市至茂名市、湛江市的毗邻海域。主要功能：海洋保护、旅游休闲娱乐、渔业资源利用和养护、港口航运等。重点功能区有阳江、茂名、湛江、海安等港口区及相关航道；十里银滩、马尾岛—大角湾、水东湾、南三岛、东海岛等滨海旅游区；鸡打港、博贺港、龙王湾、硇洲等增养殖区；湛江红树林、硇洲自然景观等海洋自然保护区及乌猪洲海洋特别保护区。粤西海域应重点保证湛江港和茂名水东港建设和渔业资源利用的用海需要，保护和保全红树林资源。海陵湾应重点发展渔业、港口航运，保障临海工业用海需求，重点保护海陵岛、南鹏列岛海草床等海洋生态系统，保护大树岛龙虾种质资源；博贺湾至水东湾应重点发展渔业、港口航运，围绕博贺中心渔港发展现代化渔业产业基地，重点保护沿海礁盘生态系统和红树林，保护大放鸡岛海域文昌鱼自然资源；水东湾至湛江湾应重点发展港口航运、渔业和海洋保护，重点支持湛江主枢纽港及临海产业的综合发展，保护东海岛附近海域海草床生态系统，保护吴阳文昌鱼种质资源和湛江硇洲岛海洋资源，大力开展特呈岛周边海域红树林湿地生态系统的修复；雷州湾至英罗港应重点发展海洋保护、渔业和港口航运，保障渔业用海发展，重点保护和修复红树林、珊瑚礁、海草床等生态系统，保护中华白海豚、白蝶贝、儒艮等生物资源。

四　桂东海域

桂东海域包括铁山港湾至廉州湾海域，为广西壮族自治区北海市的毗邻海域。主要功能：港口航运、旅游休闲娱乐、海洋保护、渔业资源利用和养护等。重点功能区有北海、铁山港等港口区；营盘珍珠和廉州湾等养殖区；山口红树林生态、沙田儒艮等海洋自然保护区；北海银滩国家级旅游度假区、北海市北部旅游区。桂东海域应重点加强岸线保护，加快港口建设，发展以北海银滩旅游度假区为主的旅游业，建设珍珠贝养殖基地，严格限制围填海工程，保护红树林生态和珍珠贝母本。铁山港湾海域应重点发展港口航运、临海工业，保护山口红树林和合浦儒艮生态系统及马氏珠母贝、方格星虫等重要水产种质资源；北海近岸海域应重点发展旅游休闲娱乐，保障现有渔港和渔业基地发展用海需求，开展银滩及其毗邻海域综合整治，保护大珠母贝等生物资源；廉州湾近岸海域应重点发展工业与城镇、滨海旅游和港口航运，加强渔业资源高效利用；涠洲岛——斜阳岛海域应重点保护珊瑚礁生态系统，发展海岛旅游、港口航运以及油气资源勘探开发和渔业资源开发，开展海域海岸带整治修复。

五　桂西海域

桂西海域包括钦州湾、防城港湾、珍珠港湾三个海湾海域，为广西壮族自治区钦州市和防城港市的毗邻海域。主要功能：海洋保护、渔业资源利用和养护、工业与城镇用海、港口航运、旅游休闲娱乐等。重点功能区有防城港、钦州港口区，金滩、七十二泾、月亮湾等旅游区；茅尾海、珍珠港、钦州港、光坡等养殖区；北仑河口、钦州湾近江牡蛎等海洋自然保护区。桂西海域应重点建设防城港和钦州港，发展海水养殖和滨海旅游业，严格控制围填海工程，保护岸线和保全红树林生态系统。大风江海域应重点保护红树林生态系统，推进渔业资源的综合利用；三娘湾海域应重点发展旅游休闲娱乐，保护中华白海豚；茅尾海海域应重点保护海洋生态和近江牡蛎水产种质资源，保障滨海新区建设，开展茅尾海海域综合整治；钦州湾外湾与防城港海域应重点发展港口航运和工业与城镇用海，开展防城港湾海域综合整治；江山半岛南部海域应重点发展旅游休闲娱乐；珍珠湾—北仑河口海域应重点发展海洋渔业与滨海旅游，保护红树林生态系统以及泥蚶、文蛤等重要水产种质资源，开展京族三岛和北仑河口东北岸的综合整治。

六　海南岛东北部海域

海南岛东北部海域包括海南省的海口市、临高县、澄迈县、文昌市、琼海市和万宁市的毗邻海域。主要功能：港口航运、旅游休闲娱乐、渔业资源利用和养护、矿产资源利用和海洋保护。重点功能区有海口湾、清澜湾、龙湾等港口区；海口湾、木栏头、铜鼓岭、万泉河口、春园湾等旅游区；东营、铺前湾、琼海浅海、琼海沙老等养殖区；文昌油气区；东寨港、清澜港红树林湿地及大洲岛等自然保护区。海南岛东北部海域应重点保证海口港集装箱运输码头建设和渔业资源利用的用海需要，强化自然保护区管理，大力发展滨海旅游及生态渔业，加快油气资源的勘探和开发。海口、文昌、澄迈、临高海域应重点发展港口航运和滨海旅游，加快发展新兴临港海洋产业，优化传统海洋渔业，控制潟湖港湾养殖规模，严格限制潟湖港湾及河口区域围海造地，保护东寨港红树林生态系统和临高白蝶贝和珊瑚生物资源；琼海、万宁海域应重点发展滨海旅游、农渔业和海洋保护，重点做好以博鳌为中心的滨海旅游业和相关产业综合开发，发展生态渔业和远洋渔业，加强潭门渔港远洋渔业基地建设，加强琼海麒麟菜、文昌麒麟菜、清澜港红树林和大洲岛生态系统的保护。

七　海南岛西南部毗邻海域

海南岛西南部毗邻海域包括海南省的陵水县、三亚市、乐东县、东方市、昌江县、儋州市的毗邻海域。主要功能：港口航运、渔业资源利用和养护、旅游休闲娱乐、海洋保护、海水资源利用、矿产与能源开发等。重点功能区有香水湾、南湾、亚龙湾、大东海、三亚湾、天涯海角、南山等旅游区；莺歌海、亚东、崖城 13－1 油气区；洋浦港、八所港港口区及相关航道；三亚珊瑚礁保护区；铁炉港、陵水湾、黎安港、新村港等养殖区；莺歌海盐田区。海南岛西南部毗邻海域应重点加强滨海旅游设施建设，积极勘探开发油气资源，加强港口建设，保护和保全珊瑚礁资源，大力发展生态养殖，稳步发展盐和盐化工以及天然气化肥等海洋产业。三亚、陵水和乐东海域应重点发展滨海旅游和生态保护，优先安排海南国际旅游岛发展用海，打造世界级热滨海旅游城市，带动周边旅游产业发展，保护三亚红树林、珊瑚礁、海草床等海洋生态系统；东方、昌江、儋州海域应重点发展港口航运与渔业，重点发展洋浦港、八所港临港产业，积极开展莺歌海和北部湾海域油气资源勘探开发，推进海洋牧场建设，发展远洋捕捞，保护东方黑脸琵鹭和儋州红树林生态系统及白蝶贝等生物资源。海南岛西南部毗邻海域应协调好旅游用海与渔业生产的布局，加速传统海洋产业升级与改造，建设一批高标准海岛旅游、渔业、交通基础设施，提升海洋服务功能。

八 南海北部海域

南海北部海域位于广东、广西、海南毗邻海域以南，至北纬 18 度附近的海域，水深 100—1000 米，南海北部海域是我国重要的油气资源分布区。主要功能：矿产与能源开发、渔业资源利用和养护、海洋保护等。南海北部海域应重点加强珠江口盆地、琼东南盆地、莺歌海盆地、北部湾盆地油气资源勘探开发，加强渔业资源利用和养护，加强水产种质资源保护区建设，保护重要海洋生态系统和海域生态环境。

九 南海中部海域

南海中部海域是我国重要的传统渔业资源利用区，珊瑚礁、海草床等海洋生态系统丰富。南海中部海域应重点加强渔业资源利用和养护、油气资源的勘探开发，加强水产种质资源保护区建设，开展海岛旅游、交通、渔业等基础设施建设，开发建设永兴岛——七连屿珊瑚礁旅游区，合理开发海岛旅游资源，加强海岛、珊瑚礁、海草床等生态系统保护，建设西沙群岛珊瑚礁自然保护区。

十 南海南部海域

南海南部海域应重点开展海洋渔业资源利用和养护，扶持发展热带岛礁渔业养殖，加强珍稀濒危野生动植物自然保护区和水产种质资源保护区建设，保护珊瑚礁等海岛生态系统。

十一 西沙群岛海城

西沙群岛海域包括宣德群岛、永乐群岛及中建岛、东岛、浪花礁的毗邻海域。主要功能：渔业资源利用、旅游和海洋保护。重点功能区有西沙群岛海洋捕捞区；宣德群岛等旅游区；西沙群岛珊瑚礁、东岛鲣鸟自然保护区。西沙群岛海域应重点大力发展海岛生态旅游，合理开发利用和养护渔业资源，加强珊瑚礁等自然保护区的管理，保护海龟等珍稀物种及海洋生物的多样性。

十二　南沙群岛海域

南沙群岛海域包括南沙群岛毗邻海域。南沙群岛海域应重点发展海洋捕捞业，加速油气资源的勘探和开发。

第四章　我国海洋功能区划的形成与成效

按照《海域法》规定，我国海洋功能区划分为国家、省（自治区、直辖市）、市、县四级。国家海洋功能区划的主要任务是：科学划定主要的海洋功能区，明确开发、保护重点，提出管理要求，合理确定重点海域的主要功能，制定实施全国海洋功能区划的主要措施。沿海省、自治区、直辖市海洋功能区划的任务是：确定本地区海洋功能区的开发和保护重点，将全国海洋功能区划划定的各地管辖海域的功能区落实到具体海域，并根据各地实际情况，划定一批整治利用区（如景观保护区、防灾区、污染防治区、海砂禁采区、禁渔区等）。市（地）、县（市、区）海洋功能区划的主要任务是：应当划分具体详细的海洋功能区，并根据省级海洋功能区划确定的目标及地方国民经济和社会发展需求，制订海域使用计划。

我国海洋功能区划制度是基于海洋开发利用的矛盾冲突的不断加剧，周边某些国家和世界上某些大国对我国开发利用和保护我国的海域说三道四，甚至时不时地挑起事端。鉴于此，我们从我国国情和我国海域实际出发，借鉴国外沿海国家的海洋管理经验而制定了海洋功能区划制度。

第一节 主要沿海国家海洋功能区划实践

海洋功能区划，英文译作 division of marine functional zonation。[①]这个名词虽然最早出自中国，但是，我国海洋功能区划制度的内容却有借鉴国外海洋管理经验的成分。资源的开发是由陆地向海洋延伸的，海洋功能区划也是一样的。从 20 世纪 60 年代末开始，西方经济发达国家开始进行海洋区域规划和国土规划。20 世纪 70 年代初，加拿大、联邦德国等国家相继开展了区域性海洋开发战略研究。还有的国家开展了部分海洋区域的专项区划研究。如日本曾对东京湾的水质进行了划分，并对濑户内海、东京湾进行了综合评价研究，在对海洋环境、自然资源、经济基础和开发技术进行全面分析后，提出了对海洋优化发展的模式。

美国夏威夷州在实施海岸带管理计划[②]时，根据海洋环境保护和海洋经济可持续发展并重的原则，在 12 海里及其毗邻区内把夏威夷海域划分为 10 个海域资源区，并规定了每个区域的管理政策。如历史资源区（Historic Resources），主要是保护历史和文化；在合适的海域划分出经济开发区（Economic Uses）作为港口等，并使其对周围海域的影响最小。此外，还划分一块特别管理区，作为更严格的管理区域，未经政府主管部门的批准，无论在该区的海洋或陆地的活动都要被禁止。

美国阿拉斯加州在实施海岸带管理计划时，把整个阿拉斯加州海岸带按照不同的资源分布特点划分为 32 个海岸带资源区，并规定了每个海岸带资源区的管理目标和管理内容。同时规定，农村型的海岸带资源区要强调保护鱼类和野生动物及其生存空间；城市型的

① 《导论》GB/T 17108—2006 3. 术语和定义。

② “The Hawaii Coastal Zone Management Program”, 2002.

海岸带资源区则重点强调开发建设，以促进社区经济的发展。此外，还提出了一些特别管理项目，如漫滩管理、排水管理等项目。

南非海岸带管理政策[①]也是实行分区管理，南非有 4 个沿海省份，但这种行政划分不适用于海洋管理。南非把沿海划分为 13 个海岸带区域，每个区域都有不同的优势和特征，因此，也就有不同的海岸带管理政策。如南非西北部的南马科朗海岸带区域（the Namaqual and Coastal Region）从奥兰治河（the Orange river）入海口处往两侧延伸，共 90 千米海岸线，往北与纳米比亚国（Namibia）接壤，海岸主要是沙质和基岩海岸，该区降雨量很低，生物种类不多，但因为有奥兰治河流带来丰富的有机物，生物生产力很高，发展海洋捕捞业很有潜力。从南马科朗海岸带区域往南是南非的西海岸区（the West Coast Region），该区主要用于发展渔业和港口交通运输。

荷兰是欧洲的主要沿海国家之一，十分重视海洋的开发与保护。通过组织研究，确定每个海岸带区域应该发展什么，限制什么，从而使海岸带资源的开发利用更加充分、合理和有序。如在艾瑟尔湖地区以海岸带防御和土地围垦为主，著名的三角洲工程就建设在这里，在瓦登海地区则以保护海洋生态环境为主。

澳大利亚在其大陆和塔斯马尼亚岛周围 200 米等深线以内，采用以生态系为基础的海洋水域分类法，划定了 60 个海洋区域进行管理，所划的海洋区域范围从 300 平方千米到 2.4 万平方千米不等。澳大利亚大堡礁位于澳大利亚东北海岸外，面积 62 万平方千米，有 2900 个珊瑚礁群和大约 1000 个岛屿，是地球上珊瑚礁面积最大、发展最好的海岛山区，也是生物多样性典型的区域，每年前往观光旅游的游客有 200 多万人。如果不采取保护措施，这个世界上最大的珊瑚礁可能迅速退化。1975 年澳大利亚政府宣布大堡礁为国家海洋公园，以保护整个大堡礁生态系。该公园管理局在管理该保护区时广泛使用海域区划，所划定的不同的海域被规定为不同级别的保

---

① South Africa's 13Coastal Regions, 2002.

护区，并有不同的开发利用方式。20 世纪 80 年代，大堡礁海洋公园区划[①]包括三个部分，即远北海域（Far Northem）、凯露斯和可莫朗特通道海域（Cairus Section and Cormorant Pass）、麦凯和卡普里康海域（Mackay and Capricom），其中，每个海域又被划分成若干个更小种类的海域，并对其划区目的和使用条件作了规定。这种海域划区策略（zoning Plan stages）是大堡礁海洋公园寻求最佳管理途径的主要手段。《澳大利亚昆士兰州 1990 年海洋公园管理条例》对各海区作了更明确的规定。实际上，大堡礁海洋公园的海洋区划管理是海洋自然保护区中的海洋区划管理，是普遍被公认的、管理海洋自然保护区的科学而有效的措施。

综上所述，这些主要沿海国家都是根据海洋资源的特点进行分区管理的，但主要是从海岸线区划的角度进行管理，如南非、荷兰、美国夏威夷州和阿拉斯加州主要实行资源区划，不同的区域实行不同的管理对策。1991 年在美国加利福尼亚州召开的第七届国际海洋和海岸带管理研讨会上就已有很多文章论及要实行海岸带和海洋分区管理[②]的探讨、设想和倡议，有的还提出通过执行税收政策和环境引导达到海洋资源可持续发展的目的的见解。正如澳大利亚大壁礁公园，在海洋自然保护区内已普遍实行分区管理，应该说这些都具有海洋功能区划的某些属性。

需要注意的是，事实上世界发达国家的海洋分区管理和海岸带管理与我国海洋功能区划的理念仍存在较大的差异，其主要表现在：发达国家的海洋区划多为单目标海洋区划，我国多为多目标海洋区划；发达国家的海洋区划解决的问题单一、目标明确，我国的海洋功能区划往往面对多种责任问题，目标模糊；发达国家的海洋区划多采用分析的方法完成海洋区划方案；我国则多采用综合的方法完成海洋功能区划方案，海洋功能区划方案存在不确定性而操作

---

① The Great Barrier Reef in Australia，2002.

② Alan T. white and Nelson Lopez，1991.

较困难。

第二节　我国海洋功能区划的形成

我国海洋功能区划是中央政府于1988年首次提出并组织开展的一项海洋管理的基础性工作。该项工作一提出就得到了全国人大、国务院和有关部门及专家学者的高度重视，得到了沿海地区甚至全国人民群众的广泛支持。国家海洋局是中央政府海洋功能区划工作的责任部门和具体操作者，国家海洋局会同沿海11个省、自治区、直辖市人民政府的海洋管理部门以及部分高等院校和科研机构分别于1989—1993年、1998—2001年开展了两次大规模的海洋功能区划工作。在国务院有关部门的大力支持和协助下，在汇总各省（市、区）海洋功能区划的基础上，国家海洋局及国务院有关部门经过数年的艰苦努力，初步完成了全国海洋功能区划工作，其成果包括《中国海洋功能区划报告》《中国海洋功能区划登记表》和《中国海洋功能区划图集》及沿海11个省、市、自治区海洋功能区划报告、登记表和图件等。这些文件不仅成为各级政府制定海洋管理政策、法规、规划的基础，而且成为协调各部门、各地区之间关系、合理布局海洋产业、进行海洋资源管理、审批海域使用、海洋自然保护区建设、海洋环境保护、海洋工程和海底排污管道建设项目等的主要依据。

由于海洋功能区划工作动员了各方面的广泛参与，所以，其制定过程，也就成了一个宣传和普及的过程。伴随着海洋功能区划的编制，我国地方沿海各级政府的海洋管理机构逐步健全，并掀起了地方海洋环境功能区划的制定高潮。沿海省、市、自治区不仅积极、主动地实施海洋功能区划工作，还纷纷依据海洋功能区划，制定了本地区各类海洋规划，如辽宁省海洋功能区划结束后，开始了海洋开发规划和“海上辽宁”建设规划的编制；海南省在全省首次海洋工作会议上就将海洋功能区划中提出的“以海兴琼，建设海洋大省”战略确定为海南省海洋开发的战略方针，为海南省海洋开发规划的制定奠定了基本思路，同时，海洋功能区划提出的措施和建议，也被引入了《九十年代海南省海洋开发纲要》之中，此外，海南省一届人大五次会议讨论通过的《海南省国民经济和社会发展“八五”计划和十年规划》，再次将本成果所提出的海洋发展战略目标、战略重点和实施措施确定为海南省海洋事业的奋斗目标和产业政策，对20世纪90年代海南省海洋事业的发展产生了积极而有效的推动作用；河北省充分利用海洋功能区划的研究成果，编制完成了《河北省海洋开发规划》，并把发展海洋经济纳入了《河北省国民经济和社会发展“九五”计划和2010年远景目标纲要》，发布了《河北省海洋经济发展规划》；上海市以“上海海洋功能区划”的大批资料和积累的经验为基础，编制完成了《上海海洋开发规划》，专家评审认为“规划是在海洋功能区划的基础上，对上海海域进行较为合理和科学的规划”；全国海洋功能区划也为广东省第一、第二次海洋工作会议制定海洋决策、海洋开发战略、海洋开发规划原则等方面提供了重要成果和方向性意见，具体体现在《广东省海洋产业发展计划》《广东省海洋产业“九五”计划和到2010年发展规划》等规划之中。

1999年12月25日，第九届全国人大常委会第十三次会议修订并通过了《海洋环保法》，首次对海洋环境功能区划制度的法律地位加以明确，对其制定机关、程序作出规定，并将之作为全国海洋环境保护规划和重点海洋区域性海洋环境保护规划的制定依据，并确定了海洋功能区划在海洋环境保护制度中的基础作用。[①] 2001年10月27日第九届全国人大常委会第二十四次会议制定并通过的《海域法》更是对海洋功能区划作了专章规定，对其编制机关、编制原则、审批制定、修改变动、公布方式、效力等作了进一步详细

① 《海洋环保法》第二章第6条、第7条。

规定。至此，海洋功能区划制度被确立为海洋管理的基本法律制度之一，明确了其在海洋管理工作中的法律地位和作用。

2002 年 9 月 10 日，国家海洋局发布了经国务院批准的全国海洋功能区划。这是依据《海域法》和《海洋环保法》的规定出台的第一部全国性海洋功能区划，是国家海洋局会同国家计委、经贸委、国土资源部、建设部等 11 个部委及沿海 11 个省、自治区、直辖市人民政府共同制定的。全国海洋功能区划的发布，弥补了我国海洋管理工作的空白，使我国 300 万平方千米的海域有史以来第一次有了功能区划，从而使用海活动有了切实保障，也为加强海域使用管理和海洋环境保护提供了具有法定效力的科学依据。据悉，对海洋进行综合规划，这在当时发展中国家还是第一次。[①]

海洋功能区划既是《海域法》建立的三项基本制度之一，也是《海洋环保法》规定的海洋环境保护的科学依据。国务院继 2002 年 8 月批准了全国海洋功能区划之后，于 2003 年 3 月批准了《省级海洋功能区划审批办法》，不久又先后批准了辽宁、山东、广西、海南等 8 个沿海省、直辖市、自治区的海洋功能区划。国家质检总局和国家标准化管理委员会于 2006 年 12 月联合发布了新修订的《导则》。沿海绝大部分市、县已经完成了第一轮海洋功能区划的编制工作，有些地区已经启动了第二轮海洋功能区划的编制工作。海洋功能区划制度的制定和实施，有效规范了海洋开发利用秩序，保护了海洋生态环境，促进了海洋经济又好又快发展。

但是，海洋功能区划经过一段时间的实践发现还存在一些不尽如人意的地方，如编制水平还不是很高，海洋功能区划修改程序还不够明确，已经批准的海洋功能区划未得到严格实施等。这其中有很多工作需要进一步加强和完善，强化海洋功能区划的管理十分必要。为了进一步规范对海洋功能区划的管理工作，在多次研究讨论

---

① 青岛新闻网（http：//www. qingdaonews. com/contentl2002 - 09/11/content_ 842926. htm）。

和广泛征求意见的基础上，2007 年 8 月国家海洋局制定并出台了《海洋功能区划管理规定》。对海洋功能区划实施过程中出现的问题，对海洋功能区划编制、审批、修改和实施等具体环节做出了明确规定。这是我国出台的针对海洋功能区划管理工作的首个部门规范性文件，旨在切实提高海洋功能区划的编制技术水平和可操作性，加强海洋功能区划实施的权威性和严肃性，对规范海洋功能区划管理意义重大。

第三节　海洋环境质量的变化

国家海洋局自2000年起开始发布《中国海洋环境质量公报》，通过对公报内容的综合分析比较，我们可以清楚地看到海洋功能区划制度实施前后，海洋环境质量的变化情况。2002 年，国家海洋局依据《海域法》和《海洋环保法》的规定，经国务院批准发布了《全国海洋功能区划》。《全国海洋功能区划》的发布，可以说是海洋功能区划制度从提出理念到逐步探索，从深入调研到广泛勘察，从反复论证到着手建立，从酝酿通过到付诸实施的一个重要标志。因此，《中国海洋环境质量公报》中增加了海洋功能区环境状况的内容[①]，通过以下海洋环境质量的数据内容我们可以看出，在 2000 年至 2007 年，海洋功能区划制度实施前后的时间里，海洋环境质量在许多方面得到了显著的改善，但是，我们也不能忽略有些数据所反映的问题依然严峻。

一　海水增养殖区环境质量状况

海水增养殖区作为重要的海洋功能区，其环境质量直接影响到增养殖品种的质量、产量和公众健康及增养殖区功能的持续利用。2007 年，全国海水增养殖区的监测数量从 2002 年的 18 个增加到了

① 以下环境质量相关数据来自《中国海洋环境质量公报》。

62个，这一年全面进行了水质、沉积物和增养殖生物质量监测。实施监测的海水增养殖区中，50%水质状况良好，各项监测指标符合二类海水水质标准。监测的19个重点增养殖区中，适宜养殖的占37%，较适宜养殖的占63%。部分重点增养殖区营养状态指数较高，养殖水体呈富营养化状态，在个别区域内多次诱发赤潮。

增养殖区沉积物质量符合海洋沉积物质量一类标准的比率为58%，比2006年提高了11%。监测的19个重点增养殖区中，有11个符合海洋沉积物质量一类标准，部分重点增养殖区沉积物质量超过海洋沉积物质量一类标准，超一类标准的主要污染物为：粪大肠菌群、铜、镉和汞。在19个重点增养殖区及其毗邻海域共发生赤潮30次，累计面积3184平方千米，分别比2006年减少16次和7406平方千米，增养殖区的环境质量明显改善。2014年，全国渔业生态环境监测网对各海区的38个重要鱼、虾、贝、藻类的产卵场、索饵场、洄游通道、自然保护区及重要养殖水域进行了海水水质监测，监测水域总面积为435万公顷；对24个海洋重要渔业水域进行了沉积物质量检测，监测项目主要为石油类、重金属和砷，结果表明，超标比例平均含量均优于评价标准；对部分重点海湾进行了生物和沉积物质量检测，对部分海洋重要渔业水域进行了生物监测，全国近岸海域平均营养状态为轻度富营养，富营养化指数（e）为1.6；我国海水重点养殖区监测面积为77万公顷，结果表明，无机氮、活性磷酸盐、石油类、化学需氧量、铜和锌的超标面积占所监测面积的比例分别为：72%、33.7%、38.7%、17.8%、0.03%和0.2%。2013年无机氮、石油类、化学需氧量的超标范围均有所扩大，活性磷酸盐和铜的超标范围均有所减小；对我国海洋天然重要渔业水域监测的面积为358万公顷，监测结果表明，无机氮、活性磷酸盐、石油类、化学需氧量、铜的超标面积占所监测面积的比例分别为：79.3%、51.2%、16.1%、32.9%、0.5%。相比2013年，无机氮和铜的超标范围均有所减小，活性磷酸盐、化学需氧量和石油类的超标范围均有所扩大。2014年海洋天然重要渔业水域海水主要超标因子为无机氮和活性磷酸盐。2015 年对 58 个海水增养殖区环境质量状况进行了监测，监测结果表明，优良的为 91%，较好的为 7%，及格的为 2%，没有较差的。影响海水增养殖区环境质量状况的主要因素是部分增养殖区水体呈富营养状态及沉积物中粪大肠菌群、铜和石油类含量超标。

二　海水浴场环境质量状况

2007 年监测结果表明，在 23 个重点监测的海水浴场中，水质为优和良的天数占 99%，其中，水质为优的天数比例为 67%，降雨所引起的微生物含量升高是浴场水质出现波动的主要原因。年度综合评价结果表明所有重点浴场的水质均达到优良水平，其中，水质为优和良的浴场分别占 35% 和 65%。2014 年对 23 个重点海水浴场进行了监测，总体状况良好。水质为优良的天数占 98%，差的天数占 2%；健康指数优和良的天数分别占 82%、16%，差的天数占 2%；适宜和较适宜游泳的天数占 82%，不适宜天数占 2%，天气不佳、风浪较大是影响游泳适宜度的主要原因。2015 年对 23 个重点海水浴场进行了监测，总体状况良好。其中，水质优、良的天数占 91%，差的天数占 9%；健康指数优和良的天数分别占 84%、9%，差的天数占 7%；适宜较适宜游泳的天数占 76%，不适宜天数占 24%。个别海水浴场水体中粪大肠菌群含量偏高，出现漂浮藻类和垃圾，部分海水浴场出现海母，对游泳者存在潜在危害；天气不佳，水质一般等是影响游泳适宜度的主要原因。

三　滨海旅游度假区环境质量状况

自 2006 年起，《中国海洋环境质量公报》的海洋功能区环境质量状况中增加了滨海旅游度假区环境质量的内容。2007 年，国家海洋局组织进行了全国滨海旅游度假区环境预报工作。在旅游卫视、中国教育电视台等媒体发布了我国沿海 16 个重点滨海旅游度假区的环境状况指数和专项休闲（观光）活动指数。2014 年对 17 个重点滨海游泳度假区进行了监测，总体状况良好。平均水质指数为 4.4，水质为良好以上天数占 96%，一般和较差天数占 4%；平均海面状况指数为3.9，海面状况优良，降雨引起的天气不佳是影响海面状况的主要原因；平均休闲活动指数为3.9，很适宜休闲观光活动。2015年对17个滨海游泳度假区环境质量状况进行了监测，总体状况良好。平均水质指数为4.2，水质为良好以上天数占94%，一般和较差天数占6%；平均海面状况指数为3.9，海面状况优良，降雨导致天气不佳是影响海面状况的主要原因；平均休闲活动指数为3.9，很适宜休闲观光活动。

四　海洋保护区环境质量状况

至2002年年底，我国已建成海洋自然保护区76个，其中，国家级海洋自然保护区21个，地方级海洋自然保护区55个。至2003年年底，我国已建成的海洋自然保护区增加到80余个，其中，国家级海洋自然保护区增加到24个。2004年，国家质量检验检疫总局、国家标准化管理委员会发布了《海洋自然保护区管理技术规范》，对自然保护区内开展的调查监测、环境保护与恢复、科学研究、宣传教育、公众参与、开发活动等予以规范。到“十五”期末海洋自然保护区数量增加到了81个，是“九五”期末的2.17倍。已建的海洋自然保护区主要包括海洋和海岸生态系统、海洋生物多样性和海洋自然历史遗迹三种类型，其数量分别为85个、51个和13个，依次占海洋自然保护区总数的57%、34%和9%。2007年度监测结果表明，多数国家级海洋保护区生态环境质量总体良好，国家级海洋保护区管理部门进一步增强了执法能力，加强了日常巡查，对损害保护区生态环境和主要保护对象的违法违规活动依法依规进行了坚决及时查处。然而，海洋保护区保护与管理工作依然面临着巨大的压力，形势依然非常严峻，违法电、炸、毒鱼和乱采滥挖等损害海洋保护区生态环境和保护对象行为仍有发生，部分海洋保护区受养殖、旅游、围填海及航运等开发活动的影响，局部海域生态环境质量和主要保护对象在一定程度上受到破坏。2014年新增加国家级水产种质资源保护区36个，国家级水产种质资源保护区总数达到464个；新增加水生生物国家级自然保护区1个，水生生物国家级自然保护区总数达23个，水生生物自然保护区体系进一步完善。目前，我国已建成国家级海洋自然保护区和特别保护区68个，保护对象200余种，国家级海洋生态文明建设示范区24个。2015年对35个海洋保护区开展了保护对象监测，红树植物、海岸沙丘、贝壳堤以及海洋和生态系统等类型的保护对象基本保持稳定，珊瑚和文昌鱼等类型的保护对象下降趋势得到减缓。

五　海洋倾倒区环境质量状况

全国批准的海洋倾倒区从2002年的67个，实际使用60个，到2006年批准的105个，实际使用83个，无论批准数量和实际使用数量几乎每年都有增加。2007年有所下降，共有海洋倾倒区87个，实际使用54个。倾倒的废弃物主要为疏浚物，2002年的疏浚物倾倒量为10721万立方米，而2007年为20010万立方米，增加了近一倍，海洋倾倒量总体呈逐年增加的趋势。2014年全国对415个直排海污水日排放量大于100立方米的直排海污染源进行了污染物入海量监测，污水排放总量63.11亿吨，各项污染物排放总量约为：化学需氧量21.1万吨、石油类1199吨、氨氮1.48万吨、总磷3126吨、汞281千克、六价铬1611千克、铅5801千克、镉864千克。2015年海洋倾倒量13616万立方米，与上年同比减少6%，倾倒物质主要为清洁疏浚物，监测结果显示，本年度使用的倾倒区及周边海域水深、水质、沉积物质量、周边海域生态环境质量基本保持稳定，均满足海洋功能区划环境保护要求和倾倒使用需求。

六　海洋油气区环境质量状况

2002年全国共有海上油气田26个，含油污水年排海量约6769万吨，钻井泥浆的年排海量约2.8万立方米，钻屑的年排海量约2.3万立方米。2007年，国家海洋局继续对海洋油气区进行专项监测，结果显示，油气区周边海域环境质量总体维持良好，符合该类功能区环境质量要求。截至2007年11月底，我国海洋油气勘探开发及运输活动未造成重大海洋污染事故，全国共有海上油气田39个，含油污水年排海量约10840万立方米，钻井泥浆年排海量约

57886 立方米，钻屑年排海量约 43923 立方米，这些数据基本也是呈逐年增加的趋势。2014 年全国海上发生船舶污染事故 26 起，总泄漏量约 35 吨，其中，0.1 吨以上船舶污染事故 11 起；化学品泄漏事故 2 起，共泄漏 0.162 吨。事故主要发生在长江口、渤海湾水域。2014 年船舶污染事故数量和溢油量均比 2013 年大幅下降。全国发生海洋渔业水域污染事故 7 起，造成直接经济损失 3421.8 亿元。2015 年全国海洋油气平台生产水、生活污水、钻井泥浆和钻屑的排海量分别为 17837 万立方米、53 万立方米、21543 立方米和 45201 立方米。其中，生产水、生活污水排海量与上年同比增加 11%、8%；钻井泥浆和钻屑排海量与上年同比减少 46%、33%；油气区及邻近海域水质和沉积物质量基本符合海洋功能区划的环境保护要求。

第四节　海洋功能区划制度在海域使用管理中的地位和作用

海洋功能区划制度不是凭空建立的，它的建立有其必要性和合理性。其中，由于海洋的自然属性带来的人们在海洋资源的开发、利用过程中产生的各种矛盾冲突，是海洋功能区划制度得以建立的根本前提。

一　海洋资源利用的复合性及其冲突的解决

海洋环境具有高度的空间复合性，这是海洋资源利用的一大特点，也是我们对海域使用进行综合管理所考虑的基本特性。虽然被誉为蓝色国土，但与以土地为依附的传统不动产土地不同，海洋的构成更为复杂。海洋是由海水水面、水体、海床、底土、岛屿、礁石以及生存于其中的各种生物资源所构成的共同体，具有高度的复合性，由此带来的是海洋资源利用的立体化。与传统土地的以地面利用为主不同，海洋的各个构成要素可以分别为不同的主体出于不同的目的加以利用。如针对海水水面的通航、旅游，针对海水水体的潜水、养殖，针对海床、底土的海洋矿产开发，针对海洋生物的渔业、捕捞以及海底工程、海洋工程、海底电缆乃至围海造地等。从理论上讲，这些不同的用海行为均有在同一海域空间内进行的可能性。但从实际上看，不加控制的混合利用又是不可能的。因为不同的海洋资源利用方式对海洋的影响范围程度互不相同，这些不同的利用行为有的可以并行不悖，如海底工程与海面通航；有的则是相互冲突，如渔业捕捞与海洋矿产开发。这就带来了海域使用管理上的困难：既不能赋予权利人如土地权利者那样几乎绝对的排他使用权，对一片海域只确定一个法定权利人，否则会极大损害海洋资源的潜在价值；又不能对各种用海行为不加控制，纵容无序使用致使其混乱无度。

海洋环境的这一特点决定了海洋资源利用必须未雨绸缪，依计划进行，执行海洋功能区划即是其中的重要一环。海洋功能区划依据海洋的自然属性和社会属性，以及自然资源和环境的特定条件，界定海洋利用的主导功能和使用范畴，对各种用海行为作出科学合理的安排。其中，自然属性主要是特定海域的自然构成条件、可以进行的开发方式，社会属性主要是其权利主体和社会效益。考虑的核心问题是，某海域具备什么样的功能，安排哪种功能开发利用最佳。通过对海洋空间要素的具体分析，海洋功能区划在宏观上划分出各功能区在空间上的最理想配置，从而为具体的海洋开发活动提供科学依据和指导。

由此，通过海洋功能区划，管理者将充分考虑特定海域的自然属性和社会属性，运用自然科学和社会科学的知识，从社会效益最大化的立场出发，在保证开发活动的有条不紊和权利人之间利益协调的基础上对该海域可以进行的利用方式作出规定，从而可以有效避免因自然原因或社会原因可能造成的海洋资源利用低效。作为处理海洋资源利用冲突的一种花费较低且有效的手段，海洋功能区划可以避免海洋开发活动的盲目性和无序、无度状态，实现海洋资源开发决策的科学性，促进海洋资源的持续利用。

二　海洋环境的整体性及其冲突的解决

我国海洋开发中存在一种值得注意的倾向，就是一方面对海洋资源开发利用程度不高，另一方面对资源的浪费和破坏却不小，而且造成了海洋环境的严重污染。

在海洋环境方面，某些沿岸海域污染相当严重，对海洋经济发展构成很大威胁。20 世纪 80 年代以来，随着我国沿海地区经济的迅猛发展，海洋开发利用的深度和广度逐渐加大，陆源排污和海上排污量也逐年增加，并直接导致我国海洋环境总体质量的持续恶化，污染损害事件频繁发生。[①] 排放入海的污水逐年增多，20 世纪 90 年代达 80 亿吨/年，进入 21 世纪以来几乎达到 115 亿吨/年。随着沿海地区经济的迅速发展和海上开发活动的日益增多，加之很多渔民较普遍利用野生鱼制成的高蛋白颗粒饲料喂养虾和蛙鱼等对肉食性鱼类以及养虾业造成严重污染，对海洋环境造成了无法承受的压力，使某些受污染的海区出现逐年加重和扩大的趋势，使海水增养殖、海洋渔业、滨海旅游业受到严重影响，并且直接影响着人们的身心健康。[②] 在资源方面，我国近海捕捞资源已开发过度，各个海区的沿岸和近海的底层、近底层主要传统经济鱼类资源因捕捞过度而处于资源严重衰退甚至濒临枯竭的境地。多年来，传统优质经济鱼类的幼鱼也被最大化捕捞，导致已经衰退的经济鱼类资源难以恢复，水产资源向低质鱼转化。海洋开发活动对海洋环境的破坏根源在于无序、无度的盲目开发，违反自然规律，破坏海洋生态平衡，远远超出了海洋的承受能力。通过海洋功能区划工作，可对海域环境的正常条件和特定条件进行详细分析研究，为避免和减轻各种海洋开发利用项目之间的有害影响提供切实而科学的依据。同

---

① 阿东：《我国海域使用管理和海洋环境保护的依据——海洋功能区划》，《海洋开发与管理》2000 年第 4 期。

② 于保华、胥宁：《我国海洋资源开发利用可持续发展分析》，《海洋信息》2003 年第 3 期。

时，海洋功能区划通过对所依托的陆域的自然条件、使用现状和未来发展趋势的综合分析，明确其陆源污染的来源、分布和可能带来的影响，为合理分配岸线和近岸海域，减轻陆源污染物对海洋的污染提供了依据。[①]

同时，人类活动对海洋环境的影响很大程度上由于海洋环境的整体性而被扩大。整体性是指海洋领域宽广，甚至超出了国家主权的界限，各局部海域在自然状态上实为同一整体。由于海域处在不断的运动中，某一片海域的海水流入到另一片海域中，同时，另一片海域的海水又补充进来，海水就是在这样的运动中存在着，也正是由于海水的这种流动性，使海洋污染的规模更大、速度更快，一个地区的海洋事故会迅速殃及其他地区，迅速形成规模性的灾难。[②]这就使海洋环境的保护尤为困难，从某种程度上讲，完全禁止其他海域对海洋整体环境的影响几乎是不可能的。但通过海洋功能区划，对不同的海域作出不同的相应安排，将对环境影响不同的各种海洋开发分别集中于特定区域，以减少或降低不同海域相互之间的负面影响。

三　海洋资源的使用多宜性及其冲突的解决

海洋资源的使用多宜性是指海洋可以满足不同的开发需要，具有开发利用主体多元化的特性。正因如此，很容易引起各部门、各行业以及不同权利主体之间开发利用海洋资源的矛盾冲突。自20世纪60年代以来，我国海洋开发利用活动逐步从传统的“兴渔盐之利，行舟楫之便”向包括油气资源开采、固体矿产资源开采、海水养殖、滨海旅游、海水综合利用、海洋能开发等在内的海洋综合开发利用模式转变，到20世纪80年代末，海域使用活动逐步趋于复杂化和多元化。

任何海洋开发都是由具体的行业部门或专门机构进行的，比如，

---

① 阿东：《我国海域使用管理和海洋环境保护的依据——海洋功能区划》，《海洋开发与管理》2000年第4期。

② 同上。

水产捕捞、盐业生产、油气开发、航运交通、旅游观光、陆源污染物排放倾倒和军事工程建设与利用等，有关机构或部门都有各自的任务和开发项目安排，在海岸段和海域的选择上往往只从各自本身的需要出发，不太考虑纵向横向彼此之间的利益权衡和比较，由此往往对海域的使用方向容易做出片面甚至错误的决定，因此，也多会发生局部与整体、个别与综合的矛盾冲突，甚至会发生开发背离海域主导功能的问题。这样不仅会导致部门之间的不协调，而且势必降低海域的实际功能水平，以致出现破坏其他资源和整体自然环境等方面的问题。

目前，我国的海洋管理部门有十多个，由于缺乏或不健全统筹协调机制，各个部门在分别制订和实施用海规划和计划时，往往只从自身的利益出发，各行其是，各取所需，各自为政，致使各行业用海矛盾日益突出，海洋开发活动秩序颇为混乱，纠纷时有发生。沿海地区屡屡发生港口航道、水产养殖、石油勘探、盐业生产、滨海旅游、军事设施之间的纠纷与矛盾。例如，过去大连港第二货轮锚地和油轮锚地东侧、北侧有裙带菜、海带等水产养殖，曾侵占两个锚地面积达 894 平方千米，占两个锚地总面积的 34.46%，曾严重威胁进出港船舶的航行安全。辽宁双台子河口国家自然保护区核心区，以珍稀与濒危生物的保护为其主导功能，但曾同时兼有贝类养殖，苇、稻种植等功能；河北黄骅市和山东无棣县沿海贝壳砂资源曾一度被采挖，造成资源破坏；福田国家级红树林鸟类自然保护区曾遭到损坏。[①] 而由于海洋交通管理与渔业养殖主管部门的不统一、不协调，造成港口通航水域遭受养殖区侵占，导致“缠摆”事故频发，这曾成为许多港口典型的老大难。[②] 实践充分证明严格实施海洋功能区划是建立统筹协调机制，解决不同部门、行业之间用海矛盾的迫切需要。

---

① 李维新、阿东：《中国海洋功能区划的基本方案》，《人文地理》2002 年第 3 期。

② 陈峻、高专：《树立“海洋功能区划”观念，依法治理港口水域乱养殖》，《世界海运》2004 年第 2 期。

通过海洋功能区划工作，可以站在国家利益大局，从国家经济发展和社会进步需要出发，从海洋的整体利益和长远利益出发，综合平衡各有关部门、各行业在开发利用海洋中的关系，协调解决不同部门、不同行业之间的用海矛盾，既合理开发利用海洋资源、促进海洋产业协调发展；又能更好地协调各用海主体之间的关系，维护海域权利人的合法权益。例如，辽东湾海洋石油勘探区与海水增养殖区生产开发活动曾一度时常发生冲突，部分功能区重叠，影响各自功能的有效发挥，为此，辽宁省海洋管理部门充分利用海洋功能区划的指导作用，尽可能地限制两个功能区的外延所造成的相互影响，对石油勘探要求尽量避开虾、贝、鱼类繁殖保护期，使这两个功能区都得到了发展，[1] 取得了“双赢”的效果。因此，海洋功能区划切实充分发挥了维护海洋权利人利益的目的。

四　海洋管理的综合性及其冲突的解决

海洋环境的整体性决定了海洋环境需要进行综合管理。在近几十年中，联合国及其有关国际海洋组织基于“海洋区域的种种问题彼此密切相关，必须作为整体加以考虑”的强烈认识，一直号召各沿海国家为了维护海洋的可持续发展，实施海洋综合管理。在1992年里约热内卢召开的联合国环境与发展大会上通过的《21世纪议程》中明确指出“海洋环境（包括大洋和各种海洋以及邻接的沿海区）是一个整体，是全球生命支持系统的一个基本组成部分，也是一种有助于实现可持续发展的宝贵财富”。《21世纪议程》要求“各沿海国承诺对在其国家管辖内的沿海区域和海洋环境进行综合管理”。1994年我国政府根据联合国《21世纪议程》和我国的国情，制定并颁布了《中国21世纪议程》。《中国21世纪议程》中确定了“通过完善或变革现行的海洋资源管理体制，建立一个适应市场经济条件，以综合管理为主，中央与地方分级管理、综合管理与部门管理相结合的海洋管理体系；建立一套可持续利用海洋资源的

---

① 阿东：《海洋功能区划的意义和作用》，《海洋开发与管理》1999年第3期。

综合管理法规体系，包括可操作的管理实施办法。”为了在海洋领域更好地贯彻《中国21世纪议程》的精神和确定的任务，促进海洋的综合管理和可持续开发利用，国家海洋局组织制定了《中国海洋21世纪议程》，并在第七章《沿海区管辖海域的综合管理》中对海洋综合管理作出了明确的、专门的规定和要求。

海洋综合管理是海洋管理的高层次管理形态，它以国家的海洋整体利益为目标，通过发展战略、政策、规划、区划、立法、执法以及行政监督等行为，对国家管辖海域的空间、资源、环境和权益在统一管理与分部门、分级别管理的体制下，实施统筹协调管理，以达到提高海洋开发利用的系统功效、海洋经济的协调发展、保护海洋环境和国家海洋权益的目的。海洋综合管理的顺利进行，离不开海洋功能区划。

（1）开展海洋功能区划工作是依法行政的需要。依法行政是现代法治国家政府行使职权的一条基本原则。对于海洋管理工作而言，最重要的是加快海洋立法和执法工作。经过多年努力，《海洋环保法》《海域法》以及其他相配套的法律法规相继颁布实施，使我国海洋管理工作步入了有法可依的健康轨道。但这只是依法开展海洋行政管理工作的前提，并不等于有了《海域法》就能管理好海域；也并不等于有了《海洋环保法》就能保护好海洋环境。正如国家海洋局局长王曙光在学习贯彻《海域法》座谈会总结讲话中指出的：“《海域法》的颁布只是万里长征第一步，更艰巨、更繁重的任务还在后头。”“要切实做好支撑性工作，为全面实施《海域法》打下良好的基础，抓紧完成海洋功能区划工作。没有海洋功能区划，海域使用审批就无从谈起，也就没有《海域法》的顺利实施。”

（2）海洋功能区划是各级机关与不同部门之间划分权限的重要依据。海洋事业既涉及众多的行业开发管理部门，也涉及海洋环境保护部门以及各专门的海洋行政管理机构；既有中央对主权所涉及的海洋整体的全局管理，也有沿海省、自治区、直辖市对各自管辖范围内海域的局部管理。所以，海洋管理既不可能是完全集中的、单一的管理，也不可能是不分级别、不分层次的管理。而必须是既有统一的综合管理，又有分部门的行业管理和按行政系统的分级的海洋管理，必须具有分工科学合理、职责明确、运行机制合理、有机协调配合的一整套健全的行之有效的制度措施和考核办法。而要贯彻这些制度措施和办法，必须通过海洋功能区划对不同性质的海域做出不同而明确的划分，对各有关部门之间的权限进行明确而科学划分，才能得以实现。

（3）海洋功能区划是海洋行政管理部门进行决策的科学依据。海洋问题不是单纯的行政事务，它具有较强的科学性和技术性，决策层或者决策者作决策不能单凭行政思维、拍脑袋和个人主观上的好恶，而必须坚持科学思维，广泛进行调研，使决策的做出建立在坚实的科学基础之上。实际上海洋功能区划的制定和颁布就是其做出行政行为的重要科学依据，这是其决策的基础。全国人大常委会法工委副主任卞耀武在题为《管理海域要以海洋功能区划为科学依据》的讲话中指出："要解决我国目前海洋资源与环境中的问题，必须制定和实施科学的和切实可行的海洋功能区划，并坚定不移地付诸实施，以指导今后一段时期我国海洋资源开发利用和海洋环境保护活动。各级海洋行政主管部门都应当依法坚持在保护中开发，在开发中保护的方针，严格实行海洋功能区划制度，切实按照海洋功能区划的要求安排用海，充分发挥海域资源的整体效益，最大限度地减少环境污染和环境破坏。"

第五节　世界海洋资源状况

一　世界海洋概况

地球表层系统由大气圈、水圈、岩石圈、生物圈组成，其中的水圈主要是海洋，海洋是地球上最广阔的水体的总称。地球表面被各大陆地分割为彼此相通的广大水域称为海洋，地球的总面积为

5.1亿平方千米，其中，海洋的面积约为3.61亿平方千米，占地球总面积的71%。海洋中含有13.7亿立方千米的水，约占地球上总水量的97%，而可用于人类饮用的水只占2%。

海洋的中心部分称作洋，洋是海洋的主体。地球上有四个主要的大洋，分别是太平洋、大西洋、印度洋、北冰洋，大部分以陆地和海底地形线为界。世界大洋的总面积约占海洋总面积的89%。大洋的水深一般在3000米以上，最深处可达1万多米。大洋离陆地遥远，不受陆地的影响。每个大洋都有自己独特的洋流和潮汐系统。大洋的水色蔚蓝，透明度很大，水中的杂质很少。因为海洋学上发现南冰洋有重要的不同洋流，于是，国际水文地理组织于2000年确定了南冰洋，也叫“南极海”“南大洋”，为一个独立的大洋，成为五大洋中的第四个大洋，也是世界第五个被确定的大洋，还是世界上唯一完全环绕地球却没有被大陆分割的大洋。到目前为止，人类已探索的大洋海底只有5%，还有95%的大洋的海底是未知的。

海在洋的边缘，也就是说洋的边缘部分称作海，它是大洋的附属部分，它和洋彼此沟通组成统一的水体。海的面积约占海洋总面积的11%，海的水深比较浅，平均深度从几米到2000—3000米。海邻近大陆，受大陆、河流、气候和季节的影响，海水的温度、盐度、颜色和透明度都受陆地影响，有明显的变化。夏季海水变暖，冬季水温降低；有的海域海水还能结冰。在大河入海的地方或多雨的季节，海水会变淡。由于受陆地影响，河流夹带泥沙入海，使近海海水混浊不清，海水的透明度差。海没有自己独立的潮汐和海流。海还可以分为边缘海、内陆海和地中海。边缘海既是海洋的边缘，又邻近大陆前沿，我国的东海、南海就是太平洋的边缘海。内陆海就是位于大海内部的海，如欧洲的波罗的海等。地中海顾名思义是几个大陆之间的海。

因为地球海洋面积远远大于陆地面积，故有人将地球称为“大水球”，也有人把地球面积划分为“二山七水一分田”。太平洋、大西洋和印度洋分别占地球海洋总面积的46%、24%和20%。重要的边缘海多分布于北半球，它们部分为大陆或岛屿所包围。

海洋既是地球生命的摇篮，也是环境的调节器，更是各类资源的宝库，还是一种有助于实现可持续发展的宝贵财富。但是，海洋在造福于人类的同时，也时常给人类带来灾难，如风暴潮灾害、巨浪灾害、海水灾害、海冰灾害、海雾灾害、大风灾害、地震灾害、海啸灾害等突发性的自然海洋灾害。人类在利用海洋、开发海洋、征服海洋的过程中英勇悲壮的撼海壮举，可歌可泣。

二　世界海洋资源状况

海洋是全球生命支持系统的一个基本组成部分，是人类的希望和未来，是人类生存的海上粮仓。说到这里有人会想，海洋中不能生长粮食，怎么能成为粮仓呢？是的，海洋里确实不能种庄稼，但是，海洋中的鱼和贝类却能够为人类提供滋味鲜美、营养丰富的蛋白食物。大家知道，蛋白质是构成生物体的最重要的物质，它是生命的基础。现在人类消耗的蛋白质中，由海洋提供的不过是5%—10%。令人焦虑的是从20世纪70年代以来，世界上海洋捕鱼量一直徘徊不前，有不少品种已经呈现枯竭现象甚至濒临灭种。用一句民间的话来说，“人类把黄鱼的孙子都吃得差不多了”。要使海洋成为名副其实的粮仓，鱼鲜产量至少要比现在增加十倍才行。据美国某海洋饲养场的实验表明，大幅度提高鱼产量是完全可能的。在自然界中存在数不清的食物链。在海洋中，有了海藻就有贝类，有了贝类就有小鱼乃至大鱼……

（1）海洋是水资源基地。陆地上的淡水资源总量只占地球上水体总量的2.53%，就这有限的淡水，分布也极不平衡，国际人口活动组织在一份报告中讲到，2008年世界面临水资源紧张的人口约3.55亿，按照这个数字推算，到2025年将上升到28亿—35亿，以雨雪形式落入陆地的水是“一种绝对有限的资源”，水资源短缺不再是神话，水资源危机是必然趋势。早在1977年，联合国就警告全世界“水不久将成为一项严重的社会危机，石油危机之后的下一个危机是水”。海洋中的水资源是无限的，人类必然越来越多地直接利用海水或进行海水淡化来解决水资源紧张的问题。

（2）海洋是食品资源基地。海洋食品的研究和加工主要有鱼、虾、贝类及海洋藻类等海洋生物资源，世界海洋中有 20 余万种生物，其中，海洋渔业资源非常丰富，种类很多，全世界有 2.5 万—3 万种，其中，海产鱼类超过 1.6 万种，数量最多且经常捕获的有 200 多种，可捕量约 2 亿—3 亿吨，目前只利用了仅仅一小部分。海洋渔业资源就是海洋中存在的与渔业有关的天然生物物质和空间，海洋渔业资源是当今地球上留存的一份最大的野生食物资源，是由海洋里的鱼类、甲壳类、头足类、棘皮类、藻类等组成，以鱼类为主的资源。海洋藻类是维护生态平衡及水生生物赖以生存的基础。世界海洋中的藻类相当丰富，虽然海洋有大型藻类 4500 多种，虽然年生长量可达 1300 亿—5000 亿吨，但目前被利用的仅有 100 余种，这 100 余种年生产量也很小，可见海洋藻类资源的开发利用潜力巨大。随着海洋农牧化技术的逐渐成熟，许多近海将成为“蓝色牧场”，海洋将成为人类巨大的食品基地。

（3）海洋是能源基地。海洋油气资源十分丰富，海洋石油资源量约占全球石油资源总量的 34%，探明率约 30%，尚处于勘探早期阶段。据《油气杂志》统计，截至 2006 年 1 月 1 日，全球石油探明储量为 1757 亿吨，天然气探明储量为 173 万亿立方米。全球海洋石油资源量约 1350 亿吨，探明储量约 380 亿吨，海洋天然气资源约 140 万亿立方米，探明储量约 40 万亿立方米。20 世纪末世界海洋石油年产量达到 12 亿吨，占世界石油总产量的 1/3 以上。2005 年世界海洋石油产量约为 11 亿吨。

（4）海洋是原材料资源基地。鉴于陆地资源的开发利用日趋极限及陆地生存环境的日益恶化，人类的生存和发展受到严重威胁，人们便将可持续发展的希望寄托于海洋，海洋也因此将成为人类赖以生存和发展的第二疆土，因此，向海洋进军，开发利用海洋资源，已被列入许多国家的发展计划。海洋是一切生命的摇篮和资源的宝库，海洋中几乎有陆地上有的各种资源，而且还有陆地上没有的一些资源。世界上的石油极限储量 1 万亿吨，可采储量 3000 亿吨，其中，海底石油 1350 亿吨；世界天然气储量 255 亿—280 亿立方米，海洋储量占 140 亿立方米；全球海洋中约拥有 50 万种动物；世界海洋的水量比高于海平面的陆地的体积大 14 倍，约 13.7 亿立方米；海洋矿产资源总量约有 6000 亿吨；海洋能约 70 亿千瓦，是目前全世界发电量的十几倍。海洋中还藏有富含锌、金、铜、铁、铝、锰、银等元素的海底热液矿藏，盐、镁、溴、钾、铀、煤、硫、磷、石灰石等重要的工业原材料，滨海矿砂和海底多金属矿产品资源还可提供大量的镍、钴、金红石等。

（5）海洋是广阔的生产和生活基地。主要有人们生活和旅游娱乐活动，现在很多沿海国家建有海上公园，海洋旅游也成了旅游业的热点，它包括滨海旅游、海上旅游、远洋旅游等，娱乐有水上运动和水上娱乐，如滑水、划船、潜水、帆船、沙滩体育活动等；填海造地、填埋垃圾、扩大建设用地；交通运输利用的岸线和水域；海上废弃物处理场所；水面和水下储藏场所等。

三　世界海洋资源开发利用概况

1990 年第 45 届联合国大会作出决议，敦促沿海国家把海洋开发列入国家发展战略，以推动海洋经济的发展。为引起全世界对海洋的关注，1994 年联合国第四十九届大会通过了由 102 个成员国发起的决议，宣布 1998 年为“国际海洋年”，这一年世界各国以多种形式隆重举行了各种活动。从此，全世界越来越多的国家和越来越多的目光投向了海洋，全面推动了海洋科学研究、海洋开发利用和海洋环境保护，使海洋对人类生存和发展做出了越来越大的贡献，真正成为生命支持系统的重要组成部分，可持续发展的宝贵财富。

自 20 世纪 70 年代以来，许多沿海国家不断加快海洋开发步伐，海洋经济快速增长。1977 年世界海洋经济总产值 1100 亿美元；1980 年世界海洋经济总产值 3400 亿美元；1990 年世界海洋经济总产值 6700 亿美元;[1] 1995 年世界海洋经济总产值超过 8000 亿美元；2000 年世界海洋经济总产值达到 15000 亿美元；2006 年世界海洋经济总产值达到 18408 亿元,[2] 大体上 10 年左右翻一番。海洋是富饶而未充分开发利用的资源宝库，大规模海洋开发已经形成蓝色革命浪潮，全面开发利用海洋资源和空间，使海洋成为多种自然资源开发基地，为人类提供越来越多的物质财富。

第六节　我国海洋资源状况

一　我国海洋概况

我国大陆位于西北太平洋沿岸，大陆海岸线长达 18000 多千米，海洋渔场面积 200 多万平方千米，大陆架面积 130 多万平方千米，拥有丰富的滩涂资源、海洋渔业资源、海洋矿产资源、港湾资源、海洋旅游资源、海洋能源资源等海洋自然资源。我国的内水和领海面积约 38 万平方千米，专属经济区和大陆架因划界工作尚未完成，确切面积暂还难以确定，估计约为 200 万平方千米。这些管辖海域是中华民族长期生存繁衍的重要基础。我国还可以方便地进入世界大洋，开发利用公海和国际海底区域的海洋资源。我国是世界上海岸线最长的国家之一，大陆岸线长 18000 多千米，加上岛屿岸线 14000 多千米，海岸线总长位居世界第四。大陆架面积位居世界第五。200 海里水域面积 200 万—300 万平方千米，位居世界第十。这些都是世界性的优势资源。我国沿海深水岸线 400 多千米，宜建中级以上泊位的港址 160 多处，其中，深水港址 62 处。我国海域拥有 2 万多种海洋生物，有丰富的渔业资源。滩涂面积 217.1 万公顷，30 米等深线以内海域面积 20 亿亩，充分利用其生物生产力，相当

---

① 数据资料来源于国家海洋局《2020 年的中国海洋开发》2007 年 3 月 20 日。

② 国家海洋信息中心《海洋经济》2012 年第 6 期。

于10亿亩农田。滨海景点1500多处，适合发展海洋旅游娱乐的海滩、水域众多。[①] 这些都是国家的重要战略性资源，海洋对中国的可持续发展具有十分重大的战略意义。[②]

二 我国海洋资源状况

1. 海洋生物资源

中国海地跨温带、亚热带和热带3个气候带。大陆入海河流每年将约4.2亿吨的无机营养盐类和有机物质带入海洋，致使海域营养丰富，海洋生物物种繁多，已鉴定有20278种。根据长期海洋捕捞生产和海洋生物调查，已经确认中国海域有浮游藻类1500多种，固着性藻类320多种，海洋动物共有12500多种，其中：无脊椎动物9000多种，脊椎动物3200多种。无脊椎动物中有浮游动物1000多种，软体动物2500多种（其中头足类动物100余种），甲壳类动物约2900种，环节类动物近900种等。脊椎动物中以鱼类为主，约近3000种（包括软骨鱼200多种，硬骨鱼2700多种）等。

2. 海洋矿产资源

中国大陆架海区含油气盆地面积近70万平方千米，共有大中型新生代沉积盆地16个。据国内外有关资料估计，我国大陆架海域蕴藏石油资源量150亿—200亿吨，占全国石油总资源量674亿—787亿吨的18.3%—22.5%；据国家天然气科技攻关最新成果，全国天然气总资源量为43万亿立方米，其中，海域为14.09万亿立方米。这充分展现出近海油气资源的良好勘探开发前景和油气资源潜力的丰富。我国漫长海岸线上和海域蕴藏着极为丰富的砂矿资源，目前已探明具有工业价值的砂矿有：锆石、锡石、独居石、金红石、钛铁矿、磷钇矿、磁铁矿、铌钽铁矿、褐钇铌矿、沙金、金刚石和石

---

① 《建设“海上中国”构想的可行性》，海洋财富网（http：//www.hycflt.com.cnI-WSCcs/ShowArlicle.asp.ArlicleID＝4953）。

② 以下海洋生物、矿产等资源数据来源于中国能源网（http：//www.china5e00m/）。

英砂等。

3. 海洋化学（海水）资源

世界海洋海水的体积为13.7万亿立方米，其中，含有80多种元素，还含有约200万亿吨重水（核聚变的原料）。海水资源可以分为两大类，即海水中的水资源和化学元素资源。此外，还有一种特殊情况，即地下卤水资源。我国渤海沿岸地下卤水资源丰富，资源总量约为100亿立方米左右。海水可以直接利用，也可以淡化成为淡水资源；海水化学资源可分为海盐、溴素、氯化镁、氯化钾、铀、重水和其他可提取的化学元素；地下卤水资源可分为海盐、溴素、氯化镁、氯化钾和其他可提取的化学元素等；我国东海、南海具有客观的天然气水合物储量，并于2017年5月首次试采成功。

4. 海洋可再生能源资源

海洋可再生能源包括潮汐能、波浪能、海流能、温差能和盐差能等。中国潮汐能资源量约为1.1亿千瓦，年发电量可达2750亿千瓦小时，大部分分布在浙、闽两省的附近海域，约占全国的81%。波浪能理论功率约为0.23亿千瓦，主要分布在广东、福建、浙江、海南、台湾的附近海域。我国海流能可开发的装机容量约为0.18亿千瓦，年发电量约270亿千瓦小时，主要分布在浙江、福建等省的附近海域。另外，流经东海的黑潮，动力能源更为可观，约为0.2亿千瓦。温差能和盐差能蕴藏量分别为1.5亿千瓦和1.1亿千瓦，两者的总量超过海流能和潮汐能的总量。

5. 滨海旅游资源

中国沿海地带跨越热带、亚热带、温带3个气候带，具备“阳光、沙滩、海水、空气、绿色”5个旅游资源基本要素，旅游资源种类繁多，数量丰富。据初步调查，中国有海滨旅游景点1500多处，滨海沙滩100多处，其中，最重要的有国务院公布的16个国家历史文化名城，25处国家重点风景名胜区，130处全国重点文物保护单位以及5处国家海洋、海岸带自然保护区。按资源类型分，共有273处主要景点，其中，有45处海岸景点、15处最主要的岛屿景点、8 处奇特景点、19 处比较重要的生态景点、5 处海底景点、62 处著名的山岳景点以及 119 处著名的人文景点。

6. 海岸带土地资源

中国海岸带地区的土地资源类型繁多，有盐土、沼泽土、风沙土、褐土等 17 个类型 53 个亚类。海岸带不仅土地资源丰富，而且是地球上唯一的自然造陆地区，据古地理研究，我国长江下游平原、珠江三角洲平原、下辽河平原等，约有 14 万—15 万平方千米的土地都是由古海湾沉积而成的。由于入海江河多，挟带泥沙量比较大，河口三角洲淤积速度快。例如，黄河每年向海洋的输沙量高达 10 多亿吨，河口滩涂平均每年淤长约 3.2 万亩。

三　我国海洋资源的开发利用现状及存在的问题

1. 海洋资源开发利用现状

我国是陆海兼备的大国，海岸线漫长，管辖海域广阔，海洋资

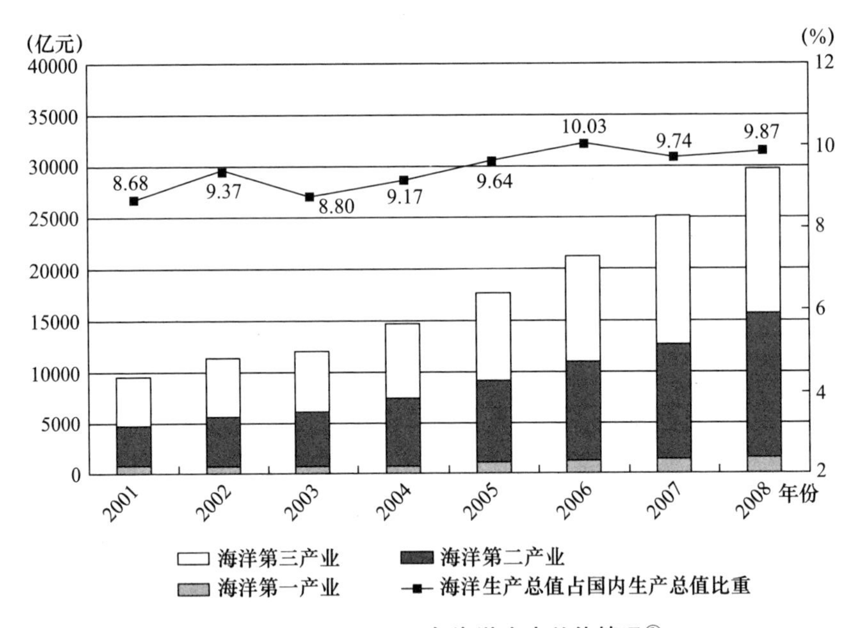

图 4-1　2001—2008 年海洋生产总值情况[①]

---

① 图来源于 2008 年《中国海洋经济公报》。

源丰富。近年来，我国不断加大海洋开发利用力度，成效显著。以2008年为例，全国海洋经济继续保持了高于同期国民经济的增长水平，这一年我国海洋生产总值达29662亿元，与上年同比增长11%，占国内生产总值的9.87%，占沿海地区生产总值的15.8%。其中，海洋产业增加值17351亿元，海洋相关产业增加值12311亿元。海洋第一产业增加值1608亿元，海洋第二产业增加值14026亿元，海洋第三产业增加值14028亿元。海洋经济三次产业的结构为5∶47∶48。

我国2010年海洋生产总值达38439亿元，与上年同比增长12.8%，占国内生产总值的9.7%，涉海就业人员3350万人，其中，新增就业人员80万人。2011年海洋生产总值达45570亿元，与上年同比增长10.4%，占国内生产总值的9.7%，涉海就业人员3420万人，其中，新增就业人员70万人。2012年海洋生产总值达50087亿元，与上年同比增长7.9%，占国内生产总值的9.6%。2013年海洋生产总值达54313亿元，与上年同比增长7.6%，占国内生产总值的9.5%，涉海就业人员3513万人，比2012年增长70万人。2014年海洋生产总值达59936亿元，与上年同比增长7.7%，占国内生产总值的9.4%。2015年海洋生产总值达64669亿元，与上年同比增长7%，占国内生产总值的9.6%，涉海就业人员3589万人。7年来，我国海洋经济年均占国内生产总值的9.59%，始终保持了稳定增长的良好势头。2016年海洋生产总值68000亿元，同比增长6.8%，占国内生产总值的9.6%。

（1）海洋生物医药业。2007年海洋生物医药业不断加强新药研制与成果转化，产业化进程逐步加快，全年实现增加值40亿元；2008年海洋生物医药业继续保持快速增长态势，全年实现增加值58亿元，与上年同比增长28.3%；2010年海洋生物医药业全年实现增加值67亿元，与上年同比增长25%；2011年海洋生物医药业在国家相关政策的激励下持续增长，全年实现增加值99亿元，与上年同比增长15.7%；2014年海洋生物医药业全年实现增加值258亿元，与上年同比增长 12.1%。

（2）海洋交通运输业。2007 年海洋交通运输业持续保持快速发展，全年实现增加值 3414 亿元，全国亿吨级港口增至 14 个，港口货物吞吐量与集装箱吞吐量连续 5 年居世界首位；2008 年海洋交通运输业上半年增长较快，下半年受国际金融危机影响，增长趋势放缓，全年实现增加值 3858 亿元，与上年同比增长 16.1%；2010 年海洋交通运输业全年实现增加值 3816 亿元，与上年同比增长 16.7%；2011 年，尽管我国沿海生产势头总体良好，但受国际需求放缓及运输价格下跌等因素影响，海洋交通运输业增长总体放缓，全年实现增加值 3957 亿元，与上年同比增长 7.1%；2014 年海洋交通运输业全年实现增加值 5562 亿元，与上年同比增长 6.9%。

（3）滨海旅游业。2007 年滨海旅游消费需求继续呈现扩张趋势，滨海旅游业持续保持稳健增长态势，全年滨海旅游业增加值 3242 亿元；2008 年受南方雨雪冰冻灾害及国际金融危机等因素的影响，滨海旅游业发展水平与上年同比基本持平，全年实现增加值 3438 亿元，与上年同比增长 0.2%；2010 年滨海旅游业全年实现增加值 4838 亿元，与上年同比增长 7.9%；2011 年滨海旅游业持续平稳较快发展，邮轮游艇等新型业态快速涌现，全年实现增加值 6258 亿元，与上年同比增长 12.5%；2014 年滨海旅游业全年实现增加值 8882 亿元，与上年同比增长 12.1%。

（4）海洋船舶工业。2007 年海洋船舶工业继续保持快速增长态势，主要指标大幅增长，船舶产品出口增长迅速，造船完工量突破 1800 万载重吨，新接订单跃居世界第一，超过 7000 万载重吨；2008 年海洋船舶工业受国际金融危机等因素的影响，新接订单量较 2007 年有所减少，但总体仍保持较快增长态势，全年实现增加值 762 亿元，与上年同比增长 36.4%；2010 年海洋船舶工业全年实现增加值 1182 亿元，与上年同比增长 19.5%；2011 年海洋船舶工业继续保持平稳较快增长态势，全年实现增加值 1437 亿元，与上年同比增长 17.8%；2014 年海洋船舶工业全年实现增加值 1387 亿元，与上年同比增长7.6%。

（5）海洋盐业。2008年海洋盐业生产努力克服年初低温雨雪冰冻灾害以及生产成本上涨带来的影响，生产经营继续保持稳定发展态势，全年实现增加值59亿元，与上年同比增长11.2%；2011年海洋盐业生产情况总体稳定，全年实现增加值93亿元，与上年同比增长0.8%；2014年海洋盐业实现增加值63亿元，与上年同比下降0.4%。

（6）海洋油气业。2007年努力提高海洋油气开采能力，海洋油气业继续保持快速增长势头，全年实现增加值769亿元，与上年同比增长17.3%，海洋油气勘探自主创新能力逐步增强，中石油在冀东南堡新发现10亿吨大油田，中海油在渤海湾、北部湾等海域新发现10个油气田，其中，9个为自营油气田，海洋油气发展潜力进一步提高；2008年受国际油价大幅波动影响，海洋油气业产值上半年增长较快，下半年增幅回落，全年实现增加值874亿元，与上年同比减少1.1%；2010年海洋油气业高速增长，随着多个海上油气田投产，海洋石油天然气产量首次超过5000万吨，全年实现增加值1302亿元，与上年同比增长53.9%；2011年海洋油气业受溢油突发事件影响，海洋原油产量有所下降，但随着油气价格的上涨，海洋油气业依然保持了稳定发展，全年实现增加值1730亿元，与上年同比增长6.7%；2014年海洋油气业全年实现增加值1530亿元，与上年同比下降5.9%。

（7）海洋电力业。2007年在国家可再生能源政策支持和引导下，我国海上风电项目相继投入运营，海洋电力业取得新的进展；到2008年，在国家节能减排和发展清洁能源政策的支持和引导下，我国海洋电力业成长较快，全年实现增加值8亿元，与上年同比增长51.6%；2010年海洋电力业全年实现增加值28亿元，与上年同比增长30.1%；2011年海洋电力业继续保持快速增长态势，沿海多个风电场项目相继竣工投产，全年实现增加值49亿元，与上年同比增长25%；2014年海洋电力业全年实现增加值99亿元，与上年同比增长8.5%。

（8）海洋化工业。2008 年受原油价格震荡影响，海洋化工产品价格呈现出“先高后低”的局面，但海洋化工业仍保持增长趋势，全年实现增加值 542 亿元，与上年同比增长 6.8%；2011 年海洋化工业平稳发展，全年实现增加值 691 亿元，与上年同比增长 2.5%；2014 年海洋化工业全年实现增加值 911 亿元，与上年同比增长 11.9%。

（9）海水利用业。2007 年，《海水利用专项规划》稳步推进，海水利用技术取得重大突破，海水利用产业化进展迅速，海水利用业初具规模；2008 年沿海地区继续贯彻落实《海水利用专项规划》，海水淡化和综合利用生产规模不断扩大，海水利用技术取得较大进展，全年实现增加值 8 亿元，与上年同比增长 22.7%；2011 年海水利用业随着国家扶持政策的陆续出台以及多项技术的重大突破，海水利用产业规模不断扩大，海水利用业继续保持平稳发展势头，全年实现增加值 10 亿元，与上年同比增长 25%；2014 年海水利用业全年实现增加值 14 亿元，与上年同比增长 12.2%。

（10）海洋工程建筑业。2007 年沿海各地加快海洋工程建筑业发展步伐，多个大型海洋工程项目投入施工，海洋工程建筑业全年实现增加值 342 亿元；2011 年海洋工程建筑业继续保持平稳增长，新开工项目和在建工程稳步推进，全年实现增加值 1306 亿元，与上年同比增长 14.9%；2014 年海洋工程建筑业全年实现增加值 2103 亿元，与上年同比增长 9.5%。

（11）海洋渔业。2007 年沿海地区积极推进渔业和渔区经济结构的战略性调整，鼓励发展远洋渔业和水产养殖；2008 年各沿海地区控制渔业捕捞强度，大力调整海洋渔业产业结构，海洋渔业平稳发展，全年实现增加值 2216 亿元，与上年同比增长 14.4%；2010 年海洋渔业全年实现增加值 2813 亿元，与上年同比增长 4.4%；2011 年海洋渔业生产总体稳定，海水养殖产量稳步增长，远洋渔业综合实力不断增强，全年实现增加值 3287 亿元，与上年同比增长 14.4%；2014 年海洋渔业全年实现增加值 4293 亿元，与上年同比增长6.4%。

（12）海洋矿业。2007年国家正式实施禁止天然砂出口管理措施，海砂管理力度进一步加大，海洋矿业呈现出稳中趋降的趋势；2008年，我国继续加强对海砂开采的管理力度，非金属矿的开采得到有效控制，金属矿业的生产规模不断扩大，海洋矿业产业结构进一步优化，全年实现增加值9亿元，与上年同比增长21.3%；[①] 2010年海洋矿业全年实现增加值49亿元，与上年同比增长0.5%；[②] 2011年海洋矿业继续保持平稳发展，全年实现增加值53亿元，与上年同比增长2.1%；[③] 2014年海洋矿业全年实现增加值53亿元，与上年同比增长13%。[④]

2. 我国海洋开发利用中存在的问题

（1）海洋资源平均值低于世界平均水平。人均管辖海域面积、海陆面积比值、海岸线系数，这三个指标影响着一个国家的海洋资源总量、发展海洋经济和进入海洋的方便程度等，它们是衡量海洋资源优势的重要指标。我国人均占有海域面积居世界第122位，低于世界平均水平；我国海域面积与陆地国土面积的比值为0.31∶1，排在世界第108位；我国虽拥有长18000多千米的大陆海岸线和14000多千米的岛屿岸线，但海岸线与陆地面积之比的系数仅为0.0018，排在世界第94位。

（2）重要海洋资源优势不足。据联合国粮农组织及国内外学者研究，世界海洋渔业资源的可捕量，在没有开发大洋中层鱼类资源的情况下，每年约为2亿—3亿吨，我国在近海和外海的渔业资源的可捕量每年约350万吨，海洋渔业可捕量仅占世界海洋渔业总可捕量的1.16%—1.75%；我国海区的生物生产力不是世界上最好

---

① 以上各海洋产业数据来源于2007年及2008年《中国海洋经济公报》。

② 2010年各海洋产业数据来源于新华网（www.news.cn），2011年3月3日。

③ 2011年各海洋产业数据来源于国家海洋局网站2013年12月4日《2011年中国海洋经济统计公报》。

④ 2014年各海洋产业数据来源于国家海洋局网站2015年3月18日《中国海洋经济统计年鉴》。

的，近海鱼类生产力平均为3.18吨/平方千米/年，而南太平洋沿海为18.2吨/平方千米/年，西非近海为8.3吨1平方千米/年；世界海洋中的生物共约20万种，我国海域中的生物共20278种；世界海洋中年产量在10万—100万吨的品种有60—62种，我国近海历史上年产量超过1万吨的有40种左右，没有年产量超过100万吨的大宗品种。

在世界海洋油气资源丰富的沉积盆地中，中国近海不占优势。世界上海洋油气资源储量主要集中在波斯湾、北海、几内亚湾、马拉开波湖、墨西哥湾、加利福尼亚西海岸等几个地区，这些地区的油气总储量占世界海上探明储量的80%。在未探明的油气区中，主要集中在北极地区、南极、非洲、南美洲和澳大利亚周围海域，我国近海的找油前景不如上述地区。据预测，我国近海的石油可采储量仅占世界石油可采储量的3%—12%。

（3）开发不足和过度开发并存。与发达国家相比，我国的海洋资源开发利用程度不高，海洋经济发展总体水平较低，既有开发不足和巨大潜力，又有过度利用和资源衰退问题。统计数据表明，近海油气探明储量仅占油气资源量的1%，累计开采量仅占探明储量的5%。滨海旅游资源利用率不足1/3，且开发深度不够。可养殖滩涂利用率不足60%。宜盐土地和滩涂利用率只有45%。15米水深以内浅海利用率不到2%。海水直接利用规模较小。滨海砂矿累计开采量仅占探明储量的5%。沿海地区一些深水港址未开发，外海渔业资源利用不足，海滨砂矿利用率不高，海水和海洋能的开发程度和利用水平更低。大洋矿产尚未开发。但在我国近海，渔业资源大多处于过度开发状态。主要经济鱼类资源衰退，部分水域一些种类几乎绝迹。

（4）与海洋资源相关的海洋环境问题日益严重。近年来，我国沿海地区海洋开发活动的深度和广度与日俱增。在开发利用过程中产生了一系列的生态环境问题，海洋自然和生态破坏情况在各海区均有不同程度的发生。目前的海洋污染排放和海洋的纳污能力、自净能力已经超出平衡临界值。1999 年，沿海地区工业废水直接入海量为 81416 万吨，占全国工业废水排放总量的 4.13%；每年通过不同途径进入近海海域的各类污染物质约 1500 万吨。因此，沿岸海域环境质量普遍下降，突发性污损事件频发。养殖水域水质退化，近海渔业资源衰退，部分海洋珍稀物种濒临灭绝；近海劣于二类海水水质标准的面积超过 20 万平方千米；不合理的围海、砍伐、挖礁、挖砂，致使 80% 的珊瑚礁遭到破坏，80% 的红树林被砍伐，70% 的沙质海岸受到侵蚀。同时，部分海岸、海滩侵蚀后退，海水渗透倒灌，环境灾害不断，甚至危及人民生产生活。2014 年国家海洋局对 445 个陆源入海排污口进行了监测，结果显示，入海排污口邻近海域环境质量状况总体较差，90% 以上无法满足所在海域海洋功能区的环境保护要求。

（5）海洋权益和海洋资源争端尖锐复杂。海洋权益是国家利益的重要组成部分，海洋权益争端的实质就是海洋资源的争夺，就是经济利益的争夺。目前我国面临的海洋资源和海洋权益争端尖锐复杂。在黄海区，存在我国与朝鲜和韩国的渔业利益争端，我国的传统捕鱼权受到威胁；东海是中、日、韩三国渔民共同作业的渔场，渔业矛盾频发，要依靠有关渔业协定来调整渔业利益关系有时显得力不从心。除此之外，东海丰富的油气资源也存在争议，主要有日韩 84000 多平方千米共同开发区内的油气资源争议、东海中部油气资源争议、钓北坳陷油气资源富集区争议等。南海的渔业利益和油气资源利益争端更加尖锐。南海的断续国界线内海域是我国渔民的传统捕鱼区，其中一部分区域处在周边国家的专属经济区内，从而出现渔业利益冲突。南海南部我国断续国界线以内的油气资源争议区约 27 万平方千米，涉及资源量约 78 亿吨（主要在万安、曾母、文莱—沙巴盆地）。周边国家在我国断续国界线附近每年开采的石油达 5000 多吨。

第五章　海洋功能区划制度的法律体系

海洋功能区划制度是对涉海人员和涉海组织对海洋进行使用和管理行为进行约束的一系列规则，这些规则既包括来自国家或组织强制力作用实施的正式规则（也称正式制度），也包括来自社会舆论和社会成员自律作用下实施的非正式规则以及海洋管理的运行机制。由于正式的制度易于操作，而且它本身也是管理部门职责、权威的体现，因此，当人们提到加强制度建设时，往往主要指的是正式制度的建设。我国海洋功能区划制度是根据我国海洋经济发展和社会需求，从我国的国情和实际出发，根据国际法精神而建立的。

第一节　《联合国海洋法公约》与我国海洋功能区划

《联合国海洋法公约》是国际法的一个相对独立的部门。是有关各种海域的法律地位和各国在各种海域从事航行、资源开发和利用、海洋科学研究等活动以及海洋环境保护的原则、规则、制度的总称。[①] 它是一部适用全球海洋的各种海域与海洋区域活动以及世界各国（无论是沿海国家还是内陆国家）与国际组织等的海洋事务活动中各类关系协调与处理的准则。

（1）《联合国海洋法公约》建立的基本制度。《联合国海洋法公

① 王铁崖：《国际法》，法律出版社 1981 年版，第 163 页。

约》虽说是联合国第三次海洋法会议从1973年至1982年，历时近10年制定的，实际上这期间是一个长期的“马拉松式”的编纂过程，它把以往的国际海洋法和一些已被国际社会广泛接受的双边、多边的协议、协定、条约及原则等集之为大成，而形成的一部内容广泛的国际海洋法。它所包括的基本制度有：内水、领海与毗连区制度；专属经济区制度；大陆架制度；群岛与群岛国制度；航行和用于国际航行的海峡管理制度；国际海底“区域”管理制度；渔业捕捞和渔业资源保护制度；海洋环境保护制度；海洋科学研究和技术转让制度；内陆国和地理不利国的海洋权利与义务；海洋事端的解决等规定。它对海洋的和平利用、在海洋发现的考古和历史文物、损害赔偿责任等也做出了一般规定。另外，《联合国海洋法公约》还列举了高度洄游鱼类、大陆架界限委员会、调解、国际海洋法法庭规约、仲裁、特别仲裁、国际组织等九个附件。按法理学的原理，法律之附件具有法律之效力。

（2）《联合国海洋法公约》是国际海洋法律大全。《联合国海洋法公约》因其是集迄今国际海洋法律制度之大全，所以，其调整关系涉及的领域、对象等内容极为丰富，涵盖了迄今为止海洋立法的基本成果，由此也决定了《联合国海洋法公约》是一部能够适应海洋综合管理和海洋可持续利用的法律。对此，加拿大尔豪西大学国外政策研究中心E. M. 鲍基斯教授在其所著的《海洋管理与联合国》一书中认为：“《联合国海洋法公约》响应了相互依存性的挑战，这种相互依存性是因为意识到‘海洋空间问题是相互紧密联系的，需要作为一个整体考虑问题’。这一认识是有着所有跨学科和超越部门的含义”。“《联合国海洋法公约》旨在处理高技术工业技术革命向海洋渗透、加强开发的同时，强调保护开发环境的需要；《联合国海洋法公约》充分认识到科学、信息和人力资源开发对于海洋空间和资源的合理利用的重要性，以及发展中国家需要强调科学、信息和人力资源的开发。”鲍基斯在分析《联合国海洋法公约》时，所提到的《联合国海洋法公约》的指导思想、原则、宗旨及其充分注意到的问题，本质上与海洋综合管理和海洋可持续利用是一致的。所以说《联合国海洋法公约》是国际、国家海洋综合管理的基本法律依据。

《联合国海洋法公约》的文本，除公海制度和国际海底管理制度外，其他规范制度基本上是沿海国主权海域和管辖权行使海域的使用管理制度。例如，第二部分领海和毗连区制度，规定了沿海国对领海及其上空、海床和底土的主权权利，除适用于所有船舶的无害通过权之外，其他的一切权利全部归属沿海国。根据国际法对国际法主体的一般看法，国家是国际法基本主体或称主要主体，国家间的关系是国际法的主要调整对象，国家是国际法的创造者。作为国际法的部门法，《联合国海洋法公约》当然也同样具备国际法的一般特性。沿海国是《联合国海洋法公约》的基本主体。《联合国海洋法公约》规定沿海国的权利和义务均应由沿海国家来行使和遵守。其对领海的法律地位的规定，除无害通过外的等同领陆的完全主权，说明领海是沿海国的国土组成部分，享有比较完整的所有权和支配使用权，可以视国家情况和需要进行国家立法，制定本国领海之内海域使用的法律制度。

（3）《联合国海洋法公约》是我国海洋功能区划制定的依据。1988 年在国家机构改革中，国家赋予海洋职能部门的管理权界定为海岸带（海陆交互带）以下的海洋部分，在国际上一般将海岸带管理纳入海洋管理的范畴，这是因为海洋同依托陆域属于统一生态系的缘故。鉴于海岸带管理的需求，我国 1990—1995 年开展的海洋功能区划的范围是：主体是我国享有主权和管辖权的全部海域和海岛，重点是近海海域和岛屿。为了实现海陆开发利用和保护管理的一体化，还包括必要依托的陆域，陆域范围从海岸线向陆地方向一般不超过 10 千米。1998 年开展的全国大比例尺海洋功能区划的范围是：我国的内海、领海、海岛和专属经济区以及相邻的依托陆域。海洋功能区划的范围大体与海岸带管理的范围相当。可以说《联合国海洋法公约》为我国确定海洋功能区划的范围提供了国际法上的依据。

实施海洋功能区划的目的是促进海洋资源的充分、可持续利用，保护海洋环境，维护海洋生态平衡。这正符合《联合国海洋法公约》提出的要依靠海洋资源、满足各国人民的营养需要，满足各国对能源的需要以及新的或补充的原材料的需要，海洋的使用和管理要兼顾海洋开发利用和海洋环境保护各方面的利益的要求。这正是我国已加入和签署的国际海洋法公约和条例，已经成为我国海洋法律、法规体系的基础的具体表现。

第二节　《海洋环保法》和《海域法》对海洋功能区划的规定

一　《海洋环保法》

1982年8月23日第五届全国人大常委会第二十四次会议制定并通过的《海洋环保法》是我国第一部专门针对海洋环境设立的保护性法律，但其最初并没有有关海洋功能区划制度的规定，直到1999年12月25日第九届全国人大常委会第十三次会议对《海洋环保法》进行修订时，增加了关于海洋功能区划的内容，并在第95条第4款中将海洋功能区划定义为“是指依据海洋自然属性和社会属性，以及自然资源和环境特定条件，界定海洋利用的主导功能和使用范畴”。这是法律上第一次对海洋功能区划进行明确的定义。[①] 并分别在第二章“海洋环境监督管理”、第三章“海洋生态保护”、第四章“防治陆源污染物对海洋环境的污染损害”、第六章“防治海洋工程建设项目对海洋环境的污染损害”中，增加了关于海洋功能区划的条款，将与海洋功能区划相符合作为“制定全国海洋环境保护规划和重点海域区域性海洋环境保护规划”“开发利用海洋资

---

① 《海洋环保法》第十章第95条第4款。

源”“选择入海排污口位置”“批准海洋工程建设项目”等的前提条件和必需程序，正式确立了海洋功能区划作为海洋环境监督管理基础的法定地位。①

在《海洋环保法》中，海洋功能区划主要是与海洋环境保护规划制度相结合，即依据不同海域的功能来确定海洋环境保护的整体规划，将之作为海洋环境保护工作的基础和具体行动的实施方案，针对的是海洋环境保护行政管理。如第二章第6条规定：“国家海洋行政主管部门会同国务院有关部门和沿海省、自治区、直辖市人民政府拟定全国海洋功能区划，报国务院批准。沿海地方各级人民政府应当根据全国和地方海洋功能区划，科学合理地使用海域。”第7条规定：“国家根据海洋功能区划制定全国海洋环境保护规划和重点海洋区域性海洋环境保护规划。毗邻重点海域的有关沿海省、自治区、直辖市人民政府及行使海洋环境监督管理权的部门，可以建立海洋环境保护区域合作组织，负责实施重点海域区域性海洋环境保护规划、海洋环境污染的防治和海洋生态保护工作。”在海洋功能区划基础上制定的海洋环境保护规划，作为各级政府部门开展海洋环境保护工作的指导方案和行动方针，更为科学、更为合理地并更有针对性地从各海域实际情况出发具体开展海洋环境保护工作。

《海洋环保法》是由全国人大常委会通过的一般性法律规范，效力级别仅低于宪法和基本法律，《海洋环保法》对海洋功能区划的规定，是海洋功能区划的最高效力渊源。国务院和地方政府在海洋功能区划的具体制定、实施中，应严格依照《海洋环保法》的原则性规定执行，不得与之相抵触。

《海洋环保法》对海洋功能区划主要是从海洋生态环境保护的角度着重阐明海洋功能区划同海洋环境保护的关系，没有专章系统而明确的规定，除定义外只将其有关内容作为各章中的个别条款，

① 《海洋环保法》第二章第7条，第三章第24条、第30条，第六章第47条。

缺乏系统性和可操作性，过于笼统，也没有明确规定违法责任。

二 《海域法》

2001 年 10 月 27 日第九届全国人大常委会第二十四次会议制定并通过的《海域法》是我国海洋管理领域一件大事，它的颁布和实施既体现了国家对海洋开发管理的高度重视，又为海域使用人的用海行为提供了物权保护，更说明了海洋功能区划的基础性地位得到了进一步加强。

《海域法》和《海洋环保法》一样都是由全国人大常委会制定的法律，在立法体系中它们的地位是相同的，二者共同构成了海洋功能区划制度的法律渊源，在内容上基本不存在冲突的地方。但它们的侧重点有所不同，《海洋环保法》主要是从海洋功能区划的环保功能考虑，结合海洋环境保护制度来规定的；《海域法》则着重从促进海洋资源利用的角度，将其作为海域使用的法定依据和前提。《海域法》中对海洋功能区划的内容作了进一步细化，使其具有了切实可操作性，这些规定对于《海洋环保法》中的原则性规定的海洋环保制度同样适用。

《海域法》第一章第 1 条规定："为了加强海域使用管理，维护国家海域所有权和海域使用权人的合法权益，促进海域的合理开发和可持续利用，制定本办法。"① 与《海洋环保法》的个别条款式规定不同，《海域法》将海洋功能区划作为海域使用管理的基本制度之一对其作了专章规定。并对其编制机关、编制原则、审批制定、修改变动、公布方式、效力等作了进一步详细规定。② 至此，海洋功能区划制度被确立为海域使用管理的基本法律制度之一，明确了其在海洋管理工作中的法律地位和作用，使海洋功能区划的基础性地位得到进一步加强。

同时，《海域法》还主要从海域使用的角度，针对普通主体的

① 《海域法》第一章第 1 条。
② 《海域法》第二章第 10—15 条。

用海行为，对于海洋功能区划制度作了更为详尽的规定。该法规定："养殖、盐业、交通、旅游等行业规划涉及海域使用的，应当符合海洋功能区划。沿海土地利用总体规划、城市规划、港口规划涉及海域使用的，应当与海洋功能区划相衔接。"[①] 这些规定都将海洋有关的各种经济活动与海洋功能区划相挂钩，以使用海活动更为科学、合理、可行。该法将"保护和改善生态环境，保障海域可持续利用"作为海洋功能区划的编制原则之一，进一步明确了海洋功能区划对海洋环保规定的权威性。[②]

根据《海域法》的规定，海洋功能区划主要包括四个方面的内容。

第一，海洋功能区划的编制。海洋功能区划的编制主体包括国务院海洋行政主管部门和沿海县（市）级以上地方人民政府海洋行政主管部门。对于海洋功能区划的编制，各有关部门应分工合作，坚持"会同"原则。[③] 国务院海洋行政主管部门应会同国务院有关部门和沿海省、自治区、直辖市人民政府编制全国海洋功能区划；沿海县（市）级以上地方人民政府海洋行政主管部门应会同本级人民政府有关部门依据上一级海洋功能区划，编制本级海洋功能区划。海洋功能区划涉及面广，工作艰巨复杂，只有各有关部门"会同"编制，调动各方积极性，形成整体合力，才能保证功能区划编制的科学性、有效性和认同性。

第二，海洋功能区划的审批。海洋功能区一经划定并颁布即具有法律约束力，并应在一个较长的时期内保持相对稳定，因此，国家对海洋功能区划是通过审批制加强管理的。具体分为 3 个层次审批：一是全国海洋功能区划报请国务院批准；二是沿海省、自治区、直辖市海洋功能区划经该省、自治区、直辖市人民政府审核同

---

① 《海域法》第二章第 15 条。
② 《海域法》第二章第 11 条。
③ 卞耀武、曹康泰、王曙光：《〈海域法〉释义》，法律出版社 2002 年版，第 40 页。

意后，报请国务院批准；三是沿海县（市）海洋功能区划经该县（市）人民政府审核同意后，报请所在的省、自治区、直辖市人民政府批准后报国务院海洋行政主管部门备案。海洋功能区划的报送审批需要呈报的材料主要包括政府报告、海洋功能区划报告、海洋功能区划图、海洋功能区登记表以及专家评审结论等。

第三，海洋功能区划公示。海洋功能区划一经批准后，应当向社会公布。这主要是为了方便用海单位、个人了解各自有海域的使用情况，并可根据海洋功能区划进行项目的设计和论证，但涉及国家秘密的部分不予公开。

第四，海洋功能区划的修订。虽然海洋功能区划一经批准即应保持相对稳定性，但鉴于人们对海洋认识的有限性以及海洋自然环境的演变等因素，对海洋功能区划进行阶段性修改实属必要。海洋功能区划的修改大体包括定期修改和非定期修改两种。前者是按照海岸区域的自然演化规律，定期对全国的海洋功能区划进行统一的修改，后者主要是出于自然条件的变化和社会的需要而对特定的局部海域功能进行的修改。为保证修订工作的严肃性，海洋功能区划的修订需要遵循必要的程序，定期修改的程序和审批程序相同，即由原编制机关会同同级有关部门提出修改方案，报原批准单位批准，未经批准不得改变。经国务院批准的非定期修改，比如，因公共利益、国防安全或者进行大型能源、交通等基础设施建设，需要改变海洋功能区划的，应根据国务院的批准文件进行修改。

《海域法》是由全国人大常委会制定并通过后颁布实施的法律，在立法体系中的地位与《海洋环保法》相同，二者共同构成了海洋功能区划制度的法律渊源。与《海洋环保法》相比，《海域法》从海域使用的角度对海洋功能区划作了更为详细的规定，使海洋功能区划工作的开展有了初步的法律依据。

《海域法》关于海洋功能区划的专章有6条规定，从字面上看似乎有了一定的规范内容，但是，在缺少具体配套实施细则的条件下，这些规定的原则性仍大于可操作性。另外，它没有关于海洋功能区划实施、监督以及违法责任追究的内容，海洋功能区划工作似乎有法可依，但实际上怎么去依还是不够清晰。

三 《海洋功能区划管理规定》

为了贯彻实施《海域法》《海洋环保法》，规范海洋功能区划的编制、审批、修改和实施等工作，国家海洋局根据《海洋环保法》和《海域法》规定的原则，吸收以往海洋功能区划规范类文件的内容，总结几年来全国海洋功能区划和地方各级海洋功能区划的实践情况制定并颁布了《海洋功能区划管理规定》。该规定于 2007 年 8 月 1 日实施，共六章 33 条，它是我国第一部针对海洋功能区划管理工作制定并颁布实施的首个专门法规。旨在切实提高海洋功能区划的编制技术水平和可操作性，加强海洋功能区划实施的权威性和严肃性，对规范海洋功能区划管理意义重大。

《海洋功能区划管理规定》针对海洋功能区划管理过程中出现的问题，对海洋功能区划编制、审批、修改和实施等具体环节作出了明确规定。为了规范海洋功能区划编制，加强上级海洋行政主管部门对海洋功能区划编制工作的指导，《海洋功能区划管理规定》要求海洋行政主管部门提出编制海洋功能区划之前，应当对现行海洋功能区划及各涉海规划的实施效果进行总结和评价，在此基础上提出编制工作的申请，经同意后方可组织编制；针对海洋功能区划工作综合性、理论性强，涉及多个学科，承担海洋功能区划的技术单位必须具有一定的技术力量的要求，《海洋功能区划管理规定》要求国家和省级海洋行政主管部门组建海洋功能区划专家委员会，国家海洋功能区划专家委员会负责发布海洋功能区划编制技术单位推荐名录；建立海洋功能区划评估制度，将海洋功能区划的修改分为一般修改、重大修改和特殊修改三种类型，并明确指出海洋功能区划不能随意变动，但必要时允许修改，且需满足两个条件：一是原则上批准实施两年以后才可以提出；二是必须通过评估工作才可以提出修改建议。《海洋功能区划管理规定》要求海洋功能区划一经批准，必须严格执行，进一步明确了海洋功能区划的法律地位、海洋功能区划与各种涉海规划的关系，规定了海洋功能区划在海域管理、海洋环境保护工作中的地位和作用。《海洋功能区划管理规定》在总则中明确规定编制和修改海洋功能区划应当建立公众参与、科学决策的机制。①

1. 总则

《海洋功能区划管理规定》在总则中规定的目的是："为了规范海洋功能区划编制、审批、修改和实施工作，提高海洋功能区划的科学性。根据《海域法》《海洋环保法》等有关法律法规制定本规定。"②

总则明确了海洋功能区划的行政划分为四级，即国家、省（自治区、直辖市）、市、县（市）四级。③ 这是由于县级海洋功能区划已能满足乡镇用海管理的需要，乡镇级无须单独再行编制。且因为乡镇毗邻海域的范围一般都比较狭小，难以展开区划工作，存在客观的局限性；总则传承了《海域法》关于海洋功能区划编制主体、"会同"原则、审批备案以及修改的规定；④ 增加了建立公众参与机制和上级海洋管理部门对下级海洋管理部门负有指导、协调和监督责任的内容。

2. 海洋功能区划的编制

《海洋功能区划管理规定》第一章是对海洋功能区划编制的规定。全国海洋功能区划和地方各级海洋功能区划已按职责权限分别获国家或省、自治区、直辖市人民政府批准通过，并已实施了数年，可以说我们目前所要面对的重点是对海洋功能区划的修改工作，因为具有《海洋功能区划管理规定》第四章"海洋功能区划的评估和修改"第 25 条之规定情形的，"应当按照海洋功能区划编制

---

① 《海洋功能区划管理规定》第二章至第五章。

② 《海洋功能区划管理规定》第一章第 1 条。

③ 《海洋功能区划管理规定》第一章第 2 条。

④ 《海洋功能区划管理规定》第一章第 3 条、第 4 条、第 5 条。

程序重新修编，不得采取修改程序调整海洋功能区。”[①] 这一规定为海洋功能区划编制程序重新修编提供了重要法律依据。

《海洋功能区划管理规定》第二章第8条规定了海洋功能区划编制的原则。第二章第9条规定了海洋功能区划编制的依据：一是“应当依据上一级海洋功能区划”；二是依据“《导则》等国家有关标准和技术规范”。这为海洋功能区划编制的科学性提供了法律保障。

海洋功能区划的编制要随着情况的变化而做阶段性的修订，以适应变化了的情况，更符合海洋开发、利用和管理的需要，所以，海洋功能区划的管理必须坚持动态原则；但同时海洋功能区划是编制实施各种用海规划的依据，因此，海洋功能区划作为标准又要采取相对静态原则，不能朝令夕改。所以，《海洋功能区划管理规定》要求：“海洋功能区划期限应当与国民经济和社会发展规划相适应，不应少于五年。”[②] 这是针对海洋功能区划频繁修改问题做出的专门规定。

海洋功能区划工作综合性、理论性强，涉及多个学科，承担海洋功能区划的技术单位必须具有一定的技术力量，因此，《海洋功能区划管理规定》对编制主体增加了要求，国家和省级海洋行政主管部门组建海洋功能区划专家委员会，负责发布海洋功能区划编制技术单位推荐名录。要求国家和省级海洋功能区划评审专家从国家海洋功能区划专家委员会委员中遴选，市、县级海洋功能区划评审专家从省级海洋功能区划专家委员会委员中遴选。

《海洋功能区划管理规定》第二章第13条、第14条、第15条分别对海洋功能区划编制的准备工作、具体编制程序和编制成果做了详细的规定。在具体编制程序中规定：“海洋功能区划文本、登记表、图件……要采取公示、征询等方式，充分听取用海单位和社会公众的意见，对有关意见采纳结果应当公布。”[③] 这是《海洋功能

---

① 《海洋功能区划管理规定》第四章第25条。

② 《海洋功能区划管理规定》第二章第10条、第11条。

③ 《海洋功能区划管理规定》第二章第14条第4款。

区划管理规定》所提出的公民参与机制的具体体现。

3. 海洋功能区划的审批和备案

《海洋功能区划管理规定》第二章对海洋功能区划的审批和备案的规定，重点在于审批。我国对各类区划，如农业区划、渔业区划、行政区划、经济区划、自然保护区划、地理区划等，在其审批问题上，除少数经各级政府审批外，有相当一部分没有履行审批手续。因此，区划的贯彻执行情况普遍较差，很难达到预期目的。海洋功能区划之所以需要政府审批的原因：一是海洋功能区划是立足于海域自然属性决定的客观功能的基础上，而不是立足于社会需要的基础上。海域客观自然体本身所具有的功能，一般具有较长时期的稳定性，只要没有海域自然条件的新变化，其功能是不可改变的。若是按照社会发展需求划定的功能，情形则完全不同。因为社会需要是随经济与社会不断发展而不断变化，因此，对海洋的要求是要具有相对稳定性的，所以，海洋功能区划的功能单元具有相对稳定性。二是海洋功能区划的实施不像其他区划涉及部门较少，仅以编制部门为主就可以实施了。海洋功能区划不仅涉及行业部门多，如环保部门、渔业部门、石油和天然气部门、交通部门、旅游部门、矿产部门、军事部门、科研及教育部门、水利部门、林业部门等约有20多个，除此之外，还有它们的沿海地方系统。而且与其他区划不同，海洋功能区划的编制与管理部门——国家海洋局却不是用海单位，本身没有海洋开发利用产业。这种状况，一方面有利于海洋功能区划的公正编制，贯彻了用海者和管海者分开的管理体制要求；另一方面也给海洋功能区划的实施带来某些困难。基于以上两个原因，为了保证海洋功能区划的执行，使海洋功能区划在适用范围内发挥普遍作用，规定其政府审批程序，确立其政府批准制度，使海洋功能区划在实施中具有一定拘束力是非常重要的。①

---

① 《〈海域法〉第二章　海洋功能区划　释义》，海洋功能区划网（http：//gnqh.kjxh.govcnlArticle/zzzl20070712412.html）。

《海洋功能区划管理规定》吸收了2003年国务院批复的《省级海洋功能区划审批办法》的内容，同时，兼顾县（市）级海洋功能区划审批的情况，对审批的内容和依据做了调整，使之成为适应各级海洋功能区划审批工作的标准依据。审批程序部分基本沿用了《省级海洋功能区划审批办法》规定的程序。

在《海洋功能区划管理规定》关于审批的内容中，最大的进步莫过于注重了在海洋功能区划工作中，上级政府同下级政府以及同级政府间的矛盾解决问题。如根据《海洋功能区划管理规定》第二章第16条规定，海洋功能区划上报前，“与政府各部门及下一级政府的协调情况主要问题是否协商解决”是政府审核的内容之一；根据《海洋功能区划管理规定》第二章第17条规定，海洋功能区划上报后，审查的主要依据第五项是“上一级海洋功能区划及相邻地区的海洋功能区划”；在省级海洋功能区划审批程序中，“国务院将省级人民政府报来的请示转请国家海洋局组织审查；国家海洋局接国务院交办文件后，即将报批的海洋功能区划连同有关附件分送国务院有关部门及相邻省、自治区、直辖市人民政府征求意见；有关部门和单位应在收到征求意见文件之日起30日内，将书面意见反馈国家海洋局，逾期按无意见处理。”① 上述规定使各级政府之间在海洋功能区划工作中能够最大限度地避免矛盾的产生，即使是产生了矛盾也能有相关的依据得以迅速解决，基本消除了矛盾产生的因素，提高了行政管理部门的工作质量和效率。

4. 海洋功能区划的评估和修改

《海洋功能区划管理规定》对海洋功能区划评估的内容作了专门规定，其第四章第22条规定：“海洋功能区划批准实施两年后，县级以上海洋行政主管部门对本级海洋功能区划可以开展一次区划实施情况评估，对海洋功能区划提出一般修改或重大修改的建议。评估工作既可以由海洋行政主管部门自行承担，也可以委托技术单

① 《海洋功能区划管理规定》第三章第18条第2款。

位承担。”这在保证海洋功能区划管理的动态性上有序运行，有效杜绝随意修改海洋功能区划现象的发生，确保海洋功能区划的相对稳定性，提供了法律上的保障。

《海洋功能区划管理规定》第四章第24条规定：“通过评估工作，在局部海域确有必要修改海洋功能区划的，由海洋行政主管部门会同同级有关部门提出修改方案。属于重大修改的，应当向社会公示，广泛征求意见”；“修改方案经批准后，本级人民政府应将修改的条文内容向社会公布。涉及下一级海洋功能区划修改的，根据批准文件修改下一级海洋功能区划，并报省级海洋行政主管部门备案”。[①] 这充分体现了《海洋功能区划管理规定》对海洋功能区划的修改请公民参与，广泛征求公民意见的规定。

《海洋功能区划管理规定》第四章第25条对海洋功能区划的评估和修改的规定值得我们注意，它规定：“下列情形，应当按照海洋功能区划编制程序重新修编，不得采取修改程序调整海洋功能区。（一）国家或沿海省、自治区、直辖市人民政府统一组织开展海洋功能区划修编工作的；（二）根据经济社会发展需求，需要在多个海域涉及多个海洋功能区调整的；（三）国务院或省、自治区、直辖市人民政府规定的其他情形。”

当符合上述情形时，海洋功能区划将不经过修改程序直接回到编制程序，这里适用海洋功能区划编制的相关规定。根据上述第三款的规定，只有省级以上人民政府有权确认“其他情形”而对海洋功能区划进行重新编制，市级以下人民政府没有这一权利，只能严格按照修改程序对海洋功能区划进行调整。但是，也不是说省级人民政府可以随意做出“其他情形”的规定，以重新编制海洋功能区划，因为根据《海洋功能区划管理规定》第二章第14条第1款规定：“海洋行政主管部门选择技术单位，组织前期研究，并提出进行编制工作的申请，经同意后方可组织编制。其中，组织编制省级

---

① 《海洋功能区划管理规定》第四章第24条第1款、第3款。

海洋功能区划的，省级海洋行政主管部门应当向国家海洋局提出申请。”

5. 海洋功能区划的实施

《海洋功能区划管理规定》第五章对海洋功能区划的实施规定了三个方面的内容。

第一，“海洋功能区划一经批准，必须严格执行。在海洋功能区划文本、登记表和图件中，所有一级类和二级类海洋功能区及其环境保护要求应当确定为严格执行的强制性内容”。[①] 这是对海洋功能区划及其成果的法律地位的明确。

第二，我国编制各项用海规划，进行各种用海活动都必须以海洋功能区划为依据。[②]

第三，关于违反海洋功能区划的处罚规定，与《海域法》对法律责任追究的规定是一致的。

《海洋功能区划管理规定》规定，对于擅自改变海域用途的，责令限期改正，没收违法所得，并处以非法改变海域用途期间内该海域面积应缴纳的海域使用金五倍以上十五倍以下的罚款；对拒不改正的，由颁发海域使用权证书的人民政府注销海域使用权证书，收回海域使用权。[③] 对于不按海洋功能区划批准使用海域的，无权批准使用海域的单位非法批准使用海域的，超越批准权限非法批准使用海域的，或者不按海洋功能区划批准使用海域的，批准文件无效，收回非法使用的海域；对非法批准使用海域的直接负责的主管人员和其他直接责任人员，依法给予行政处分。[④] 按照这些规定，擅自改变海域用途的和非法批准海域使用的人员将依规定受到应有的处罚。慑于这种强制力，涉海人员就会从开始的被动遵守，以避免受到处罚，到以后的主动自觉遵守，然后成为固定的海洋禁忌。

---

① 《海洋功能区划管理规定》第五章第25条。

② 《海洋功能区划管理规定》第五章第27条、第28条、第29条。

③ 《海洋功能区划管理规定》第五章第30条；《海域法》第七章第46条。

④ 《海域法》第七章第43条。

6. 附则

《海洋功能区划管理规定》附则规定了海洋功能区划管理材料的管理；海域使用申请人、利益相关人可以查询经批准的海洋功能区划；实施时间。

综上所述，《海洋功能区划管理规定》从海洋行政管理的角度，对海洋功能区划的编制、审批、修改做了具体规定，基本涵盖了各个方面的内容，但对海洋功能区划的实施做了较为原则性的规定，尤其是法律责任方面的规定，这在海洋功能区划的实施中缺少必要的依据和具体的保障。另外，总则提出的公民参与机制与监督体制在《海洋功能区划管理规定》中体现得尚不够充分全面。

第三节　全国海洋功能区划

2002 年 9 月 10 日，国家海洋局根据《国务院关于全国海洋功能区划的批复》，发布并实施了《全国海洋功能区划》。这是依据《海域法》和《海洋环保法》的规定出台的第一部全国性海洋功能区划。

国务院在《关于全国海洋功能区划的批复》中指出："同意《全国海洋功能区划》，由国家海洋局发布实施。在海域使用管理上，必须认真贯彻执行海洋管理法律法规，坚持在保护中开发，在开发中保护的方针，严格实行海洋功能区划制度，实现海域的合理开发和可持续利用。海洋功能区划是海域使用管理和海洋环境保护的依据，具有法定效力，必须严格执府。"《全国海洋功能区划》在客观分析了我国管辖的内水、领海、毗邻区、专属经济区、大陆架及其他海域的资源状况、开发利用与保护现状及存在的问题之后，将我国管辖海域划定了农渔业资源利用与养护区、港口航运区、工业与城镇用海区、矿产资源利用区、旅游休闲娱乐区、海洋能利用区、工程用海区、海洋保护区、海水资源利用区、特殊利用区十种主要海洋功能区和保留区，并提出了每种海洋功能区的开发保护重点和管理要求。同时，《全国海洋功能区划》确定了渤海、黄海、东海、南海和台湾以东海域共5大海区，近30个重点海域的主要功能，并规定了各级政府实施《全国海洋功能区划》的五大主要措施，包括“加强领导，完善海洋功能区划体系”；“依法行政，认真组织实施海洋功能区划”；“监督检查，确保《全国海洋功能区划》目标的实现”；“依靠科技，完善海洋功能区划的技术支撑体系”；“搞好宣传教育，科学管海用海”[①] 等。

《全国海洋功能区划》是国务院为贯彻实施海域管理和海洋环境保护等法律法规而制定的政策性、规范性和技术性文件，是贯彻中央关于人口资源环境基本国策的重要举措，是促进海域的合理开发和可持续利用的重要依据。《全国海洋功能区划》的制定实施是对《海洋环保法》和《海域法》的遵守和执行，使《海洋环保法》《海域法》中的原则性法律规定得到了具体落实与切实执行。同时，作为全国范围内具有最高效力的海洋功能区划，其也为地方政府制定各级地方海洋功能区划提供了依据，奠定了基础。它的发布实施，标志着我国适应社会主义市场经济体制要求的海洋资源开发、利用和保护的宏观调控机制的建立，为在全国实行海洋功能区划制度奠定了坚实的基础。[②]

第四节　地方各级海洋功能区划和其他规范性文件

一　地方各级海洋功能区划

我国海洋功能区划分为四级：国家、省（自治区、直辖市）、

① 《全国海洋功能区划》第五部分“实施《区划》的主要措施”。
② 《国家海洋局发布〈全国海洋功能区划〉》，《国土资源》2002年第10期。

市（地）、县（市）。依照《海域法》第二章第10条第2款之规定："沿海县级以上地方人民政府海洋行政主管部门会同本级人民政府有关部门，依据上一级海洋功能区划，编制地方海洋功能区划。"地方海洋功能区划是对全国海洋功能区划及其上一级海洋功能区划的细化，在遵守总体规划的同时，结合地方实际，制定出更为细致、更具可操作性的海洋功能区划尤为重要。与全国海洋功能区划相比，地方海洋功能区划效力有限，仅在其行政区划范围内有效，但更具有可操作性，并能充分考虑海洋的地域特色。因此，地方海洋功能区划日益为地方各级政府所重视，不仅成为各级海洋行政主管部门进行海洋行政管理的重要依据，还成为地方政府发展海洋经济、进行海洋环境保护的基础性工作，在海洋行政管理实践中发挥着越来越重要的作用。

二　其他规范性文件

除上述主要法律规定政策外，国家还颁布了一系列技术性、标准性、规范性文件，如1999年颁布的《海洋功能区划验收管理办法》，2002年颁布的《省级海洋功能区划审批办法》《海水增养殖区监测技术规程》，2003年颁布的《倾倒区管理暂行规定》，2006年颁布并取代1997年版的《导则》以及2008年发布的与海洋功能区划密切相关的《海洋标准化管理规定》等。

第五节　完善海洋功能区划制度的法律体系愿景

《海洋功能区划管理规定》可以说是我国目前唯一一部关于海洋功能区划管理的比较完整的、专门的法规。笔者认为，海洋功能区划法律体系的建立完善工作应该依据《海洋功能区划管理规定》开展，以统一海洋功能区划标准体系，完善海洋使用管理信息系统，确保海洋功能区划编制的科学性。海洋功能区划法律体系的完善应该包括以下内容。

一 统一海洋功能区划的标准体系

《海洋功能区划管理规定》第二章第9条规定："编制海洋功能区划，应当依据上一级海洋功能区划，遵守《导则》等国家有关标准和技术规范，采用符合国家有关规定的基础资料。"目前我国关于海洋功能区划的有关标准和技术规范主要是国家质量监督检验检疫总局同国家标准化管理委员会共同编制的《导则》。《导则》对海洋功能区划编制工作的程序、资料收集的范围、参考的技术规范、区划的指标体系、成果文本、格式图例都做出了详细规定，可以说已经比较完整，但是，《导则》所规定的标准为推荐性标准而非强制性标准，[①] 且仍然有所遗漏。

例如，《导则》附录E是海洋功能区划文本编写大纲。大纲要求海洋功能区划文本第三章的内容是海洋功能分区。这就要求具体说明所划区域的范围。在公布的地方各级海洋功能区划中，大多数海洋功能区划都是以地理区域的连线甚至直接用地理区域来划分海洋功能区域的范围，例如：

区划1，深圳市海洋功能区划："……渔业资源利用和养护区划定23个功能区，用海面积共7663.8公顷，占用海总面积的15.18%。具体划分如下：

（1）渔港7个，包括宝安、蛇口、盐田、南澳、坝光、东山、沙鱼涌等渔港，用海面积共205.9公顷；

（2）养殖区8个，包括沙井、内伶仃岛北湾和东湾、内伶仃岛南湾、南澳、鹅公湾、岭澳、螺汗角、东山等养殖区，用海面积共1561.1公顷；

（3）增殖区4个，包括矶石、大鹏半岛西南、大鹏半岛东部、虎头门等增殖区，用海面积共5052.7公顷；

（4）人工鱼礁区4个，包括东冲—西冲、鹅公湾、背仔角、杨

---

① 《导则》GB/T 17108—2006 前言。

梅坑等人工鱼礁区，以及建设人工鱼礁管理中心用海区，用海面积共844.1公顷”。[1]

区划2，宁波市海洋功能区划：“一、渔港和渔业设施基地建设区7个……

（1）北仑梅山渔港区，位于北仑区梅山港内上阳至新锲码头……

（2）鄞州大嵩渔港区，大嵩口大闸至出海口间2.5千米岸段……

（3）奉化桐照渔港区，位于象山港北岸的奉化市莼湖镇桐照村附近沿海……

（4）宁海峡山渔港区，位于宁海县强蛟镇峡山薛岙附近海域……

（5）石浦中心渔港区，位于象山石浦镇和鹤浦镇，自中界山至铜瓦门海域……

（6）岳井洋渔业避风锚地区，位于岳井洋口部和中部……

（7）象山珠门港渔业锚地区，位于象山高塘珠门港内……”

区划3，三门县海洋功能区划：“渔港和渔业设施基地建设区16个……

（1）渔港和渔业设施基地建设区1个，即黄门塘渔港和渔业设施基地建设区；

（2）划定11个养殖区，其中，浅海养殖区3个，滩涂养殖区4个和围塘养殖区4个……浅海养殖区主要包括旗门港、健跳港浅海养殖区和浦坝港浅海养殖区3个……滩涂养殖区主要包括旗门港近域、健跳港近域、浬浦—沿赤近域和浦坝港滩涂养殖区4个……围塘养殖区含海游—沙柳镇沿岸围塘养殖区、六敖镇沿岸围塘养殖区、健跳港沿岸围塘养殖区和浦坝港沿岸围塘养殖区4个；

（3）捕捞区……划定1个传统的捕捞区，即猫头洋捕捞区；

---

① 《深圳市海洋功能区划》第三章第11条。

（4）重要渔业品种保护区……划定1个，即旗门港苗种保护区。”①

以上列举的是一些地方海洋功能区划第三章海洋功能区的部分内容。由于海洋的地理特点，这种以地理区域的连线或者直接用地理区域划定海洋功能区的范围显然不能准确地标明区域的面积和界限，而且相邻功能区划的边界模糊，容易形成行政管理矛盾。因此，应该以经纬度确定地理位置点，再将点连线圈成区域的方法来确定各级各类的海洋功能区的具体范围。例如：

事例1：《比利时关于在领海和大陆的海床和底土上勘探与开发矿物资源和其他非生物资源时应采取措施保护航行、海洋捕捞和环境的皇家法令》的附则对“在考虑了船舶安全和保护海洋渔业并获得特许或允许后可在其内进行海床和底土自然资源勘探与开发作业的区域。”作出规定：区域Ⅰ确定如下：西北部由经过下列地理位置点的连线确定：②

51°23′30″N 2°30′00″E

51°34′36″N 2°55′56″E

东北部由经过下列地理位置点的连线确定：

51°34′36″N 2°55′56″E

51°31′23″N 3°04′13″E

南部由经过下列地理位置点的连线确定：

51°23′30″N 2°30′00″E

51°23′00″N 2°42′40″E

51°24′00″N 2°42′40″E

51°31′23″N 3°04′13″E……

事例2：上海市海洋功能区划关于海上航运区也用经纬度标记地理区域：

---

① 《导则》GB/T 17108—2006 前言。

② 《深圳市海洋功能区划》第三章第11条。

“……1. 1. 2. 1 －1 长江口锚地，该锚地位于：

31°00′00″N、122°25′00″E，31°00′00″N、122°32′00″E，30°56′00″N、122°32′00″E，30°56′00″N、122°25′00″E。

上述四点联线的矩形水域，长度 11. 0 千米，宽度 7. 5 千米，面积 82. 5 平方千米。水深 10—14 米（黄海基准面），底质为泥沙，为候潮船舶锚地。

1. 1. 2. 1 －2 鸭窝沙锚地，该锚地位于长江口 17 灯浮（31°17′03″N、121°49′30″E），31°17′42. 5″N″、121°49′55″E，横南灯浮，31°18′54. 5″N、121°47′05″E，31°18′48″N、121°46′39″E，17 －1 灯浮（31°18′31″N、121°46′27″E），七点联线水域……”①

由此可见，我国海洋功能区划的各项标准规范还有待统一完善，以保证全国和地方各级海洋功能区划各项成果的统一性，避免行政管理上的矛盾冲突。

二　完善海洋管理信息系统

随着信息技术的飞速发展，数字地球的观念深入人心，各发达国家竞相投入巨大的人力、财力进行开发和研究。数字地球基础平台是多维、多种分辨率，能嵌入巨大数量的地理数据、属性数据和多媒体数据等。构成数字地球的数据的基石是可以具有空间信息属性的空间数据库，数字海洋则是数字地球的重要组成部分。海洋信息有明显的空间信息特点和多用途的服务对象。利用数据库和地理信息系统（GIS）技术建立空间数据库是解决这一问题的重要途径之一。健全的海洋基础科学数据库及其信息管理系统可以迅速准确地对某一海域的资源开发、利用和管理、环境监测与保护、油气生产宏观调控及港口建设等提供基础数据，为各种方案的分析比较和重大战略决策提供信息服务。其信息具有类型多、数据量大、来源多、获取代价大等特点。

① 《上海市海洋功能区划》第五章第 4 部分 1. 1. 2 海上航运区中的 1. 1. 2. 1 －1 长江口锚地的规定。

在我国，各相关单位在我国海域和大洋海域相继开展了多次大规模的海洋调查研究工作，积累了丰富的资料。随着以信息化技术为代表的高新技术的应用，使海洋研究数据呈指数规律爆炸性增长。海洋学是一门综合性极强的学科，涉及众多的领域，而以上每一领域又包括了众多的研究方向和研究手段，在海洋科学研究领域中，从资料采集、数据处理到研究方式都发生了巨大的变化，如何从浩瀚的资料中快速提取所需的信息用于特定研究目的，是摆在科研人员面前的重要问题。近几年来，我们已开发的数据库系统基本上是面向事务处理的简单管理信息系统，随着海洋信息需求的日益广泛、复杂和迫切，这些传统的数据库系统存在的问题也越来越明显：一是数据系统随机性的综合信息提取功能差；二是原有数据库系统是面向事务处理而非面向分析处理的；三是原有系统难以适应研究对象对数据的要求。①

目前各研究、生产和其他相关机构基于不同的目的，已经和正在建立各种各样的海洋空间数据库，这为历史资料的查询和资料存储、更新提供了很大的方便。正在建设的海洋科学数据库包括：物理海洋基础数据库、海洋地质基础数据库、环境物理参数数据库、海洋遥感数据库、海洋生物数据库等，完成后数据量可达 400GB 以上。

三　加强立法，建立协调合作的矛盾解决机制

海洋管理的对象涉及各级海洋管理部门、涉海企业、公众、相关非政府组织，甚至包括某些与我国有海洋权益之争的沿海国家，各方力量都作为海洋管理系统中的一个要素存在，如果彼此间的矛盾冲突不能解决，那将使整个海洋管理机制无法运行。而我国有关海洋的法律大都是单行法，许多法规是由开发利用该资源的部门制定，只规范海洋管理中的某一方面的行为。由于部门行业利益不

---

① 栾振东、阎军、代亮等：《海洋基础科学数据库及其信息管理系统的建立》，《科学数据库与信息技术论文集》，2004 年。

同，这难免会带上部门利益的因素和痕迹，缺乏海洋环境整体协同性的考虑，致使有的法规不协调、不系统。这些缺乏协调性和系统性的法规组合不能有效解决有关各海洋产业和开发利用海洋活动的矛盾问题，难以达到合理开发利用海洋资源、使各海洋产业协调发展和良性互动的目的。

1. 海洋管理中的矛盾冲突

任何矛盾冲突都与人的利益有关，说到底就是利益冲突。海洋资源的巨大价值使人们竞相争取资源的所有权或使用权。但是，自然资源是有限的，由此必然会导致自然资源利用中的矛盾发生，开发利用资源的矛盾在不同层次上都会出现。海洋管理中的矛盾主要表现在：

（1）我国与相关沿海国家之间的矛盾。《联合国海洋法公约》生效以后，沿海国的国土构成发生了巨大的变化，国家管辖范围扩大，但这同时也意味着国与国之间矛盾的加剧。我国的管辖海域面积有 300 万平方千米，但有近半数属于有争议的海域。沿海几大海域都面临着与邻国的权益之争问题。

（2）涉海各行业之间的矛盾。我国的海洋管理体制主要实行的是以行业部门管理为主的管理模式。按照这一管理模式，主要涉海产业的部门分工是：海洋渔业资源及其开发由国家和各级政府的水产部门管理；海洋运输和海上交通安全由交通部门及所属的海事部门管理；海上油气资源的勘探开发由石油部门管理；海盐业由轻工业部门管理；滨海旅游由旅游部门管理。大多数国家的涉海开发管理部门都在 15—25 个，我国的涉海部门也有 20 多个，各个部门分别制订用海计划和工作方案，相互之间会形成多种矛盾冲突。

（3）中央政府和地方政府在海洋管理中的矛盾。中央政府和地方政府都是海洋管理的主体，在根本利益上是一致的。但由于现实海洋问题的复杂性，使中央政府和地方政府在海域管理范围及其事权划分等方面存在诸多相冲突的矛盾。

（4）海洋综合管理部门与行业管理部门的矛盾。目前我国海洋管理实行的是统一管理与分部门分级管理相结合的体制，国家海洋局代表国家对全国海域实施综合管理，沿海省（自治区、直辖市）、市、县（市）分别都成立了地方海洋管理机构，基本形成了中央与地方相结合、自上而下的海洋综合管理体系。海洋综合管理部门承担的管理职能，要求它应该具有一定的权威性，具备宏观调控能力和组织、指挥能力。但从我国的实际情况看，由于国家海洋局隶属于国土资源部，行政级别层次不高，而涉海各行业管理部门由于其管辖的事务具有鲜明的行业特征，需要专业性的具体管理知识和技术，因而有可能对进行宏观管理的海洋综合管理机构不予重视，使海洋综合管理部门难以负担起国家赋予的综合管理职责。

（5）海洋管理部门与涉海企业的矛盾。许多涉海企业往往都是从自身利益出发，它们更关心更追求自身经济利益的最大化，而经常忽视全局利益和社会效益。海洋管理部门作为公众利益的代表，关注的是全局利益和社会效益。价值目标的不一致，使海洋管理部门与涉海企业在海洋管理中往往容易成为对立的两极，长时期处于管与被管的矛盾之中。

2. 协调与合作是解决海洋管理矛盾的根本途径

协调合作机制既可以是一种决策机制，也可以是一种争端解决机制。作为一种决策机制，其基本功能就是让与海洋管理部门决策有利害关系的各方参与政府决策，给利害相关方提供一种了解对方利益、主张自身利益的机会，使它们在一种信息基本对称的条件下进行博弈，以实现各方利益的平衡。作为争端解决机制，其基本功能就是在现实中已然发生既不宜通过诉讼机制解决，也不宜经由行政命令消解的行政垄断的情况下，为发生利益冲突的各方提供一种制度化的对话通道，即通过对话或通过相关机构的调解达到消解冲突的目的。由于海洋管理中的矛盾冲突主要发生在涉海组织之间，因此，探寻组织间冲突的协调解决形式具有重要意义。从总体来看，涉海组织间解决冲突的协调类型主要有两种：

（1）水平协调。水平协调是指涉海组织间水平方向上的合作，主要方式包括：一是利益相关的涉海组织通过协商达成协议，以明确相互间的边界；二是在共同参与的领域，成立诸如机构间海洋事务委员会这样的组织进行协调，推动合作；三是根据组织领导准则，指定某个机构来协调特定范围内所有涉海组织的活动；四是建立一定的决策程序，使利益相关组织都有机会对其中任何组织的提议进行审议。由于水平方向上的涉海组织，往往处于同级位置，具有同样的管辖权限，因此，在重大问题协商时彼此不会轻易做出让步，这使水平协调无法克服所有的涉海组织的冲突。

（2）垂直协调。垂直协调不同于水平协调，它依靠组织的等级权威来完成协调，是上级对下级组织的冲突进行的协调，这种协调带有某种强制性。通常，水平协调无法解决的冲突都会自动地交给相关组织的共同上级来进行垂直协调。但是，垂直协调也有局限性，当同一水平层次上的组织数量众多时，冲突的范围将超出上级的仲裁能力，并且，每个组织与它们共同上级的沟通将大大减少，冲突的问题也会变得严重而由此增加了解决的困难。因此，在实际的海洋管理实践中，要使涉海组织间的冲突得到有效解决，需要水平协调与垂直协调的有机结合。

3. 协调与合作机制能够解决海洋管理中的各种矛盾

我国与相关沿海国家之间的矛盾、涉海各行业之间的矛盾适用水平协调；中央政府和地方政府在海洋管理中的矛盾适用垂直协调，同级政府适用水平协调，这已经在《海洋功能区划管理规定》中得以体现；海洋综合管理部门与行业管理部门的矛盾就目前我国海洋管理体制来看适用水平协调，而就我国海洋管理体制改革方向来看将适用垂直协调；而海洋管理部门与涉海企业的矛盾则适用协调与合作的决策机制。虽然目前我们还不能针对海洋使用管理中的各种具体的矛盾冲突制定出相应的具体的可依据的法律法规，但是，我们可以在现在的法律制定和修改过程中，逐渐体现协调与合作的矛盾解决机制。

四　扩大公民参与海洋管理的途径，完善公民参与机制

随着社会治理理论的兴起、市场经济条件下多元化利益格局的形成、社会主义民主进程的不断拓展和深化，社会公众参与海洋管理并成为海洋政策主体越来越具有必然性和可能性。根据“政策主体一般可以界定为直接或间接参与政策制定、执行、监控、评估的个人、团体和组织”的观点，社会公众也应该是海洋政策的主体。治理是一个上下互动的过程，主要通过合作、协商、伙伴关系、确认认同和公共目标等方式实施对公共事务的管理，其实质在于建立市场原则、公益原则和认同原则。海洋管理属于公共治理的范畴，海洋政策是海洋管理的重要方式，因此，除了国家组织和私人企业，包括事业单位、社会团体、各种社会中介组织、自愿组织在内的第三部门理应参与并影响海洋政策的制定和执行。此外，民间涉海相关组织和个人为了实现和维护其合法海洋权益，必然要求影响海洋政策的制定过程，并以特定方式参与政策的执行、监督。既然海洋政策的主体也包括社会公众，因此，海洋政策能否产生好的效果，除了取决于海洋政策制定的科学性和海洋行政机关的执行力度外，公众的支持程度也是重要因素。而提高公众支持度的一条重要途径就是扩大深化公民参与机制。因此，《海洋功能区划管理规定》第一章第6条才会规定：“编制和修改海洋功能区划应当建立公众参与、科学决策的机制。”

公民参与机制应该贯穿于制度的制定、制度的执行、制度的监控和制度的评估全过程之中，简单来说，也就是参与制定，监督执行。就海洋功能区划制度来看，根据《海洋功能区划管理规定》的规定，海洋功能区划的编制和修改都必须采取公示、征询等方式，充分听取用海单位和社会公众的意见，对有关意见采纳结果应当公布，如果这些规定能切实落到实处，公民参与制定就可以说基本得到了实现。而在海洋功能区划实施中仅规定了“各级海洋行政主管部门依据查询申请给予海域使用申请人、利益相关人查询经批准的海洋功能区划。查询内容包括海洋功能区划文本、登记表和图件。

不能当场查询的，应在5日内提供查询”。[1] 查询人限定为海域使用申请人和利益相关人，且必须要申请才可查询。在这里显然没有涉及公民参与监督执行的情况，这便与前面的规定自相矛盾。

实际上公民参与海洋功能区划监督的优势是明显和很大的。一是有助于增强公民海洋价值意识，促进海洋管理制度建设和落实；二是整个社会公众具有比海洋管理部门更丰富的人力、财力资源，有助于扩大监督范围，节省国家资源；三是公民监督与政府监督相辅相成，有助于完善我国海洋管理监督机制。以笔者为例，虽然笔者本人既没技术，又没财力，不具备监督海底矿产资源开采、海洋能源开发等方面用海活动的能力，但是，作为一名普通的青岛市民，可以监督青岛石老人旅游度假区[2]的使用及环境状况。但就实际情况来看，在有些地区连海洋功能区划的公示工作都做得不尽如人意。例如，国家海洋局主办的海洋功能区划网收录的各级海洋功能区划不全面、不及时，市、县级的更是稀少，而且当点击查看省级海洋功能区划时提示浏览人没有权限，有些问题通过电子邮件询问要么回复不及时，要么干脆不回复。虽然可以通过其他途径查询到地方各级海洋功能区划的内容，但是，作为海洋功能区划主管部门所办的网站竟不提供海洋功能区划信息，确实是不应该的。

五　明确违法责任，强化海洋功能区划的法律约束力

制度的建立是为人类活动划定界限并强加给人类的活动。制度约束人的行为有两种方式：一种是通过意识形态说明，人们自我监督；另一种则是借助外部权威强制执行。所谓强制执行的行为包括对应该做什么，不应该做什么做出规定，及明确做了不应该做的应承担的后果，而法律正是这种行为的具体表现。

就我国海洋功能区划法律制度来说，对于应该做什么，不应该做什么，法律已基本做出规定，而对于违反海洋功能区划的违法责

---

① 《海洋功能区划管理规定》第六章第32条。

② 青岛石老人旅游度假区是我国沿海16个重点滨海旅游度假区之一。

任及处罚，目前只有两个原则性规定，即《海洋功能区划管理规定》第五章第30条的规定："各级海洋行政主管部门应加强海洋功能区的监视监测，防止擅自改变海域用途。对于擅自改变海域用途的，按照《海域法》第七章第46条的规定处罚。对于不按海洋功能区划批准使用海域的，按照《海域法》第七章第43条的规定处罚。"由此来看，违法责任有两个方面：一是对于海域使用人擅自改变海域用途的，按照《海域法》第七章第46条的规定处罚："责令限期改正，没收违法所得"；"对拒不改正的，由颁发海域使用权证书的人民政府注销海域使用权证书，收回海域使用权"。这些处罚措施应该说是比较妥当的。而对"并处非法改变海域用途的期间内该海域面积应缴纳的海域使用金五倍以上十五倍以下的罚款"这一规定就比较模糊，海域使用金的缴纳数额一般较高，五倍和十五倍的数额更是天差地别。那么，在什么情况下应该处五倍？在什么情况下应该处十五倍？《海洋功能区划管理规定》却没有明确规定。因此，笔者认为应该视海域使用人擅自改变海域用途后对海洋环境、国家经济等所造成的损害情况做具体规定。例如，若擅自改变海域用途的行为未对海洋造成损害的处五倍罚款，已经造成损害的，视损害程度处五倍以上十五倍以下罚款，损害严重的甚至可以追究刑事责任。二是对于无权批准使用海域的单位非法批准使用海域的，超越批准权限非法批准使用海域的，或者不按海洋功能区划批准使用海域的，按照《海域法》第七章第43条规定处罚："批准文件无效，收回非法使用的海域；对非法批准使用海域的直接负责的主管人员和其他直接责任人员，依法给予行政处分"。"批准文件无效，收回非法使用的海域"这样的处罚规定毫无意义，而且对于主管人员和直接责任人员的处罚是依法给予行政处分，这里存在两个问题：一是依法依的什么法给予行政处罚？二是什么样的行为应当给予什么样的处分？不按海洋功能区划批准使用海域的行为只有一个，但其结果却不一定是一个。如将增殖区批成养殖区的行为与将养殖区批成排污区的行为相比，两者所产生的后果截然不同。因此，也应该视损害情况给予处分，未造成损害的给予一般行政处分，损害严重的追究刑事责任等。再说行政处罚应是依规依纪依制给予而不是依法给予。

由上可见，我国的海洋功能区划法律制度的建设迫切需要明确违法责任，细化罚则，切实使涉海人员进一步明确在海洋使用管理中应该做什么，不应该做什么，以增强法律意识和观念，强化海洋功能区划的法律约束力。

第六章　海洋功能区划与海域使用论证

海洋功能区划与海域使用论证的目的是一致的，都是为了加强海洋综合管理、合理使用、有序开发海域资源，维护海洋生态环境的持续良好，促进沿海地区经济持续快速增长，形成合理的产业结构和生产力布局，以获得最佳的社会、经济、环境、生态效益，实现海洋经济的可持续发展。

在海洋功能区划实施以后，为什么还要实施海域使用论证制度？这是因为，我国海洋功能区划从1988年首次提出海洋功能区划制度的逐步建立和完善，历经近30年的实践证明，确实起到了规范海洋开发利用和保护，协调各涉海行业部门之间关系的作用。但是，自海洋功能区划实施以来，由于种种原因，海洋环境质量在某些方面一定程度上日趋恶化，我国的海洋功能区划本身还存在一些不尽如人意的地方，海洋功能区划在实施中没有完全发挥出应有的作用等。

第一节　海域使用论证的必要性

科学论证是海洋功能区划编制的基础。海洋功能区划的编制过程，是对各个具体海域的客观自然属性及社会功能价值的论证和揭示，其编制水平的高低直接决定了海洋开发和利用活动的合理性、科学性、可行性的高低。而在海洋功能区划编制的过程中由于论证不充分等种种原因使海洋功能区划在某些方面失去了科学性和可操作性，导致海洋功能区划在实施过程中出现了各种各样的问题。

一　部分海洋功能区的划定过于超前

前瞻性原则是进行海洋功能区划工作的原则之一，其含义是在客观展望未来科学技术与社会经济发展水平的基础上，充分体现对海洋开发与保护的前瞻意识，应为提高海洋开发利用的技术层次和综合效益留有余地。而不是脱离现有的开发利用现状，只注重自然属性或者只注重社会属性，这同时也违背了海洋功能区划工作的自然属性和社会属性相兼顾的原则。

有些地区的海洋功能区划编制工作受“长官意志”影响太大，尤其是某些新上任的政府领导对海洋开发利用工作时常出点新点子、搞点新思路，对编制成形甚至成熟的海洋功能区划仅凭长官意志，不依科学的论证结论为依据，随意改来改去，甚至改得面目全非。例如，沿海某县是财政部和国家海洋局确定的养殖用海海域使用管理示范县，但是，该县海洋功能区划编制完成后，县政府要求取消示范县资格，原因是因为该县毗邻海域已全部划为港口航运区和填海造地区，原有的养殖区功能被改变，新的功能区可能几十年后才能发挥其功能，见到其成效，因此，原有的合法养殖用海者一夜之间变成了非法养殖用海者。

二　海洋功能区划批准颁发实施后频繁修改

海洋功能区划一经批准就成为约束用海活动的法律规范，不得随意修改，而实际上并非如此。有的技术承担单位思想上对论证工作认识不到位，行动上敷衍了事，不经过实际调查勘验，不经过充分而周密的论证，不做艰苦细致的工作，只是根据以往收集到的资料作为论证的依据，轻率作出结论，误导有关部门编制的海洋功能区划存在诸多瑕疵。例如，沿海某省上报的海洋功能区划经国务院批准下发后仅 3 天，该省人民政府就提出修改方案。沿海某计划单列市海洋功能区划报上级审核期间就提出 17 处修改。少数国家和地方的重大建设项目，只要与海洋功能区划不符或不相一致的，用海单位不向海洋部门提出重新选址建议，而是提出修改海洋功能区划的建议。当然也有由于海洋功能区划在编制过程中缺乏足够的论证，导致其在某些方面编制水平不够高的问题。

三　经批准的海洋功能区划未得到严格实施

个别地方存在不严格按照批准的海洋功能区划使用海域，不把执行海洋功能区划当回事，而是把海洋功能区划视为可有可无，有的地方政府仅仅是根据自己的需要，不论证而是仅凭想象，随意调整海洋功能区划，如将港口航运区擅自修改为填海造地区，将围海养殖区擅自调整为农业填海造地区。有的地方政府在编制海洋功能区划时，把大量功能区确定为保留区，还有负责海洋功能区划编制的部门因为缺乏广泛的论证，使收集的海洋功能区划编制所必需的资料不全面，甚至有些资料不准确，使刚批准的海洋功能区划就存在先天不足，助长了用海单位或部门用海的随意性。

四　随意突破海洋功能区划确定的功能区范围

由于地方保护主义作祟，随意突破海洋功能区划范围。如某县政府在将管辖海域的海洋功能区划上报省政府审批过程中，省政府有关职能部门调研审核时该县政府不仅不从自身找问题，反而强调自己的海洋功能区划如何从实际出发，如何论证充分，如何符合实际，而要求省政府修改省级海洋功能区划。有的为此而干脆拖延不报批，有的在上级审批或审核它们的海域建设项目时还美其名曰是经过专家反复论证的符合本地区实际的海洋功能区划，还有一些由于行政权属不明而导致海洋功能区权属空白或者重叠等问题。

五　实际管理中有关行业规划无度扩大自己的范围

由于我国各涉海管理部门依据有关涉及各自部门的单行法律法规所赋予的权限进行执法管理，根据各自发展需要编制和实施海洋开发规划，相互之间缺乏协调和论证机制，甚至不作任何论证，只凭主观意志，这种状况很容易造成海域开发秩序混乱、局部海域用海矛盾突出以及人力、财力的浪费等问题。尤其是扩大占用海岸线这一稀缺资源的范围，渔业部门认为，“有海水的地方，就是养鱼的地方”；交通部门认为“只要是深水岸线就应划定为港口区、航运区，即使不是深水岸线创造条件也要划为港口区”；更有甚者，有的企业不按海洋功能区划确定的功能使用海域，随意超面积填海造地，先下手为强，造成既成事实，然后以填海造地无法恢复原状为由等待处罚了事。

第二节　海洋管理制度存在的问题与成因

前面所列举的问题，实际上它们多属于有关涉海部门和涉海人员对编制、实施、修改海洋功能区划论证工作的重要性认识不足、重视不够所表现出来的现象问题，透过这些现象看本质，即为什么会存在这样那样的种种现象？笔者认为，其根本原因需要从我国的海洋管理制度去探讨研究。

一　非正式制度的因素

海洋管理非正式制度的核心内容就是海洋意识。由于我国本是农业大国，农民占了全国人口的80%以上，加上历史上又是以农为本，全民自上而下的海洋意识比较淡薄。小农自然经济生长下的农耕意识和内敛保守的观念形态制约了人们的行为，内向守旧的视野，使民族发展的方向长期偏离了海洋。尽管当今国人的海洋意识有了很大提高，但仍未把海洋意识上升为一种能够影响行为选择的价值尺度和思维模式。即使在今天，很多人仍然固守着封闭的大陆意识，没有从观念上改变对海洋的认识，没有从心理上感受到海洋的分量。在人们的思维中，缺乏海洋国土意识，对海洋国土的战略地位更是认识不清；对海洋的价值认识不全面，没有充分认识到海洋对于当今人类生存发展的特殊重要意义和战略意义，仍然把海洋看作可以无偿使用的公共物品，可以自由获取其资源，可以任意改变海洋的生态环境，可以任意往海里倾倒废弃物的场所等。在这样一种文化背景、观念形态下，必然影响到海洋管理的制度构建、制度实施等一系列制度建设和实施活动，从而直接影响到我国海洋事业的发展。

近年来，经过政府和社会各界广泛而大力的宣传教育，公众的海洋意识明显提高，海洋国土的观念已开始被公众所接受；对海洋重要的战略价值、资源价值的认识有所提高；海洋环境保护、海洋权益保护的意识有所加强。这是海洋功能区划得以产生和发展并得到有效实施的思想基础。但是，海洋管理的非正式制度还存在着许多缺陷，正因为这些缺陷尤其是海洋意识依旧薄弱，使得海洋功能区划从编制到实施出现了诸多问题，尽管其中有些问题可能是受限于技术水平或者财力水平而产生和存在的。

在前面提到过海洋功能区划与海洋开发规划关系的问题，尽管从海洋功能区划的理论上看已经解决了这一问题，但在海洋功能区划的具体实施上仍旧存在这一问题，其根本原因在于人们对海洋功能区划的重要地位认识不到位，对海洋功能区划是源于海洋开发规划而来，但海洋功能区划的地位远远高于开发规划的认识却是很多人始终没有弄明白的问题。因此，虽然理论上明知海洋功能区划与海洋开发规划的关系既是有区别的，也是统一的，后者和前者还是从属的，但在实践中大家往往不以为然。

二　正式制度的因素

自20世纪80年代以来，我国涉海事务日益增多，相关法律法规和政策陆续出台，在一定程度上改变了海洋制度建设薄弱的问题。以加入和签署《联合国海洋法公约》为标志，已经成为我国制定和建立有关海洋法律、法规体系的基础。

根据我国的具体国情，相继制定并颁布实施了支撑多个海洋法制体系中的各类规章。一是海洋资源管理类，包括《海域法》及附属法规和规章，确立了海洋功能区划、海域权属管理、海域有偿使用三项基本制度；二是海洋环境保护类，包括《海洋环保法》及其附属法规和规章、《海洋倾废管理条例》《海洋石油勘探开发环境保护条例》《海洋自然保护区管理办法》等；三是涉外海洋活动管理类，包括《涉外海洋科学研究管理规定》《铺设海底电缆管道管理规定》等；四是国家基本行政处罚类，包括《行政处罚条例》《海洋行政处罚实施办法》等。这些法律、法规的制定和颁布实施为我国的海域使用管理、海洋环境保护提供了法律、法规依据，初步建立起了我国的海洋法律、法规体系。

与主要沿海国家相比，我国的海洋管理制度建设还比较落后，还存在诸多问题。一是海洋法律体系还不健全，还没有制定出与《联合国海洋法公约》相衔接的国内法律体系，特别是海洋的基本法还很不完备，一些海洋领域如海岸带还没有立法，一些法律、法规缺乏相应的配套规则。二是我国的海洋管理法律特别是政策多为部门制度，部门利益突出，缺少综合性和统一性。同时，我国海洋制度的有些规定虽然比较相近，但因管理体制等原因，在落实过程中实际执行效果距离立法目标相去甚远。三是虽然我国先后颁布实施了《中国海洋21世纪议程》《全国海洋经济发展规划纲要》等具有海洋战略性质的文件，国家也不断加大对海洋调查勘验和海洋管理的力度，但从整体上看，已经制定和实施的某些规划或战略仅是部门性的、区域性的或事务性的，有些只能称为战略原则。这些问题反映到海洋功能区划制度上就导致了虽然有相关法律、法规，但大多是原则性内容，可操作性不强，管理部门之间、行业部门之间以及管理部门与行业部门之间产生矛盾时，没有能够为之遵循的有效解决矛盾的法律依据，海洋功能区划制度也不能有效发挥预期的作用。

三　运行机制的因素

海洋管理的运行机制主要是指海洋管理制度的运行机制，其中，海洋管理体制是核心内容。目前，我国海洋管理实行的是统一管理与部门管理相结合的分散管理的体制形式。国家海洋局是管理海洋事务的职能部门，代表国家对全国海域实施管理。由于海洋开发利用涉及多个部门，因而行业管理一直作为我国海洋管理制度中的一个重要组成部分，发挥着重要的作用。

《中国海洋21世纪议程》中指出“综合管理与行业管理有相辅相成的作用，都是海洋管理体系不可缺少的组成部分，而且不能相互代替。”目前，我国的主要涉海行业管理部门包括：渔业、矿产、交通、海事、环保、外交、科研等部门，行业化的海洋管理，对于组织海洋特定资源的勘探和开发利用活动、提高专业管理的水平有积极意义。但这种分散型行业管理体制存在的问题也是显而易见的：一是条块分割各项海洋管理职能和职责的分散、交叉与重叠，导致管理成本增加且效率降低，如在海洋工程环境评价管理工作中，存在着海洋部门和环保部门"一事两管""一事多管"的问题；二是各行业主管部门容易只考虑本行业存在的管理问题，造成海洋管理其他目标的丢失，突出的表现就是个别生产性行业对海洋环境污染的轻视，存在着各行业主管部门"一事无管"或"诸事无管"的问题；三是海洋执法队伍不统一，执法力量分散于海监、渔政、港监等多个部门，这种执法格局大大削弱了海洋管理能力，使海洋管理职能部门难以履行好国家赋予的海洋协调管理职责；四是国家海洋局管理部门行政级别偏低，又没有海洋综合性的基本法律制度支撑，无法满足海洋管理的统一和协调保障。

第三节　海洋功能区划的技术保障——海域使用论证

一　海域使用论证的概念

《海域法》要求在中华人民共和国内水、领海使用特定海域 3 个月以上的排他性用海活动，在向政府海洋行政主管部门申请使用海域时必须出具海域使用论证材料。[①] 对在中华人民共和国内水、领海使用特定海域不足 3 个月，但可能对国防安全、海上交通安全和其他用海活动造成重大影响的排他性用海活动，也应进行相应的海域使用论证。[②] 我国 2006 年制定的《海域使用权管理规定》也明

① 《海域法》第一章第 2 条，第三章第 16 条。

② 《海域法》第八章第 52 条。

确规定了“使用海域应当依法进行海域使用论证”。①

海域使用论证是指：“通过科学的调查、调研、计算、分析、预测、风险评估等，对开发、利用海域进行用海可行性分析并给出相应的书面材料，以达到科学用海、规范管理和可持续用海的目的。开展海域使用论证工作必须由具备一定海洋科学知识的专业人员，运用规范要求的仪器设备，获取海洋水文、海洋地质、海洋化学、海洋生物等环境资料和海洋资源开发利用现状信息，在充分掌握上述自然特征的基础上，对用海者提出的使用方案进行科学分析、评价和预测，为审批决策提供依据”。②

二　海洋功能区划与海域使用论证的关系

海洋功能区划和海域使用论证的目的是一致的，都是为了加强海洋综合管理、合理使用、有序开发海域资源，维护海洋生态环境的持续良好，促进沿海地区经济持续快速增长，形成合理的产业结构和生产力布局，以获得最佳的社会、经济、环境、生态效益，实现海洋经济的可持续发展。其区别在于，各种用途的海域使用都要以符合海洋功能区划为前提。但海洋功能区划确定的主要是海域的功能，即最佳的利用方法，原则上它并不明确具体的用海项目，对于有意在功能区内进行开发的项目用海，海洋功能区划本身除了约束其用海类型外，在很多方面没有明确的要求。因此，就需要海域使用论证对具体用海项目进行分析、评价和预测，以确定其是否符合海洋功能区划。

1. 海域使用论证必须以海洋功能区划为前提

在用海项目的可行性研究阶段，应征求海洋行政主管部门的意见。海洋行政主管部门对照各级海洋功能区划，对项目用海是否符合海洋功能区划进行预审。审查的主要内容包括：

（1）用海项目的选址是否符合各级海洋功能区划的要求，并协

---

① 《海域使用权管理规定》第二章第6条。

② 苗丰民、杨新梅、于永海：《海域使用论证技术研究与实践》，海洋出版社2007年版。

助用海单位做好项目的初步选址工作。这是整个海洋功能区划审查把关的核心，选址如果出了差错，其他都无从谈起。

（2）综合性用海项目的主要用途是否符合海洋功能区划主导功能的要求。

（3）兼容性项目的用海时间长短与主导功能的开发利用是否存在矛盾。

实际上，项目用海性质与海洋功能区划所确定的主导功能间存在着复杂的对应关系。海洋行政主管部门在对照海洋功能区划审查项目用海时，包括以下几种情况：

①项目用海符合海洋功能区划的主导功能；

②项目用海与主导功能隐含一致；

③海洋功能区划未规定，但具体分析后可以一致；

④用海项目与海洋功能区划有较大矛盾。

对于项目用海符合海洋功能区划的主导功能这一情况，有时比较好判断，如海洋功能区为保护区、渔业资源利用和养护区、海洋能利用区、旅游区、海水资源利用区，若用海项目符合该功能，则可以直接批准；若是港口航运区、填海造地区等，用海项目符合主导功能，但符合程度却难以判断，因为目前由于科学技术等原因，海洋功能区划中并没有对某一具体功能给出特别具体的指标，并且功能区也很难有具体的坐标，再加上我国幅员辽阔，资源差异大，海洋功能区划实行分级管理，省级海洋功能区划主要确定全省海域功能、海域使用论证的理论与实践研究区的开发和保护重点，提出开发利用与保护的主要目标，并将全国海洋功能区划确定的开发利用重点和重点海域的功能落实到具体海域。市、县（市）级海洋功能区划则依据省级海洋功能区划确定的目标和地方国民经济和社会发展需求，确定相对详细的海洋功能区，提出海洋功能区开发和保护的设想，并会同有关单位组织实施。但全国各区的海洋功能区划分标准基本上是一致的，国家审批重大项目时如果采用同一标准，必然会与实际产生矛盾的结果。例如，根据海洋功能区划，划定某一岸段适宜建3万—10万吨级码头，由于经济原因，企业只能建2万吨级码头而不是在3万—10万吨级码头范围内；又如深水岸线、滩涂资源在我国不同的地区资源禀赋差异较大，南方的滩涂资源丰富，有利于围涂造地缓解土地紧张的矛盾，但是，具体滩面多高、滩涂多宽才适宜围垦？此时也需要进行海域使用论证，对资源的利用程度进行分析，以充分合理利用海洋资源，保障海洋经济的可持续发展。

对于项目用海与主导功能隐含一致这一情况，海洋功能区划虽未规定，但具体分析后可以一致；用海项目与海洋功能区划有较大矛盾等情况，海洋行政主管部门难以判断。对此，一般应由各级政府组织，海洋行政主管部门牵头，各有关部门参与，但大量的基础性工作基本上应当委托具有一定资质的技术机构来完成，海洋行政主管部门及各有关部门主要是对海洋功能区划起全局把关的作用。由此，对于上述较复杂的技术问题，也需要根据中介部门的海域使用论证结果作出判断。

在海域使用论证中，对于项目用海与主导功能隐含一致，可以通过分析，讲清隐含；对于海洋功能区划虽未规定，但具体分析后可以一致的情况，海洋功能区划之所以列入，主要原因可能是编制区划时对资源的认识不足，或对社会需求的认识不足，但通过分析后得出符合主导功能的结论，海域使用论证应建议修改海洋功能区划；对于用海项目与海洋功能区划有较大矛盾的情况，海域使用论证中应根据项目建设的必要性、重要程度，做出修改海洋功能区划的建议或否定该项目。对于需要修改海洋功能区划的必须要符合《海洋功能区划管理规定》的要求“通过评估工作，在局部海域确有必要修改海洋功能区划的，由海洋行政主管部门会同同级有关部门提出修改方案。属于重大修改的，应当向社会公示，广泛征求意见。”① 修改方案经同级人民政府审核同意后，报有批准权的人民政府批准。属于重大修改的，有批准权人民政府海洋行政主管部门应

① 《海洋功能区划管理规定》第四章第24条第1款。

当对修改方案进行论证和评审，作为批准修改方案的重要依据，[①]“修改方案经批准后，本级人民政府应将修改的条文内容向社会公布。涉及下一级海洋功能区划修改的，根据批准文件修改下一级海洋功能区划，并报省级海洋行政主管部门备案。”[②]

2. 海域使用论证有利于缓和海洋功能区中不同用海者之间的矛盾

根据海洋功能区划的分类体系，最小的单元为海洋功能区，不可能具体到特别的用海项目。不同的用海单位，在使用相邻海域且主导功能为同一海洋功能区时，相互之间不可避免会产生矛盾，如在港口区中，由于码头的建设，可能引起相邻的码头水域动力条件发生改变，进而引起海床的冲淤调整，对相邻码头的功能产生影响，或者因为码头的建设，使公共航道超过其最大通船能力；又如同属港口区中，不同性质的码头（集装箱、散货、危险品）也不能布置在同一海域，相互之间应该有一定的安全距离。诸如此类问题，都需要通过海城使用论证来界定利益相关者的关系，以及应该采取的协调措施。

3. 海域使用论证能实现优势功能适时调整及解决海洋功能区划定期修编矛盾

海洋功能区划中对任何一个具体海域的功能区划分，都不可能是单一的，即使排列出功能利用的优先顺序，也只能相对地判断。如果把时间延长和国民经济与发展战略重点转移等因素考虑进来，往往可能发生优势功能在一定时间段的调整。尽管海洋功能区划可进行动态定期修订，但由于目前的大比例尺[③]海洋功能区划属于基础性工作，信息处理量和工作量巨大，不可能经常性地重复开展此项工作。《海域法》规定：“海洋功能区划的修改，由原编制机关会同有关部门提出修改方案，报原批准机关批准；未经批准，不得改

① 《海洋功能区划管理规定》第四章第 24 条第 2 款。

② 《海洋功能区划管理规定》第四章第 24 条第 3 款。

③ 大比例尺约为 1∶100000—1∶50000。

变海洋功能区划确定的海域功能。”① 该规定的基本精神是强调海洋功能区划的稳定性和严肃性，要求海洋功能区划应保持相对稳定。因此，海洋功能区划的常规修编不可能是经常性的，必然相隔一段时间，根据《海洋功能区划管理规定》的要求，“海洋功能区划期限应当与国民经济和社会发展规划相适应，不应少于五年。”② 因此，它不可能赶得上海域使用项目的经常性，这一矛盾和问题就只能通过项目的海域使用论证来加以解决。

由上可知，海洋功能区划是海洋开发、保护、管理的纲领性文件；是贯彻中央关于人口资源环境基本国策和全面实施《海域法》《海洋环保法》等法律法规的重要举措；是解决海洋开发利用战略问题的重要途径；是促进海洋合理开发与海洋环境保护的重要手段；是开展海域使用论证的科学依据和基础。而海域使用论证是通过海洋功能区划实现海洋综合管理和可持续利用的桥梁。海域使用论证除具有保证海域使用科学性的作用外，还可成为保证海域使用切实贯彻海洋功能区划的一种关键性措施和保障，对推进海洋利用方式从粗放型向集约型转变，促进海洋资源优化配置和合理利用，有效保护海洋资源和生态环境，保障海洋资源安全供应，促进海洋资源的可持续利用等都具有十分重要的意义。

三　我国海域使用论证中存在的问题

由于我国海洋经济起步较晚，海域管理制度的建设更是大大落后于海洋经济的发展，海域使用论证作为海域管理制度之一，还存在着一定的问题，概括起来主要有以下几个方面：

（1）论证报告结论同实际情况有出入。海域使用论证的现行操作模式包括“海域使用论证—专家组评审论证报告—海洋主管部门审批”三个环节。从实际情况看，三个环节都有失误的可能性。任何一个环节发现问题，论证报告都应该进行调整甚至对其否决。海

① 《海域法》第二章第13条。

② 《海洋功能区划管理规定》第二章第11条。

域使用论证本身就包含可行与不可行两种结论，而提交审批的大多数报告所给出的结论几乎都是肯定的、可行的。实际上多数海域使用论证评审会，无论海域使用论证报告的质量优劣如何，进行评审的专家只是象征性地提出几个问题，或是提出几条修改意见，基本上都可以通过，而实际的用海活动不可能都是合理的。

（2）论证报告评审要求不严格。海洋行政主管部门限于专业知识和职能分工的原因，审批往往从形式上、程序上加以要求，例如，审查编制海域使用论证单位是否具备相应资质，报告是否包括要求的内容，参与论证的专家是否在专家库名单中等，往往流于形式，更有甚者并不审查。这实际上就更难对报告的内容是否客观、真实等因素进行审查了。

（3）部分用海活动与海域使用论证同步。海域使用论证通过分析项目用海是否必要，海洋资源、环境条件能否满足用海要求，项目用海是否符合海洋功能区划，是否与区域海洋开发规划及产业布局一致，是否影响周边海洋资源的开发利用，与相关利益者是否协调，用海面积和期限是否合理等问题来引导海洋产业的合理布局，否决综合效益差、资源环境影响大的项目。然而，从全国各地海洋执法检查的情况来看，“边申请、边审批、边施工”的“三边工程”现象在全国范围内仍然不同程度地存在。

中国海监2007年共查处涉海违法案件2000件，处罚总额1.8亿元人民币。在发现的违法用海行为中，非法占用海域居首位，高达83%。2006年，浙江省台州市健跳港某造船有限公司在当地投资开发了一个用海项目，该项目经当地县计委立项批准。但中国海监浙江省总队发现，此项工程当事人在未依法取得海域使用权的情况下，擅自从事造船基地填海活动，违法填海面积达41亩。执法部门事后调查还发现，由于该项目是当地县里的重点引资工程，有关部门“大包大揽”，采取了一些行政命令和行政干预的手段，从而导致了违法行为的产生。尽管之前当地海洋行政管理部门曾向当事人指出应申办海域使用手续，取得海域使用权后方可填海，当事人也表示愿意办证，且在工程初始阶段就提出了用海申请，但因项目未做海洋环评以及个别人的庇护，当事人一直未取得海域使用权证。由此可以看到海域使用已经成为一个新的热点和焦点，大型用海项目明显增多，非法填海圈地现象日益突出。从用海者的“背景”来看，有的是政府下属部门，有的和行政海洋管理部门有着千丝万缕的联系，有的是当地知名企业或“龙头”企业，还有一些地方为了更好地招商引资，以创造各种“有利”的投资环境为名，对部分海域使用工程开绿灯，特事特办，允许开发商先开工后办证，从而导致大量的“三边工程”出现。“三边工程”的存在与蔓延，不仅扰乱了国家及地方海域使用管理的正常秩序，还产生了极大的负面影响，造成海域使用论证环节形同虚设，海域使用审批流于形式。同时，也造成对海洋资源和海洋生态环境的危害。海域使用论证本应起到对项目的引导和约束作用，结果变为事实上的复核作用。

四　对提高我国海域使用论证质量的几点建议

1. 加强海洋教育，提高海洋意识

涉及海域使用论证制度的所有人员，包括论证人员、评审人员、地方行政领导及用海申请者等都应当强化海洋意识，提高对海域使用论证工作重要性、科学性的深刻认识，从自身实际出发，自觉维护海域使用论证制度的实施。

对于论证单位来说，论证人员在工作中应坚持客观、公正、实事求是的科学态度，把论证质量作为首要职责，落实各项海域使用论证质量保证措施。论证单位的技术负责人应从保护海洋环境，维护海洋生态的大局出发，对论证各阶段出现的一些重要问题进行及时有效的处理，保证海域使用论证工作中各个环节的质量。论证单位内部要经常进行论证工作分析、交流、总结，将一些积极成果作为样本进行经验交流，加以推广，对论证中存在的影响质量的一些问题应及时进行整顿、修改。与此同时，论证单位还应该注意收集其他单位一些质量较高的报告和已经取得的论证成果，认真学习和汲取好的经验，以逐步提高自身的论证水平。对于参与评审的人员

来说，同样应当提高自身的海洋意识。一方面要认真学习海域使用论证中新的成果、新的技术；另一方面在评审过程中要从海洋环境保护大局出发，必须坚持客观、公正的原则。对于各级海洋管理部门来说，必须切实履行职责，依法行政，严格执法。对于用海申请者，必须通过正当的途径，按照海域使用论证的正常程序进行申请，合理合法地获得海域使用权。

2. 完善海域使用论证的相关法律法规

目前，我国对于违反海域使用论证制度的论证单位、论证人员、评审人员以及用海单位的处罚基本上没有确实可依据的专门法律。而依据其他法律法规规定，对其行为的处罚大都较轻。处罚是对可能出现的同一类行为进行的警告，而实际上我国目前对违反海域使用论证行为的处罚发挥不出其应有的警告或者震慑作用。因此，要解决这一问题，就应该对现在已有的法律法规进行修改、调整、完善，制定出明确的、适当的监督和惩罚措施。海洋行政主管部门对用海项目的管理主要依据论证单位出具的海域使用论证报告，论证单位的性质近似于律师事务所、会计师事务所等机构，其工作内容也近似律师出具见证书、会计师出具审计报告的活动。因此，论证单位必须对自己所出具的海域使用论证报告的真实性承担法律责任。对违反海域使用论证的处罚措施的修改、调整和完善可以参照《律师法》《注册会计师法》以及相关的职业道德、执业纪律来进行。对论证人员出具虚假的、不真实的报告所承担的法律责任作出明确、详细的规定。评审人员对海域使用论证的把关起着决定性的作用，对此，法律法规一方面要对他们付出智慧和辛劳所获得的待遇进行保障，激励秉公评审的人员；另一方面也要加大对不当行为的处罚力度。除此之外，法律法规也应对审批机关因官僚主义、懈怠作风、不尽职责、徇私枉法等种种行为所导致违反海域使用论证的行为所应当承担的法律责任作出相应的处罚规定。对于违反法律法规且情节严重的人员，无论是论证人员、评审人员、用海申请者还是审批者都要追究刑事责任。只有通过这种适当的处罚措施，才能使海域使用论证制度实施过程中的各级人员真正对自己的行为负责，从而保障海域使用论证制度的实施。

3. 提高科技水平，细化海域使用论证标准

海域使用论证制度是我国海洋管理的一项基本制度，是世界上少有的、具有中国特色的用海审批制度。论证过程中涉及许多学科的专业知识，技术性很强。其中，包含的内容设置及具体的要求均无前例可循，这需要在实践中不断总结、摸索，不断调整、完善。目前，指导海域使用论证工作的编写大纲，只是对海域使用论证的实施作了框架式的规定。因此，我国海洋管理部门需要编制出一整套比较完整、规范、可操作性强的实施细则。同时，有关部门应该召开有关海域使用论证经验交流研讨会，把在海域使用论证工作中碰到的实际问题和困难集中起来，通过论证工作过程中各级人员的充分交流和讨论，把能解决的问题予以及时解决。对于目前状态下解决不了的问题，例如，用海的资源效益、环境效益核算等问题，其结果许多是隐性的、难以用数字来计量，且有的是在若干年后才能发现的，这种损益本身就具有一定的特殊性，相关的损益经济分析模型在国外也还是正在研究的热点，国内则更是刚刚开始起步，没有现成的理论成果可借鉴。应该加大科技研究投入，同时，密切关注国际最新研究动态，引进和吸收世界先进的最新成果，并结合我国国情将其运用到我国的海域使用论证的实践之中，为海域使用论证的发展完善建立坚实的技术支撑体系。

4. 规范海域使用论证市场秩序

目前，我国的海域使用论证制度是由业主出资、自寻论证单位进行论证的。针对这一情况，寻求论证单位可以通过招标投标产生，也可以采取摇珠的方式产生，同时，通过海域使用金返还机制改革论证单位经费支付问题。鉴于各级海洋咨询中心作为海洋管理和决策的技术咨询机构，相对而言是比较中立的第三方机构，可以根据海域使用论证收费标准，做出论证经费预算，海域使用申请者将经费存入海洋咨询中心指定的账户，由其代为保存，由海洋咨询

中心委托有资质的单位进行论证，只要按照海域论证管理的要求开展了工作，论证方法科学合理，结论明确可信，建议可行，论证报告通过专家评审，不管报告给出的结论是可行、合理或不可行、不合理，即可付款。或者可以通过建立海域使用论证基金来支付论证经费。基金可以从以往用海项目所收的海域使用金中按比例提取，使海域使用金真正用于海洋管理，海域使用论证和评审经费直接由海洋行政主管部门从海域使用论证基金中支取，论证单位的选择和经费的支付方式也与前一种相同。这样可以使海域论证与评审专家不再受海域使用申请者的干扰和影响，从而可以避免论证单位和人员同海域使用申请者纠缠不清的关系的影响，从客观、公正、实事求是的科学角度出发，保障海洋行政主管部门审批用海的公平性、客观性，同时，这也可以解决海域使用中申请者拖欠论证费的问题，对维护论证单位的合法权益起到积极的作用。

5. 强化海域使用活动利益相关者的参与和监督

强化用海活动中的利益相关者参与和监督用海项目决策的权利是以人为本的科学发展观的要求，是我国社会主义民主建设的重要组成部分。

加强利益相关者的参与，其目的是使用海项目能够被利益相关者充分认可，在项目实施过程中不产生或尽可能少产生对于利益相关者的不利因素。利益相关者参与和监督用海项目决策的前提是信息公开、透明，这就要求论证单位在论证过程中，必须把用海工程引发的资源、环境、产业变化通过适当渠道如听证会、公示等方式传递给利益相关者，以使用海单位和利益相关者在充分交流沟通的基础上，于论证报告评审会召开以前达成利益相关者的用海协议。如果利益相关者没有充分的知情权，就不可能了解用海项目和自身利益的相关性何在，就缺乏参与监督用海项目审批程序的积极性，也没有自觉维护项目有效实施的动力。

海域使用论证制度的落实，必须依靠一套完善的监督机制来保证，包括人大及其常委会的法律监督、审判与检察机关的司法监督、人民政协与民主党派的民主监督以及人民群众的举报监督等，因此，利益相关者参与本身就是一种很好的监督方式。阳光是最好的防腐剂，充分的信息公开能使利益相关者时刻关注自身的权益，也能将建设方、论证单位、审批机关置于利益相关者的注视和监督之下，这不仅可以维护利益相关者的合法权利，而且有利于保障海域使用论证结果的真实、客观和公正，保证用海项目的顺利实施。

第七章　我国海域使用制度

海域使用是指人类根据海域的区位和资源与环境优势所开展活动对海域的占有和使用。要加强海域使用、促进海域的合理开发和可持续利用，就必须建立健全海域使用制度。

本章根据我国海域使用现状的调查，综合分析海城使用规律，总结海域使用对国民经济和社会发展的贡献，找出存在的主要问题及原因，提出针对性的意见和建议。

实践证明，我国海域使用具有类型齐全，渔业用海比重较大，海域使用空间分布不平衡等特点。另外，海域使用在促进国民经济和社会发展的同时，也存在未确权用海较多、一些用海与海洋功能区划不一致、部门和行业之间开发利用海洋资源矛盾突出、海洋开发给海洋环境带来负面影响等问题。研究这些内容以期能为海洋资源的开发利用和海域使用提供借鉴。

第一节　海域使用状况

海洋是全球生命支持系统的一个基本组成部分，也是一种有助于实现可持续发展的宝贵财富。我国毗邻的渤海、黄海、东海、南海四个海域，总面积约 472 万平方千米，其中，属于我国内海和领海的海域 37 万多平方千米。

按《联合国海洋法公约》的规定，这部分海域属于我国的海上国土，享有完全的主权权利。并且这部分海域有着丰富的滩涂、港口、土地、生物、油气、矿产、海水、旅游、海岛及海洋能资源等。它的持续开发和保护，将直接关系到我国沿海经济与社会的可持续发展，在我国国民经济建设中具有特殊的重要地位和作用。因此，管好、用好、保护好这部分海域具有极其重要的特殊意义。

一　海域使用统计分析

1. 建立海域使用统计制度

自20世纪80年代以来，我国的海洋开发一直处于高速发展期，海洋开发利用成为沿海地区的热点。海水养殖、滨海旅游、海洋油气开采、海洋工程建设和海水综合利用等新兴海洋产业发展迅速，1980—1993年海洋经济的产值年均增长28%。1998年我国的海洋经济产值已达3450亿元人民币，年增长速度仍在百分之十几以上，超过了同期国民经济平均增长速度。2010年全国海洋生产总值38439亿元，占国内生产总值的9.7%；2016年全国海洋生产总值68000亿元，仍占国内生产总值的9.6%。自《海域法》颁布实施十多年来取得了显著成效，海域使用有了法律依靠和保障，海域使用的各项工作规范有序。

我国《海域法》第一章第6条第2款规定："国家建立海域使用统计制度，定期发布海域使用统计资料。"按照《海域法》的要求，我国建立了海域使用统计制度，对海域的数量、质量、分布、权属、利用状况以及动态变化进行了统计和分析。[①] 根据这一规定，国家海洋局自2002年起开始发布《海域使用管理公报》。按期发布海域使用状况和管理信息，为全国和沿海省、市、自治区海域使用提供信息支持。通过充分利用海域使用统计数据分析海域使用现状，揭示海域使用变化发展规律，满足海域使用深层次、集约化发展的信息需求。

随着海域开发力度和密度的不断加大，我国近海海域资源环境受到严重破坏和污染，各类用海之间的矛盾也不断增加，严重制约

---

① 张宏声：《海域使用管理指南》，海洋出版社2004年版，第115—119页。

了海洋资源的可持续利用和海洋经济的健康发展，[①] 而且随着海域使用向着深层次和集约化发展，仍应注重如何充分挖掘和利用现有海域使用统计数据，研究分析海域使用现状中存在的问题和海域使用数据中所暗含的海域使用变化规律，充分发挥海域使用统计数据的作用，满足海域使用管理的需要。下面我们就 2002—2006 年[②③④⑤⑥]、2010 年[⑦]和 2015 年[⑧]全国海域使用统计数据对我国海域使用数据进行对比分析，从中不难发现海域使用的变化发展趋势和规律以及存在的问题，为海域使用提供帮助。

2. 海域使用基本情况

2002 年是《海域法》实施第一年，国家海洋局从这一年开始每年发布《海域使用管理公报》。公报显示，截至 2002 年末，已查明全国海域使用面积 2199756 公顷，占我国领海和内水面积的 5.9%。

截至 2002 年末，全国累计海域使用确权面积 624740 公顷。

2002 年海域使用确权面积 222473 公顷。其中，渔业用海 199975 公顷，占 89.89%；交通运输用海 5798 公顷，占 2.61%；工矿用海 9560 公顷，占 4.4%；旅游娱乐用海 2103 公顷，占 0.95%；海底工程用海 2110 公顷，占 0.95%；排污倾倒用海 25 公顷，占 0.1%；围海造地用海 2033 公顷，占 0.91%；特殊用海 588 公顷，占 0.27%；其他用海 281 公顷，占 0.13%。

2003 年末，查明全国海域使用面积 2449651 公顷，占我国领海和内水面积的 6.5%。

截至 2003 年末，全国累计海域使用确权面积 783011 公顷。

---

① 苗丰民等：《海域使用管理技术概论》，海洋出版社 2004 年版，第 161—162 页。
② 《国家海洋局 2002 年海域使用管理公报》。
③ 《国家海洋局 2003 年海域使用管理公报》。
④ 《国家海洋局 2004 年海域使用管理公报》。
⑤ 《国家海洋局 2005 年海域使用管理公报》。
⑥ 《国家海洋局 2006 年海域使用管理公报》。
⑦ 《国家海洋局 2010 年海域使用管理公报》。
⑧ 《国家海洋局 2015 年海域使用管理公报》。

2003 年海域使用确权面积 205266 公顷。其中，渔业用海 148506 公顷，占 72.34%；交通运输用海 19901 公顷，占 9.7%；工矿用海 8125 公顷，占 3.95%；旅游娱乐用海 897 公顷，占 0.44%；海底工程用海 20186 公顷，占 9.8%；排污倾倒用海 893 公顷，占 0.44%；围海造地用海 2123 公顷，占 1.03%；特殊用海 4059 公顷，占 1.98%；其他用海 576 公顷，占 0.29%。

截至 2004 年末，全国累计海域使用确权面积 836682 公顷。

2004 年海域使用确权面积 169112 公顷。其中，渔业用海 128728 公顷，占 76.1%；交通运输用海 9445 公顷，占 5.6%；工矿用海 10890 公顷，占 6.4%；旅游娱乐用海 966 公顷，占 0.6%；海底工程用海 7223 公顷，占 4.3%；排污倾倒用海 168 公顷，占 0.1%；围海造地用海 5352 公顷，占 3.2%；特殊用海 1029 公顷，占 0.6%；其他用海 5311 公顷，占 3.1%。

2005 年末，全国累计海域使用确权面积 951978.09 公顷。

2005 年海域使用确权面积 272555.32 公顷。其中，渔业用海 238808.47 公顷，占 87.62；交通运输用海 10831.26 公顷，占 3.979%；工矿用海 7332.66 公顷，占 2.69%；旅游娱乐用海 823.04 公顷，占 0.31%；海底工程用海 1319.78 公顷，占 0.48%；排污倾倒用海 68.15 公顷，占 0.03%；围海造地用海 11662.24 公顷，占 4.28%；特殊用海 965.52 公顷，占 0.35%；其他用海 747.2 公顷，占 0.27%。

2006 年末，全国累计海域使用确权面积 1125114.36 公顷。

2006 年海域使用确权面积 227318.41 公顷。其中，渔业用海 189977.51 公顷，占 83.57%；交通运输用海 12918.2 公顷，占 5.68%；工矿用海 6139.08 公顷，占 2.7%；旅游娱乐用海 851.81 公顷，占 0.37%；海底工程用海 294.61 公顷，占 0.13%；排污倾倒用海 35.33 公顷，占 0.02%；围海造地用海 11293.94 公顷，占 4.97%；特殊用海 2559.62 公顷，占 1.13%；其他用海 3248.31 公顷，占 1.43%。

2010 年海域使用确权面积 193769. 16 公顷。其中，渔业用海 161492. 11 公顷，占 83. 33%；工矿用海 18305. 94 公顷，占 9. 34%；交通运输用海 6852. 66 公顷，占 3. 54%；旅游娱乐用海 2303. 37 公顷，占 1. 19%；海底工程用海 59. 52 公顷，占 0. 03%；排污倾倒用海 246. 07 公顷，占 0. 13%；造地用海 2280. 38 公顷，占 11. 18%；特殊用海 905. 25 公顷，占 0. 47%；其他用海 1533. 86 公顷，占 0. 79%。

2015 年海域使用确权面积 253613. 13 公顷。其中，渔业用海 226927. 99 公顷，占 89. 48%；工矿用海 11205. 67 公顷，占 4. 42%；交通运输用海 7487. 75 公顷，占 2. 95%；旅游娱乐用海 3289. 48 公顷，占 1. 3%；海底工程用海 1074. 36 公顷，占 0. 42%；排污倾倒用海 150. 41 公顷，占 0. 06%；造地用海 1899. 46 公顷，占 0. 75%；特殊用海 1074. 42 公顷，占 0. 42%；其他用海 503. 59 公顷，占 0. 2%。

3. 年度海域使用情况分析

分析 2002—2006 年确权海域变化情况，可见全国确权海域面积呈逐年递增趋势，其中，2006 年末比 2005 年末确权用海面积增长 18%，增加的主要有渔业用海、交通运输用海、工矿用海和围海造地用海，四者之和占增长面积的 96. 8%。

截至 2006 年年末，全国确权海域面积累计 1125114. 36 公顷，主要用海类型及其确权海域面积为：渔业用海 929104. 31 公顷，交通运输用海 63465. 88 公顷，工矿用海 45435. 17 公顷，旅游娱乐用海 6369. 42 公顷，排污倾倒用海 1069. 89 公顷，围海造地用海 42420. 90 公顷，特殊用海 11502. 24 公顷，其他用海 8356. 91 公顷。由于其他用海在海域使用分类体系中没有明确的海域使用用途，而其他用海已确权海域面积占全国已确权海域面积的 0. 7%，达到了 8356. 91 公顷，所以，在修订海域使用统计报表制度时，应掌握所出现的海域使用类型，并分析其海域使用面积数量和分布情况，将其纳入海域使用分类体系。

2002—2006年全国各年度海域确权面积比较，2002—2004年每年全国确权海域面积呈下降趋势，2005年全国确权海域面积较多，达到了历年来最高值。2006年全国确权海域面积略有下降，比2005年减少45236.91公顷，减少了16.6%；2010年全国确权海域面积略有下降，相比2006年减少33549.25公顷，减少了14.76%；2015年全国确权海域面积相比2010年大幅增长，增加59843.97公顷，增加了23.6%。

4. 用海类型的变化分析

2002年和2003年全国确权海域面积的主要用海类型依次是渔业用海、交通运输用海、工矿用海和围海造地用海；2004年主要用海类型依次是渔业用海、交通运输用海、工矿用海和围海造地用海；2010年主要用海类型列前四位的依次是：渔业用海、工矿用海、交通运输用海、围海造地用海；2015年主要用海类型前四位依次是：渔业用海、工矿用海、交通运输用海、旅游娱乐用海。

2002—2006年，渔业用海确权面积持续稳步增长，渔业用海总比重从2002年的66.5%增加到2006年的82.6%，特别是2015年增加到89.48%。渔业用海海域使用面积的高速增长保障了渔民用海的基本权益，但是，近几年我国赤潮灾害频发，因此，应加强渔业用海管理，减少渔业用海的损失和对海洋环境的影响。

2004年以来，交通运输用海确权面积一直增长，这是由于我国对外贸易的持续增长，对交通运输等基础设施有着巨大的需求，只要对外贸易增长态势不变，交通运输用海将继续保持增长趋势。

2002—2015年，工矿用海确权面积，有增有减，总的趋势是稳中有增，在用海各类型中始终位居第三，2010年、2015年均位居第二。工矿用海的稳中增长主要是由于国民经济对油气等矿产资源的需求和临港工业的快速发展，因此，工矿用海仍将持续增长。

围海造地用海已确权面积在2003年出现近几年来的最低值后，持续上升，到2010年和2015年成为主要用海类型之一，这也反映了中国沿海地区经济的快速发展对沿海土地资源的需求越来越强烈。

旅游娱乐用海稳步发展，除2004年已确权面积略有下降外，其他几年都保持较高的增长速度。

排污倾倒用海在2002—2004年呈上升趋势，自此以后均呈下降趋势。

海底工程用海、特殊用海和其他用海确权面积相对起伏比较大。

二 海域使用权招标拍卖分析

海域使用权招标、拍卖是以市场机制配置国有海域资源的重要方式，是海域使用管理制度顺应市场经济发展需要的突出表现，一方面有利于提高海域资源的利用效率，充分发挥海域资源的经济、社会和环境生态整体效益；另一方面有利于实现国有资源授权过程的透明、公开，同时，也丰富了海域使用确权的形式，充分发挥了市场对海域使用资源的有效配置，加快了海域使用权的流转，在实现海域资源的增值等方面都起到了积极而有效的作用。

2003年，国家依法开展了海域使用权招标、拍卖试点，共招标、拍卖30多宗项目用海，出让海域面积3000多公顷，促进了海域资源的合理配置和海域市场体系的不断完善；2005年通过招标、拍卖海域使用权65宗，确权海域面积6238.56公顷，征收海域使用金2000余万元；2006年通过招标、拍卖共设定海域使用权101宗，确权海域面积7178.57公顷，征收海域使用金571.52万元。通过海域使用权招标形式，确权养殖用海发放海域使用权证书一本，面积91.9公顷，海域使用金人民币3.58万元，平均人民币0.04万元/公顷，而普通确权方式，平均人民币0.02万元/公顷，前者是后者的两倍。通过海域使用权拍卖形式，确权养殖用海发放海域使用权证书35本，面积965.67公顷，海域使用金人民币78.7万元，平均人民币0.08万元/公顷，而普通确权方式，平均人民币0.02万元/公顷，前者是后者的四倍。2010年通过招标、拍卖发放海域使用权证书36本，确权海域面积6288.65公顷，征收海域使用金5527.58万元。2015年通过招标、拍卖发放海域使用权证书422本，确权海域使用面积25177.41公顷，征收海域使用金152548.26万元。虽然仅凭海域使用金的征收情况不能充分说明海域使用权招标、拍卖方式的优势，但是，在海域使用资源的增值、保护国有资产等方面确实有显著的作用。

近年来，由于海洋开发利用活动广泛、深入的发展，特别是沿海地区海洋经济的高速发展，我国海域尤其是内海和领海等近岸海域资源日益短缺、海洋生态环境恶化、具有重要价值的海洋生态系统遭受严重破坏，加之海域使用上的“无序、无度、无偿”，大大降低了海洋的自然生产力，直接威胁着我国沿海社会经济持续、稳定和健康发展。我国海域资源、环境的保护和开发面临一种新的、较为严峻的形势。在海域使用的具体过程中，一些尚存以及新出现的问题需要得到及时解决，否则，海域使用效能将难以进一步提高和深入。

三　海域使用状况分析

自《海域法》颁布实施以来，海洋功能区划规划体系逐步完善，围填海工作不断发展，国家重大项目用海和传统渔民用海需求得到有效保障，各级海洋部门坚持依法行政，有力推进了《海域法》各项规定的贯彻落实，海域使用工作呈现良好发展势头。但也存在一些薄弱环节，一些深层次的矛盾没有得到很好的解决，尤其在养殖用海的管理上还存在不少问题，在立法上和实践中也存在一些不足和问题有待解决。一是法律规定比较原则，而相关的配套办法跟进滞后，所以，有的规定缺乏可操作性。在立法观念上应更加明确海域使用权的私权性；在立法政策上应妥善处理和相关部门之间的协调问题；在权利定位上应更加突出海域使用权的物权性；在制度设计上应遵循市场经济的基本原则和规律。二是行业用海矛盾突出，统筹协调难度依然很大。沿海地区战略性新兴产业、旅游业和现代服务业等用海需求明显增加，对海域资源的刚性需求急剧上升，供需矛盾日趋紧张。三是海域空间资源粗放利用和不合理利用现象依然存在。有的盲目圈占海域，围而不填，填而不建，造成海域资源的浪费；有的项目未批先建、边批边建，违法违规用海；还有的地区和行业单位用海面积经济效益差，占用岸线长，资源利用水平低下。四是地方、部门之间的工作分工存有交叉，区分不够清晰严格，不规范的问题依然存在。建立健全海域使用管理的组织体系，建立健全协调机制，调动地方和部门两个积极性，形成管理网络，为切实保障海域更好地使用提供坚实可靠的组织保障，使海洋开发利用得到合理、有序、协调和可持续发展。五是海洋法律、法规在社会上的影响力还不尽如人意，“海洋国土”的观念还较淡薄等。

四　海陆界定情况分析

海域空间是海域使用的物质基础，若基础不确定，则使用也无从着落。在海域使用中，这个问题比较集中地体现在滩涂的海陆界线方面。造成这一问题的原因来自两个方面：一是来自社会经济方面。现代城市和地区经济的迅速发展，迫切要求其空间的扩展，而陆域空间的有限，使沿海地区围海（涂）造地日益兴起；滩涂增养殖业的蓬勃发展，使滩涂得以大量利用。二是海陆“实际”界线难以确定。虽然《海域法》明确规定了“海岸线”，但这条线究竟划在滩涂的哪一点上，操作起来比较困难，导致不同的管理部门时常发生利益冲突。对此，第一，应由国家进行严格的海陆界线确定；第二，在海陆界线确定过程中，充分考虑其现实性。在有明显海挡的如现代人工堤坝等，可依这些海挡作为分界线，这样既经济又易行，无明显海挡的则设立界标等；第三，将海陆界定以法规形式予以明确。

五　海城使用项目规划状况分析

海域使用是海洋区划、海洋管理的前提和目的。因此，如何使用好海域是首要的。尤其是对港口区域的海域使用项目应进行范围界定，港口海域资源其空间是有限的，随着社会经济的快速发展，港口的区位优势和作用日趋显现，区域资源正逐步变得宝贵和紧张。在对海域项目进行规划的过程中，应注意政策性与灵活性相结合，兼顾实际情况及相关行业规划，充分体现和讲求资源的系统与综合效益，要为将来的发展留下适宜有效的空间。不能左一划右一划，为了眼前的利益，为未来留下一块块海域“鸡肋”，从而失去更大的整体效益。海域是发展海洋经济的载体，应切实科学规划、严格管理、正确使用好海域，发挥海域资源的最大效用。

六　正确处理海域使用与发展渔业产业的关系

如何正确处理海域使用与渔业产业的关系日益重要。由于海洋渔业格局的改变、渔业资源自身的衰退和渔场的萎缩等，我国的海洋渔业产业政策已做了根本性调整：近海捕捞业已被严格控制和限制，又出台了渔民转产转业政策，而增养殖业受到国家的鼓励和扶持。特别是海水增养殖业已成为海洋渔业经济新的增长点和吸收捕捞转业渔民的一大途径。由此而带来的行业用海矛盾的加剧，迫切要求切实搞好海域使用规划。一方面，海洋渔业产业政策的转变，需要我们扶持海水增养殖业的发展，为捕捞渔民转产转业提供出路，促进渔区的社会和经济稳定；另一方面，海水（特别是浅近海）增养殖业的蓬勃发展，需要占用大量的海域空间。这样势必会与交通、军事等涉海部门形成“竞争”关系。无序的养殖用海会不断侵占或蚕食原有的航道、锚地、港口等，不少地方已出现了这种局面。近年来在养殖区域引起的海事和渔事问题不少，社会问题也随之突出。所以，从一开始我们就要科学规划，严格管理，避免或减少各行业之间用海矛盾的发生。

养殖用海是海域使用的重要组成部分，在海洋开发利用活动中，养殖用海所占的海域面积最大、涉及的社会面最广，能否对养殖用海实施有效管理，是衡量各项海域使用管理制度能否真正落到实处的一个重要尺度，也是衡量各级政府是否切实履行好自己职责的一个重要标志，但目前养殖用海管理仍是各项海域管理中最薄弱的环节。

1. 海域国家所有意识淡薄

一些基层干部与群众的头脑中固有的陈腐的历史概念仍根深蒂

固，海洋国土观念不强，海域权属概念模糊不清，一些个人错误地认为，大海广阔无垠，无标无识，谁先占有就是谁的；有的沿海地方村委会视国家海域为集体所有，在没有取得海域使用权的情况下进行承包经营，并将发包所得视为集体所有，国家对海域的所有权无从体现，国有海域资源性资产严重流失。

2. 海域使用权属管理制度和有偿使用制度难以顺利实施

一是与村级集体关系处理难。20 世纪 80 年代以“浅海滩涂定权发证”时期的以村为基本单位的管理模式使相当一部分滩涂的使用权掌握在村级集体手中，其发包所得为集体经济的重要来源，养殖滩涂重新确权后，村一级的权力被架空，作为村集体经济主要来源的收入被切断，由此曾引发了诸多不稳定因素，不但失去村级对确权工作的支持，严重的还引发群体性上访事件。二是与个人占用关系处理难。对部分长期非法占用某区域滩涂的个人，重新确权认证存在很大难度，养殖户与基层政府争夺滩涂养殖使用权的事件时有发生，早年村民在当时政策的引导下，圈海围涂，并与政府签订了承包合同，合同到期后，养殖户认为该区域海涂是其围垦，应当无限期拥有使用权，相持不下而发展成群体性上访事件，各级花费了大量人力物力解决这类事情。三是养殖用海与海塘保护区关系处理难。按照现行的海塘保护条例规定，标准海塘 70 米以内为海塘保护区，禁止一切养殖活动。因此，标准海塘 70 米以内的海域使用权证已发放到各海塘管理站所，对养殖苗种的主要旺发地，如果强行禁止，必然导致矛盾产生，因此，如何解决好海塘保护区与养殖管理的矛盾是亟待解决的问题。四是海域有偿使用意识不强。长期以来存在的养殖用海使用权归个人或集体的管理模式，使得部分干部群众向国家缴纳海域使用金的认识不到位，执行不自觉。

3. 海域执法缺少必要的政策法规支持

海域使用管理的法律法规颁布实施较晚，由于各种原因，尚未形成一套完整系统的法律法规和规章体系，就法律实施的有关条例、规章、标准滞后，影响了法律的贯彻执行。海域使用管理执法工作相对来说是个新领域，在实际操作中，特别是在执行处罚当中，由于缺少必要的处罚依据，处罚力度弱，处罚难度大，缺乏强制手段，使海域使用管理制度难以有效推进，导致对部分违规违法人员无法及时处理，在干部群众中造成了一定的负面影响。

4. 海域管理力量薄弱

在国家、省、市、县四级海域管理体制中，县级的管理任务最重，大概有一半以上的项目用海批准权限在县级，就养殖用海而言，受理、审核、批准也大都在县级。因此，提高海域管理人员的工作能力和装备水平，建设一支高素质的海域使用管理队伍显得尤为重要。

《海域法》确立了国家实行海域所有权和使用权分离的管理制度，明确了海域权属的统一管理。同时，实行海域有偿使用制度，单位和个人使用海域，要按照国务院的规定缴纳海域使用金，这使国家的海域所用权在经济上得以体现，杜绝了海域使用中资源浪费和国有资源性资产流失的现象。但由于滩涂养殖使用管理不同于其他用海项目的管理，是一项十分复杂烦琐的工作。因此，为逐步实现海域有序、有度、有偿使用，化解和减少各类矛盾纠纷，保护海洋和海岸带环境和资源，应采取以下对策和措施：

（1）充分发挥海洋功能区划的规范和引导作用。海洋功能区划是海域使用管理的科学基础和依据，要依据规划，进行科学合理布局，统筹安排各行业用海，明确养殖同传统捕捞作业区、渔民传统赶海区和其他用海行业之间的界线，同时，海域使用的审核、审批要以海洋功能区划为依据。

（2）全面提高基层管理水平。要进一步明确县级海洋部门在海域使用管理中的主体地位，在县级海域管理能力不足的情况下，探索建立滩涂使用管理新体制，积极推进乡镇海洋协管站的建设，在海域使用审批权限不变的前提下，可以委托乡镇政府具体负责养殖用海的受理、初审、代征海域使用金和代办海域使用权证书等工作，将海域管理的链条延伸到基层。

（3）积极化解各类矛盾纠纷。在确权过程中要正确处理好与村级集体的关系，对于村级集体管理模式，要采取过渡方案，在不与国家法律相抵触的前提下，坚持尊重历史兼顾现实的原则，以一个村或几个村联合成立养殖公司或合作社等联合经济组织，再确权发证至各联合经济组织，让联合经济组织进行统一发包，这样既能保持政策的连续性，照顾到历史的原因，又有利于今后养殖过程中出现的各种矛盾处理，保证了沿海村的集体经济收入。对于标准海塘的养殖矛盾，在海塘保护区内的养殖情况进行摸排的基础上，对各类给标准塘安全造成直接影响或存在安全隐患的养殖活动，要坚决予以制止，对其他各类轻微的养殖活动，在保证安全的前提下，允许其进行适度养殖，以缓解海塘保护区与养殖管理的矛盾。

（4）合理制定养殖用海使用金标准。国家要积极推进《海域使用管理条例》立法，尽早合理制定海域使用金标准，要因地制宜、区别对待，真实反映海域货源价值和供求关系。坚决杜绝确权发证过程中养殖用海的无偿使用，对部分确实需要减免的，要严格履行审批手续。

（5）加强海域综合管理能力建设。县级海洋管理部门要加强自身能力建设，不断提高管理水平，配齐配足各类专业工作人员，要通过业务培训、考察学习等方式提高业务素质。要加快对海域管理软硬件的建设，以县市为单位制作一套小比例尺海图，积极开展海籍调查，以适应海洋开发活动的需要。

七　海岛使用状况分析

海岛使用在海洋使用中日益受到重视，近年来，有关海岛立法的呼声四起。一是规划问题。海岛是“海上基地”，有诸多港口和港湾，历来是军事、交通等部门的重要利用场所。同时，海岛四周许多浅海区域又是现代海水增养殖业的良好区域。所以，搞好规划，规范行业用海，应是海域使用中的一个重点问题。二是海岛使用中的环保和资源问题。海岛，有人称之为“第二海洋经济区”。除了传统的渔业、港口经济外，海岛旅游业正在成为一个新兴的产业。“蓝天、碧海、阳光、沙滩”，是人们心目中向往的地方，利用其丰富的资源，营造优美整洁的环境，对促进海岛经济的发展非常重要。当前，这方面存在的主要问题是：海岛旅游带来了大量人流，同时，也带来了环保问题，如生活垃圾等；海岛自然生态诸如植被、环岛四周整体外观，以及一些无居民海岛，由于流动渔业人员的暂栖而导致植被破坏，出现大量残棚破瓦等。海域环境和资源状况对促进海岛经济起着基础性的作用。在海岛旅游中，休闲垂钓是一个非常有吸引力的活动，但这首先需要具备一个有良好生态环境的海域。在海洋自然资源衰退的情况下，建造人工鱼礁是恢复局部生物资源的有效方法之一，目前这项工作各地都在开展，但应该将搞好规划放在首位。对岛礁性资源的保护应防止炸礁、毁礁行为，防止对岛礁上贝类等资源的滥捕、滥采，现在很多岛屿都出现了这种情形，有关部门应引起高度重视。

八　围海造地状况分析

围海造地是人类海洋开发活动中的一项重要的海洋工程，是人类向海洋拓展生存空间和生产空间的一种重要手段。我国围海造地用海自 2004 年以来连续保持着较高的用海面积，年度确权面积 2004 年比 2003 年增长了 152.11%，2005 年比 2004 年增长了 117.89%，2006 年略有下降，2005 年和 2006 年确权面积分别为 11662.2 公顷、11293.9 公顷。2015 年仅填海造地就达 11055.45 公顷，同比增长 13.19%。围填海造地用海高速增长的主要原因是我国海洋经济发展的需要，但也存在着围海造地过快、过热的势头，还要看到围海造地在带来经济效益的同时，也对海洋生态环境和海洋的可持续发展带来了严重不利影响，围海造地导致海水自净能力明显减弱，区域内海水水质恶化，海岸生物多样性迅速下降，港湾内泥沙淤积，航道变窄、变浅，船只航行受到严重影响等各种不良后果。[①] 所以，应尽快完善海域造地管理的相关制度规定，统筹考

---

① 《国家海洋局 2003 年海域使用管理公报》。

虑各海区围填海容量，科学合理地制定围海造地规划，① 处理好围海造地速度和规模的关系。

我国正处于大力发展海洋经济的时期，有关部门应在对海域使用现状分析的基础上，在可持续开发利用海洋资源的前提下，进一步优化海洋产业结构，缓和经济发展给海洋环境和资源带来的压力，解决行业用海的矛盾，提高海域的综合开发效益。由于目前海域使用数据的积累较少，揭示的海域使用变化发展规律也有限，还需要加强对这项工作的研究。

第二节　海洋功能区划、海域使用规划与海域有偿使用制度

一　海洋功能区划与海域使用规划

海域使用规划是根据社会发展和自然、社会经济条件，对海域开发利用、治理保护在空间上所作的总体部署和统筹安排。海洋功能区划是海域使用规划的基础和科学依据；海域使用规划是海洋功能区划的细化、具体化。

二者的区别是：(1) 性质不同。海洋功能区划属于海洋开发与管理的宏观性指导文件，是对海域进行定性研究；海域使用规划属微观的指导性文件，是对海域和海洋开发的定量研究。(2) 目的不同。海洋功能区划的目的在于通过区划设定以宏观指导海洋资源的开发与管理，避免海洋开发犯“功能性”错误；海域使用规划则主要是在海域空间范围和数量上保证海洋资源开发的科学合理，满足各产业协调发展对海域空间的需求，避免“人为”纠纷。(3) 侧重点不同。海洋功能区划侧重海域自然属性，解决的是某海域可以做

① 孙书贤：《落实科学发展观，加强围海造地管理》，《海域管理工作通讯》2004 年第 2 期。

什么、最适合做什么的问题，具有较强的科学性和客观性，时间性不强；海域使用规划侧重于社会发展的需要，解决的是某海域在某时段内安排做什么、最需要做什么的问题，具有一定的超前性和主观性，时效性强。（4）内容不同。海洋功能区划主要通过对海域整体自然属性的考察，对相关数据进行整体了解分析，根据《导则》确定海域的主导功能、功能顺序及功能区范围，一般不涉及具体的海域使用项目、行政管理范围和界限；海域使用规划主要是通过了解海域使用现状和各涉海行业发展规划，参照社会经济发展目标来研究制定一定期限内海域使用规划目标，协调各涉海行业用海要求需求，调整海域使用结构和布局，并对一定期限内的具体规划项目在空间上做出安排，涉及行政管理和界限。①

二 海洋功能区划与海域有偿使用制度

就目前而言，我国海洋“管理”制度主要可分为两大类：一类是以《海洋环保法》为主体的海洋环境保护制度体系；另一类是以《海域法》为主体的海域使用管理制度体系。此两大制度体系分别从海洋生态环境的保护与海洋资源的充分、可持续利用出发，② 相互配合，互为补充，共同构成我国海洋管理制度基本立法体系。

海域有偿使用制度是《海域法》建立起来的制度，是我国海域管理方面的一项根本制度。其基本含义是：排他性用海须经审批并缴纳海域使用金，依法获得特定海域的使用权后方可进行。由于“有偿使用”是海域使用管理制度的基本原则，而对于少数可适当减免费用的公益性用海则可视为“有偿使用”的例外。因此，广义上的海域有偿使用制度实际上等同于海域使用制度，在此部分中，对两个概念不加区分，混同使用。

---

① 这并非说《海洋环保法》没有可持续利用海洋资源的内容，《海域法》没有海洋环境保护的功能。实际上，这两部法律中对这两大任务都分别作出了规定，只是其侧重程度不同。

② 鞠广宇、张勇：《浅谈海洋功能区划与海洋使用规划的区别与联系》，《海洋管理》2001 年第 2 期。

（一）海洋功能区划与海域有偿使用制度的区别

（1）功能体现。海洋功能区划的功能主要体现为自然科学的指导功能，依据自然属性和自然科学知识，对可能的用海方式作出大致安排，防止“功能性”错误。海域有偿使用制度的功能主要体现在社会科学的调整功能，在功能区划基础上，主要考虑社会主体之个人利益与社会利益，眼前利益与长远利益的平衡，对用海行为进行具体管理，防止“制度性”错误。

（2）作用。海洋功能区划是防患于未然，起到预防功能；海域有偿使用制度则是对现有海域使用行为的管理和制约，起到管理功能。

（3）根本性质。海洋功能区划属于纯粹的行政制度，主要发生在公主体之间，其作用发挥是通过公法性质的公法制度进行强制干预。海域有偿使用制度则有公私兼具的性质，其既是海域管理的重要行政制度，同时，又是创设“海域使用权”这一物权的民事制度。权利人一经获得海域使用权，即享有排他性用海的权利，他人不得任意干涉，行政机关也不例外。在海域有偿使用制度中，当海域使用权人没有违反海域管理的违法行为时，其与行政机关之间仅存在民事法律关系，此时的行政机关只是代表海域所有权人（国家）行使权利的代理人而已。故二者在制度性质上存在根本差异。

（4）侧重点不同。海洋功能区划侧重“海域”，其研究对象是海域的自然属性，解决的问题是“如何用海更科学”。海域有偿使用制度则侧重管理，研究对象是社会主体，解决“怎样用海更合理”的问题，同时，还要考虑如何有效维护权利人权利的问题。

（5）作用机理不同。海洋功能区划的作用机理在于海域自然属性的客观性与自然科学的指导性，海域有偿使用制度的作用机理则在于“产权”与“责任”对权利主体的激励作用，其目的的实现是通过将海域“分配”给个人使用并明确其责任的方式，提供海域使用人正反两方面的激励，以实现海域使用的充分、可持续。

（二）海域功能区划与海域有偿使用制度的联系

（1）制度地位。二者均属于海域使用管理制度的基本内容。《海域法》是海洋功能区划制度的最高效力渊源之一，《海域法》对海洋功能区划制度的专章规定是使海洋功能区划制度在法律层面得以真正确立的关键。

（2）功能互补。海洋功能区划通过对海域自然属性的考察、研究，对特定海域利用之“应然”作出安排，为海域管理提供宏观指导和决策依据。《海域法》第二章第 15 条第 1 款明确规定：“养殖、盐业、交通、旅游等行业规划涉及海域使用的，应当符合海洋功能区划。”这既是对用海人的约束，又是对海域管理部门的限制。

海域使用制度的主体不仅有行政机关，更重要的是通过有偿（或法定无偿）方式获得海域使用权的社会主体——海域使用权人。因此，海洋功能区划除了对海洋行政主管部门产生指导与约束外，对海域使用权人也将产生直接影响。

一方面，是对海域使用权人的用海行为的约束和规范。权利人必须依照海洋功能区划确定的海域范围从事开发、利用行为，不得从事与海洋功能区划不符的行为。另一方面，又是对其权利的确认与保护。换言之，只要权利人依法获得权利，就有在该特定海域内依“约”用海并享受其利益的权利。在其权利范围内，只要其行为不超出功能区划确定范围，行政机关即不得任意收回、限制其权利。就此而言，海洋功能区划也为海域使用管理机关的权力划定了界限。

（三）海洋功能区划对海域有偿使用制度的影响

1. 海域使用审批的基础

《海域法》第一章第 4 条规定：“国家实行海洋功能区划制度。海域使用必须符合海洋功能区划。”明确阐述了海洋功能区划对海域使用制度的基础性地位。作为一项规划，对具体行为活动提供理论指导和科学依据是其应有之义，但在海域使用制度中，海洋功能区划的指导作用有着更为特殊的含义，主要表现在其作用的双重性：

（1）对海域使用行政主管部门的约束。根据《全国海洋功能区划》，为海域使用管理和海洋环境保护工作提供科学依据是海洋功能区划的基本目的，在海域使用管理中，这主要体现为海洋功能区划作为海洋行政主管部门对海域使用申请进行审批的依据的作用。《海域法》第三章第17条规定：“县级以上人民政府海洋行政主管部门依据海洋功能区划，对海域使用申请进行审核，并依照本法和省、自治区、直辖市人民政府的规定，报有批准权的人民政府批准。”据此，海洋行政主管部门对海域使用的审批绝非自由裁量，而是直接依据海洋功能区划，这实际上也表明海洋行政主管部门的海域使用审批权的具体内容如何乃是由海洋功能区划来最终确定的。对于行政机关而言，这种职权的赋予，既是权力，又意味着义务。其既不能违背海洋功能区划的规定，批准与该海域之功能区划不符的使用申请；又不宜对符合条件的申请无故加以拒绝，否则，应承担行政责任。

（2）对海域使用权人的约束。海洋功能区划的直接适用对象一般仅限于行政机关，但在海域使用管理中，其对海域使用权人也产生直接影响。首先，申请的海域使用方式是否符合该海域之海洋功能区划将直接决定海域使用权人权利的获得与否；其次，海洋功能区划还决定着海域使用权的具体内容；再次，在权利人获得海域使用权后，其对海域的行使、利用仍然要遵守海洋功能区划的规定，如果从事海洋功能区划所禁止的行为，既违反了权利人与海域审批机关关于海域使用的民事约定，又违反了国家对海域管理的行政规定，应承担双重责任。

2. 决定海域使用的内容

海洋功能区划不仅决定着海域使用的审批，还决定着特定海域使用权的具体内容——对该海域的利用方式与途径。《全国海洋功能区划》对十种海洋功能区的划分，不仅涉及海域之间的区分，更针对不同种类海域的具体情况，对其开发利用的具体方式和权利义务作了详尽规定，这将直接构成海域使用权人权利的具体内容。如欲从事渔业、养殖的海域使用人，仅能对于属于海洋功能区划确定的“渔业资源利用和养护区”范围的特定海域提出使用申请，其获得海域使用权后，也必须遵守国家关于“用海活动要处理好与养殖、增殖、捕捞之间的关系，避免相互影响”的规定，具体义务包括“禁止在规定的养殖区、增殖区和捕捞区内进行有碍渔业生产或污染水域环境的活动；不得在保护区内从事捕捞活动；禁止捕捞重要渔业品种的苗种和亲体；禁止在鱼类洄游通道建闸、筑坝和有损鱼类洄游的活动；进行水下爆破、勘探、施工作业等涉海活动应采取有效补救措施，防止或减少对渔业资源的损害。并保证其海域海水水质不低于二类的海水水质标准，捕捞区执行一类海水水质标准。”①

《海域法》第二章第 15 条规定：“养殖、盐业、交通、旅游等行业规划涉及海域使用的，应当符合海洋功能区划。沿海土地利用总体规划、城市规划、港口规划涉及海域使用的，应当与海洋功能区划相衔接。”

3. 影响海域使用金的确定

海域使用金是海域有偿使用制度的重要内容，是海域使用之“有偿”的具体表现，《海域法》第五章第 33 条规定：“国家实行海域有偿使用制度。单位和个人使用海域，应当按照国务院的规定缴纳海域使用金。海域使用金应当按照国务院的规定上缴财政。”

对于民事合同而言，“价款或酬金是合同中至关重要的内容，通常被看作合同的一般条款”。② 所谓主要条款，是指在合同中处于相当重要的地位、决定合同的类型，确定着当事人双方权利义务的质与量的条款。③《合同法》第二章第 12 条明确规定：“合同的内容

---

① 《全国海洋功能区划》第三部分第（二）条。

② 巩固：《农村土地承包金法律问题研究》，《法学》2003 年第 3 期。

③ 王利明、崔建远：《合同法新论 · 总则》，中国政法大学出版社 2003 年版，第 186 页。

由当事人约定，一般包括以下条款：……（五）价款或者报酬……”在海域使用法律关系中，海域使用金相当于普通合同中价款与酬金的地位，是海域使用人的基本义务之一。其中，海洋功能区划对其有着直接影响，具体表现为：

（1）海域使用金的减免。《海域法》第五章第35条规定：“下列用海，免缴海域使用金：（一）军事用海；（二）公务船舶专用码头用海；（三）非经营性的航道、锚地等交通基础设施用海；（四）教学、科研、防灾减灾、海难搜救打捞等非经营性公益事业用海。”第五章第36条规定“下列用海，按照国务院财政部门和国务院海洋行政主管部门的规定，经有批准权的人民政府财政部门和海洋行政主管部门审查批准，可以减缴或者免缴海域使用金：（一）公用设施用海；（二）国家重大建设项目用海；（三）养殖用海。”上述用海活动的前提即海洋功能区划，因此，海域使用金是否符合减免条件，主要依据的是海洋功能区划。

（2）海域使用金金额的确定。即便对于须正常缴纳海域使用金的，海洋功能区划的影响也不容小觑。《海域法》第五章第34条规定：“根据不同的用海性质或者情形，海域使用金可以按照规定一次缴纳或者按年度逐年缴纳。”其中，用海性质或情形是与海洋功能区划所分不开的。同时，海域使用金的多少不仅与使用的海域面积有关，与用海方式的不同也有紧密关系，对于营利性强的用海活动与公益性强的用海活动，其海域使用金的征收标准显然有所区别，而这种区别的标准仍然是海洋功能区划。

4. 影响海域使用权的变动

海域使用权是海域使用人依法获得的对特定海域的物权性权利，其一经获得，即享有对该特定海域的排他使用权，其权利内容和期限，非依法定条件，不得变动，也不得任意收回。

《海域法》第四章第28条规定了海域使用权的法定变动条件：“海域使用权人不得擅自改变经批准的海域用途；确需改变的，应当在符合海洋功能区划的前提下，报原批准用海的人民政府批准。”

在此，是否符合海洋功能区划是海域使用权内容变动的必要条件。

《海域法》第四章第 30 条规定了海域使用权的收回条件：“因公共利益或者国家安全的需要，原批准用海的人民政府可以依法收回海域使用权。”在此条中，虽然未明确规定海洋功能区划，但笔者认为，此处之“公共利益或者国家安全的需要”的判定不是空洞的，也不是可任由行政机关自由裁量的，而必须有科学依据，其中，海洋功能区划仍然是其判定的重要依据。同时，由于海域使用权的物权性，此处对权利的收回，实际上相当于为公共利益而强制进行的“征收”行为，是权利人为社会公共利益作出牺牲，对其损失应予补偿。因此，法律同时规定“在海域使用权期满前提前收回海域使用权的，对海域使用权人应当给予相应的补偿”。[①]

在这里需要注意的一个问题是海洋功能区划的变动与海域使用权的关系问题。海洋功能区划是建立在海洋自然属性基础之上的，具有相对性和时效性，因为海洋环境处于不断变动之中，海洋功能区划应当随着海洋自然环境的变化不断作出调整，才符合科学，才能更加科学。但法律为海域使用权规定了较长的使用期限。《海域法》第四章第 25 条规定：“海域使用权最高期限，按照下列用途确定：（一）养殖用海十五年；（二）拆船用海二十年；（三）旅游、娱乐用海二十五年；（四）盐业、矿业用海三十年；（五）公益事业用海四十年；（六）港口、修造船厂等建设工程用海五十年。”其中，最短的养殖用海也有 15 年之久。因此，在某些海域使用权的存续期内，必然会遇到因原有海洋功能区划发生变动从而导致既有海域使用权与海洋功能区划发生冲突的问题，在此情况下，如何解决是一个需要慎重考虑的问题。

对此，现有法律尚未有明确规定，但笔者认为，应遵循“公共优先，兼顾私权”的原则进行处理。首先，由于海洋功能区划的科学性、整体性、公共性，其规定涉及社会公众的共同利益，因此，

---

① 《海域法》第四章第 30 条第 2 款。

具有优先性。在特定海域使用必须变动的情形下，应依照《海域法》第四章第28条、第30条之规定，对海域使用权作出变动或将其收回。其次，由于海域使用权是海域使用领域依法产生的一项重要的基本权利，国家也应尊重这种权利的法律地位，在制定、修改海洋功能区划时要更加慎重，不仅考虑海域的自然属性，还应充分考虑到已有的海域使用权分布现状，除非不得已，尽量不要对其进行变动。最后，实在要进行变动的，应给予原权利人充分的补偿，其补偿标准不应少于权利人继续使用该海域所能够预见的可得收益。

总而言之，作为整个海洋行政管理制度的基础，海洋功能区划对于海域使用管理制度影响巨大，其不仅为海域使用管理和海洋环境保护工作提供科学依据，同时，也为国民经济和社会发展提供切实的用海保障，是海域开发、利用活动得以科学、高效进行的技术保障。如果说海域有偿使用制度是从权利义务配置的角度为社会主体的海域开发活动提供激励，从而刺激海域使用者的创造性和可持续利用的话，那么海洋功能区划则为这种开发活动加上了一个科学的安全阀，为开发者创造性的发挥设定了必要底线。二者相得益彰，不可偏废。

第三节　我国海域有偿使用制度

海域是重要的国有资源性资产，其使用管理必须实现有法可依。《海域法》明确规定我国海域实行有偿使用制度，这一制度的诞生具有完善市场经济体制、保护资源和国有资产等方面的必要性，也有其理论和实践的可行性。随着制度的进一步实施，对思想观念、经济可持续发展、管理手段等方面必将产生积极影响。

为了加强海域使用管理，维护国家海域所有权和海域使用权人的合法权益，促进海域的合理开发和可持续利用，2001年10月27

日第九届全国人大第二十四次会议通过了《海域法》，并自2002年1月1日起施行。《海域法》是我国第一部综合性海域管理法律，贯彻实施海域有偿使用原则是海域使用管理工作的核心。①

一　海域有偿使用制度的含义和特点

（1）海域的范围。根据《海域法》第一章第2条规定，海域的法律适用范围是指："中华人民共和国内水、领海的水面、水体、海床和底土"，"本法中所称内水，是指中华人民共和国领海基线向陆地一侧至海岸线海域"。据此可知海域的平面范围是从海岸线到领海的外界限，垂直范围包括水面、水体、海床、底土。我国拥有海域面积为38万平方千米，这部分海域是我国海洋国土的主体，是开发利用各种海洋资源的载体和空间基础。

（2）海域有偿使用制度。通过《海域法》第一章第33条、第五章第33条有关海域有偿使用制度和权属制度的阐述，即"国家实行海域有偿使用制度。单位和个人使用海域，应当按照国务院的规定缴纳海域使用金。海域使用金应当按国务院的规定上缴财政。""海域属于国家所有，国务院代表国家行使海域所有权。任何单位和个人不得侵占、买卖或者以其他形式非法转让海域"。我们可以概括说明海域有偿使用制度是指在保证海域国家所有的基础上，根据海域所有权与使用权分离原则，国家与海域使用单位和个人之间依法建立一种租赁关系，海域使用者在海域使用期内，对一定范围的海域按年度逐年缴纳或按规定一次性缴纳使用金，国家通过宏观调控，保证海域使用权作为特殊商品进入市场流动的一种新型海域管理制度。由含义进一步分析，有偿使用制度应包含四个方面的特点：所有者和使用者行为的合法性；使用者获取海域使用权的有偿性；使用权使用的有期性；使用权流动的市场性。

二　有偿使用的必要性

（1）完善市场经济的需要。我们要建立的是社会主义市场经济

---

① 乔海燕：《制定〈海域法〉意义深远》，《中国海洋报》2001年第3版。

体制，就是要在社会主义国家宏观调控下对资源配置起基础性作用，使经济活动遵循价值规律的要求，适应供求关系的变化，把资源配置到效益较好的环节中去。海域是发展海洋经济的重要生产要素之一，如果海域不进入市场，建立海域的有偿使用制度，使海域使用权具有流动性，该项资源就不能得到有效配置，参与海洋开发利用和管理的企业、个人就不会有足够的压力和动力，市场机制中的优胜劣汰规则势必难以实现。

（2）可持续发展的需要。资源的可持续发展利用应包含两方面的深层含义：一是在现有技术条件下，保证对存量资源的最佳利用，实现经济效益、社会效益和生态效益的最佳统一；二是在未来技术水平提高的前提下，保证有增量资源的利用，做到眼前利益和长远利益的最佳统一。虽然海域资源表面看起来，“取之不尽，用之不竭”，但其实质具有空间容量和分布数量上的有限性。首先，从资源分布特点和开发利用主体看：海域是个立体开发系统，资源分布具有层次性，而水体的流动性，又使部分资源的分布具有不固定性，开发难度大，需多主体共同开发。开发主体之间成分复杂，若没有统一的海域使用制度，主体之间容易出现用海纠纷和矛盾，强者凭势力多占少管，占而不用；本地经营者实行地方保护主义，“靠山吃山，靠海吃海”的本位思想突出，不利于海域的高效利用。其次，从开发利用的效果看：我国长期实行资源无偿使用，使用开发成本低，海洋资源被掠夺式利用，资源浪费现象突出，海域管理曾一度出现并长期存在“无序、无度、无偿”的“三无”问题，严重制约了我国海洋资源可持续利用和海洋经济的有序发展，致使海洋生态环境不断恶化。

（3）保护国有资源性资产的需要。资产的主要特征是能给所有者带来收益，我国管辖海域范围内的一切自然资源，都是极为宝贵的国家财富，是维持国民经济持续发展的物质基础，能带来巨大的社会、经济和环境效益，已作为资源性资产列入国有资源资产体系。但由于海域实行无限期无偿使用，一方面，大量超额利润被使用者无偿占有，海域所有者国家的利益部分或全部不能实现，致使国有资产绝对流失；另一方面，使用者漠视海洋国土的珍贵性，造成国有资源性资产的低效利用，导致国有资产的相对流失。因此，有必要根据不同的用海性质或情形，要求有关单位或个人按标准交纳一定数量的使用金，对使用的国家资源给予补偿，以防止资源性资产流失。

三 有偿使用的积极性

（一）引发系列观念的转变

（1）海洋使用观念的转变——由“无偿”到“有偿”。在我国，陆地国土观始终占据主导地位，人们对海洋的开发利用不够重视，海洋观念模糊，海洋权益混淆，海洋法制淡漠。人们实行“谁占有，谁使用，谁收益”的管理方法，奉行“拿来主义”，从而导致资源利用出现“自由化”。《海域法》实施后，任何使用者都必须依法缴纳海域使用金，并经审批登记后方可依法取得使用权，实现资源的“有偿”使用。

（2）对海洋资源利用性质认识上的变化——由“非资产化”到“资产化”。长期以来，人们习惯认为自然资源是自然力量形成的，没有劳动的投入，因而没有经济学上的价值，理论上推行海洋资源“非资产化”的管理模式。[①] 1993 年《国家海域使用管理暂行规定》中虽然初步建立了海域有偿使用制度，但由于其是部门法，法律调整的范围和效率有限，事实上许多管理者仍然实行海域资源无价和无偿使用政策。随着社会经济的不断发展，传统意义上的自然资源简单利用早已无法满足人类的需求，相反需要投入更多的人、财、物和技术，促进自然资源更好更快地再生产，如建立海洋自然保护区、新型海水养殖、海洋旅游开发等，就此而言，现代意义上的海洋资源利用是符合经济学中资产的概念的。明确国有资源性资产的问题，有助于杜绝无偿占有和浪费国家资源现象，实现国民经济持

① 陈学雷：《海洋资源开发与管理》，科学出版社 2000 年版。

续增长。

（3）使用者身份的改变——由“非法”到“合法”。无偿使用的结果导致使用主体的身份不明，经营者的正当使用权益得不到法律的保障。实行有偿使用，可明确主体身份，使用权利受到法律的保护。《海域法》第一章第6条和第四章第23条分别给予规定：“国家建立海域使用权登记制度，依法登记的海域使用权受法律保护”，“海域使用权人依法使用海域并获得收益的权利受法律保护，任何单位和个人不得侵犯。”

（二）实现海域管理手段经济化

管理的手段多种多样，如经济手段、行政手段、法律手段等。海域实行有偿使用管理制度，体现了经济手段在管理中的积极作用。首先，国家与使用者之间权利义务关系明确，国家作为海域的唯一所有者，可以通过出让海域使用权，获取一定的资源价值补偿，并对海域的归属、流动及制度制定与变迁方面施加影响；使用者通过缴纳使用金，依法取得使用权，在使用期内，运用市场经济运行规律，依法转让、出租、抵押和继承海域使用权，实现使用权商品化。这种清晰的责权利关系，减少了有偿使用者投资的盲目性和风险性，提高了使用者经营的积极性和效益性。国家与用海单位、个人之间不仅仅是管理与被管理的行政关系，更重要的是一种平等、自愿、有偿、有期的民事权利义务关系，法的公平、正义的价值形态在海域的可持续发展中得到体现。其次，经济管理手段增强了《海域法》实施中的可操作性，如实行使用金差别政策，确定不同征收标准，就是考虑了海域使用多功能性，区分生产性用海和各类公益性用海，体现地区间的经济水平差距，既维护了国家整体利益，又调动了地方积极性。[①] 最后，利用经济手段引入竞争机制，实现海域管理的规模经济效益。有偿使用必然增加使用者的投资成本，为实现利润最大化，使用者一方面进行资源合理配置，选择高

① 《依法管海，依法用海》，《人民日报》2001年10月30日第5版。

效产业，增加产业边际效益；另一方面遵循优胜劣汰的竞争法则，按照使用权的商品流通性，实行开发主体的合理兼并，实现海域资源利用的规模化、效益化，使海域管理真正实现“海有其主，海尽其用”。

（三）增加国家的财政收入

实行海域有偿使用制度，有利于建立海洋资源资产观念。资产在使用、流通过程中，要追求保值增值，利用海域进行生产经营活动，按标准缴纳的使用金上缴国库，不仅增加了国家的财政收入，实现了资源的价值补偿，而且保证了国家有足够资金用于海域资源的再生产过程，不断增加社会投入，促进海域资源的新陈代谢，使海域管理步入良性循环轨道。

四　有偿使用的可行性

遵循《海域法》，实行海域有偿使用制度，并非空穴来风，既有法律保障，也有经济基础。

（一）法律体系的完善，是建立有偿使用制度的法律保障

国际立法凸显海洋的战略地位，1990 年第 45 届联大会议作出决议，敦促世界各国把开发海洋、利用海洋列为国家发展战略。1992 年 6 月，在巴西召开的“联合国环境与发展会议”上签署的《21 世纪议程》是可持续发展的行动纲领，指出海洋是全球生命支持系统的一个基本组成部分，也是一种有助于 21 世纪实现可持续发展的宝贵财富，[①] 1994 年 11 月 16 日《联合国海洋法公约》正式生效，标志着现代国际海洋法治制度的建立，为全球海洋资源与环境的可持续发展奠定了国际海洋法律基础。

国内立法体现了发展海洋经济的战略构想，1992 年我国制订的《中国 21 世纪议程——中国 21 世纪人口、环境与发展白皮书》，把“海洋资源的可持续开发与保护”作为重要的行动方案领域之一。1993 年 6 月，财政部和国家海洋局共同颁布了《国家海域使用管理

① 国家海洋局：《中国海洋 21 世纪议程》，海洋出版社 1996 年版。

暂行规定》，建立了以海域有偿使用为核心的海域管理体系。1996年制订了《中国海洋21世纪议程》，其第七章第36条指出："海域使用管理工作的核心是实行海域使用许可证制度和贯彻海域有偿使用原则"。这些国际法和国内法的发展完善为最终制订《海域法》，实行海域有偿使用管理制度提供了法律依据。

（二）经济的全方位发展，是建立海域有偿使用制度的经济基础

宏观市场经济体制的完善是实施有偿使用制度的前提。在我国，海洋所有权归国家所有，有关法律确认了国家对海域的独占性和支配权。

国家在法律规定的范围内可以对所有海域进行占有、使用、收益、处分，并可排除他人的干涉。但在一般情况下，国家并不直接行使所有权权能，而是根据"统一领导、分级管理"的原则，以各种形式将所有权权能进行转移，如国家划拨、市场出让、转让等方式。"国家划拨"的方式属无偿取得，在现行市场经济条件下，其适用范围越来越窄，使用者可以通过市场机制有偿取得。

《海域法》中的权属制度不仅体现了社会主义公有制性质，而且也扩大了市场经济条件下使用权的适应范围。区域经济实力的提高是有偿使用制度贯彻落实的后盾。海域早已成为我国的蓝色国土、资源宝库和发展经济的基础和载体，对海域的综合管理促进了海洋经济的发展。1978年以来，我国海洋经济总产值从60亿元增加到2000年的400亿元，远超过我国GDP同期发展速度，成为经济新增长点。[1] 1993年《国家海洋使用管理暂行规定》颁布后，沿海各省纷纷行动起来，制定地方海域使用管理办法，进行海洋功能区划，在实践中试行海域有偿使用制度，增加了地方财政收入，这些都为海域有偿使用制度的法律化提供了经济后盾和实践经验。

① 《依法管海，依法用海》，《人民日报》2001年10月30日第5版。

第八章　主要沿海国家海域有偿使用制度

海域有偿使用制度是海域使用管理的基本制度，是世界沿海国家海域使用管理的通行做法。

通过本章，我们可以了解一些具有代表性的沿海国家的海域有偿使用制度概况，掌握其兼顾海洋资源利用与海洋环境保护的各种积极措施，以推动我国的海洋发展战略。

第一节　海域有偿使用制度建立的起因

一　海域有偿使用制度的建立和发展

随着人类科学技术和社会经济的迅速发展，世界人口数量的急剧增长，陆地资源，日趋短缺，随着海洋在人类社会发展中的地位越来越重要，国际社会和沿海国家都把发展的目光投向广阔的海洋，加速向海洋进军，向海洋索取生存和发展所必需的资源和空间，各国围绕着海洋权益的矛盾与争夺也越来越突出。尤其是第二次世界大战以后，海洋产业在各沿海国家经济发展中的地位日益重要，海洋产值凸显快速增长趋势。然而，伴随着开发利用海洋活动的密度和强度的不断增加，使海洋利用秩序出现了混乱，海洋环境和海洋资源也遭受到了前所未有的严重破坏。

为了能够合理开发利用海洋及其资源，促进海洋产业的协调、可持续发展，保护海洋所有权人和使用权人的权益，切实保护海洋环境，维护各项海洋权益，真正管好用好海洋，正在成为我们时代的特征。

世界关注海洋，国际社会异常关注海洋事业。1990 年第 45 届联合国大会通过决议，敦促沿海各国把海洋开发与保护作为国家发展战略。1992 年世界环境与发展大会通过的《21 世纪议程》，把海洋列为实施可持续发展战略的重点领域。1994 年第 49 届联合国大会通过决议，把 1998 年作为“国际海洋年”，号召世界各国以实际行动迎接 21 世纪这个海洋事业大发展时代的到来，特别是《联合国海洋法公约》1994 年 11 月 16 日的正式生效，标志着国际海洋新秩序开始建立，在这一新的形势下，各沿海国家出现了以下新的动向。

（1）各国争相扩大管辖海域，使海洋事务上升为重要而复杂的国际事务之一。根据《联合国海洋法公约》规定，各沿海国家可以拥有 200 海里专属经济区和大陆架在内的管辖海域，这样一来，世界海洋总面积 3.61 亿平方千米中的 35.8%. 即 1.30 亿平方千米划归各沿海国家管辖，其中，涉及 380 多处海域需要相邻或相向国家协商划定。这一新的“蓝色圈地运动”，既扩大了各沿海国家的管辖海域，打破了少数海洋强国称霸海洋事业的格局，又使有关国家海上矛盾加剧。

（2）各沿海国家不断加大海洋资源开发力度，使海洋经济成为世界经济中发展迅速的领域。很多沿海国家都把开发利用海洋资源列为国家发展战略，同时，由于海洋开发利用难度高、风险大，也都加大了投入和高新技术的开发利用。据统计，20 世纪 70 年代以来，世界海洋产值每 10 年就翻一番，70 年代初为 1100 亿美元，1980 年为 3400 亿美元，1992 年为 6700 亿美元，1995 年为 8000 亿美元，2000 年达到了 15000 亿美元，2010 年达到了 20000 亿美元，预计 2020 年世界海洋产值将达到 30000 亿美元。

（3）大力加强海洋与环境资源保护工作。鉴于海洋对人类生存与发展的极端重要性以及近年来人类在海上和陆地上的各种活动加剧了海洋环境的变化，特别是近岸海域的污染加重，一些科学家发出了“没有健康的海洋，人类社会就会灭亡”的严重警告，沿海各国和国际社会在陆续采取各种措施加强对海洋环境的保护。已出台的仅涉及海洋环境保护的国际公约就有40多个。

（4）强化国家对海洋的法制建设，加大执法力度和加强海洋综合管理工作。截止到1997年7月，全世界已有120多个国家批准了执行《联合国海洋法公约》，宣布实行200海里专属经济区和大陆架制度，并加强了与之相配套的涉海法规建设。一些海洋大国纷纷建立起强大、高效、装备精良的海上执法队伍。如美国建有准军事化的海岸警备队，日本设有海上保安厅。为了加强海洋综合管理工作和统一协调涉海工作，一些国家在中央政府内设置了相应的海洋统一管理职能机构，如韩国在1996年成立了直属中央政府的海洋与水产部。

综观世界各国海域使用制度，以英国、美国、日本、韩国最为典型，例如，英国《海岸保护法》规定：“在潮间带建港、铺设管道和从事水产养殖，应交纳租用费。”美国《水下土地法》规定：“承租水下土地，应按签订的租约，向州政府支付租金。”在韩国有《公有水面管理法》，该法规定：“批准公有水面的占用和使用时，应征收占用费或使用费。”日本《海岸法》规定：“海岸管理者按照主管省令规定的标准向使用许可者征收占用费。”

二 近代以前的海洋利用及在法律上的表现

近代以前，由于生产力水平不高的原因，人们对海洋的利用是以捕鱼为主的简单利用，其他用海活动也大都围绕着如何捕鱼来进行。随着生产力水平的提高，当海洋开发利用活动发展到一定程度时，就会自然而然地产生要求建立一种管理体制来规范专门活动。早在罗马法时期，就对海域的使用管理有所规定。在罗马法上，海域是共用物，任何人都可以使用。在那里不仅捕鱼、布网是合法的（这属于共同使用或公共使用的范围），而且还可以搞建筑。

1. 捕鱼、布网用海

罗马人科技水平不高，因此，没有出现海水养殖及其他类型的用海。但是，当时的渔猎生活则非常发达。渔猎的发达则要求法律对此作出规范。内拉蒂认为："海滨的鱼和猛兽一样，鱼和猛兽一旦被捕获，无疑将为捕获者所有。"佛罗伦汀认为："同样，在海滨发现的宝石、石头及所有别的物，根据自然法立刻为我们所有。"马尔西安认为："大海属于万民法上的，因此，不禁止人们去海边钓鱼。"乌尔比安在《论告示》中表达了基本类似的看法："大海和海滨像空气一样为大家共用。没有一个人可以被禁止钓鱼，正如没有一个人可以被禁止捕鸟一样。然而，我确实可以禁止任何一个人在为我所有的湖上钓鱼。"从当时学者的这些论述来看，罗马法中对捕捞用海没有作出任何限制性规定，谁都可以自由地从事海上捕捞的用海活动。由于科技水平的关系，当时人们捕鱼的手段、工具不足以构成对海洋渔业资源的争夺，国家没有（也没有必要）对捕捞用海进行强力控制。罗马人认为，捕鱼、布网等用海属公共用海，而不是私人用海。

2. 建筑用海

出于实际需要，罗马法对海域尤其是海岸的利用进行了特别的规定。这些规定可以从查士丁尼的《法学阶梯》与《学说汇纂》中略知一二。《学说汇纂》中引用盖尤斯的话说："在海上捕鱼的人，可以在海滨建造可栖身的棚物。"从其中的论述中，我们可以看出作为共用物的海域，任何人都可以在上面建设建筑物。

虽然在海上建造的建筑物归建筑者所有，但是，同捕捞用海没有限制相比，如果这种建筑有害于大海或者海滨，则确实不允许建造。在海上进行建筑不同于在海上捕鱼，它对海域环境尤其是海滨影响较大，甚至会损害他人利用海域的权利。乌尔比安在《论告示》中认为："裁判官说：'你不得在公共场所进行某一施工，也不得把将给公共场所造成损害之物置于其上，除非法律、元老院决议、告示和皇帝敕令允许你那样做，我将不就已进行的施工发出令状'"。"此令状是禁止性令状。"由此看来，在罗马法中，如果要利用海域进行建筑，必须通过法律、元老院决议、告示或皇帝敕令的允许，否则，利用海域的行为即为不合法。依罗马法“从物附属于主物”原则，土地是主物，土地之上的渔棚是从物；土地是公用物，则从物也应当是公用物。但是，罗马法根据需要，对此做了例外的规定，即渔棚可以为渔民私有，但海岸仍然是公用物。

从上述内容可以看出罗马法上把海滨和海洋作为公用物，它们不能成为所有权的客体，也不存在所有权。罗马法上的海域不是所有权的对象。其原因在于：

（1）受自然法的观念影响，海洋是人类公用财产，将海洋确定给任何人，会剥夺其他人从公共场所获取利益。

（2）当时人类科技水平不高，利用海洋资源的能力有限，相对于人类的需求，海洋资源远远过剩，因此，没有必要将海洋的所有权归于国家，国家以所有者的身份加强对海域利用的管理。

我们从海域有偿使用制度的概念中了解到，海域有偿使用制度的基础和前提是明确海域的所有权归属。罗马法将海洋把海滨和海洋视为公用物，不能为任何人所有，这里的任何人也包括国家在内，因此，海域有偿使用制度在此时期并没有产生的前提。

三　海域有偿使用制度的产生与发展

随着海洋开发利用活动的发展，特别是当海洋开发利用活动发展到初具规模并达到一定程度时，便自然而然地产生了建立一种管理体制来规范专门活动的要求，尤其是当海洋开发利用活动涉及本国的政治利益和经济利益时，这种要求尤为突出，因此，一些海洋开发利用活动相对发达的国家就建立起了初级的海洋管理体制。在这一时期由于对海洋的认识水平有限，且由于海洋自由原则的影响，当时的海洋强国并未认识到其所主张的海洋权利同海洋资源之间的利益联系，追求的海洋权益也只表现在海外殖民地的争夺以及航行和商业利益的争夺。海域所有权属不明，更谈不上有偿使用。

随着海洋开发利用活动在国家经济体系所占的比重日益增加，某些海洋资源的衰减使得世界各国逐渐注意到了海洋资源同国家利益的关系。美国渔业局在1921年的报告中指出：“过去从未适当考虑过至关重要的资源养护问题，对此，尽人皆知的某些宝贵渔业资源的衰退应该是有效的警告。今后应当更直接、更广泛地应用科学研究成果。”出于对海洋自然资源的保护，沿海各国建立起相关行业管理机构管理海洋开发利用活动，并制定相关的行业法律予以规范。日本 1901 年制定的《明治渔业法》，首次确立了规范沿海渔业秩序的渔业权制度，该法中的渔业权是当地水域的专用权，期限为 20 年，被视作财产权可以继承、转让和出租。此处的出租可以说与我们现在基于所有权和使用权分离实行的海域有偿使用虽然有所差异，但性质基本相同。

从 20 世纪 40 年代开始，迅速发展的海洋开发利用活动导致海域污染和生态环境的恶化，沿海各国在意识到这一问题的严重性后，纷纷制定本国的海洋环境保护法，成立环境保护部门监督和管理行业性海洋生产经营部门，这在一定程度上限制了海洋资源的有效开发利用，出现了为保护海洋环境而保护海洋环境的倾向。如英国的《海岸保护法》要求成立海岸保护委员会，以行使海域使用过程中海岸保护的权力，在该法中涉及海岸保护费用的条款占据了相当比重。在这一时期，海域有偿使用在许多沿海发达国家的海域法中被作出明确规定，成为海域使用管理的一项基本制度。其他还有韩国的《公有水面管理法》、日本的《海岸法》、美国的《水下土地法》、法国的《国有财产法典》等。

20 世纪 80 年代以来，海岸带管理和海洋权益管理逐渐引起各涉海国家的广泛重视。随着管理内容的变化，虽然行业管理依然在海洋管理体制中起着重要的作用，但协调机构和专职海洋管理机构已得到加强。90 年代以后，海洋管理体制中出现为实施海洋综合管理而建立的集中统一的专职海洋管理机构，海洋综合管理成为海洋管理体制的主导形式和方向。美国是最早提出海洋综合管理的国家，具有代表性著作是《美国海洋管理》，美国通过《水下土地法》《外大陆架土地法》《海岸带管理法》等一系列法律建立起海洋综合管理体制，确立了海域使用的许可证制度和有偿使用制度。由于海洋区域条件的差异，各沿海国根据海洋区域的特点和条件，因地制宜地采用了许多管理措施和方法，逐渐形成了各自独特的管理体制，各沿海国根据本国国情和实践经验适时调整海域有偿使用的适用范围以及海域使用金的标准，使其能够在海域使用管理中发挥更积极的作用。

四　各国海域有偿使用制度建立的依据

1982 年 12 月 10 日通过，1994 年 11 月 16 日生效的《联合国海洋法公约》提出要依靠海洋资源满足各国人民的营养需要，满足各国对能源的需要以及新的或补充的原材料的需要，为此，联合国号召各沿海国家要大力加强海洋管理，尤其是要加强海洋的综合管理。也就是说，海洋的使用和管理要兼顾海洋开发利用和海洋环境保护各方面的利益进行综合性管理。

《联合国海洋法公约》，即国际海洋法，它是国际法的一个相对独立的部门，是有关各种海域的法律地位和各国在各种海域从事航行、资源开发和利用、海洋科学研究等活动，以及海洋环境保护的原则、规则、制度的总称。《联合国海洋法公约》是一部适用全球海洋的各种海域与海洋区域活动以及世界各国（不论是沿海国家还是内陆国家）与国际组织等的海洋事务活动中各类关系协调与处理的准则。在介绍国外海域使用管理状况时，我们应该予以重点考虑。

根据《联合国海洋法公约》关于各沿海国家可以拥有 200 海里专属经济区和大陆架在内的管辖海域的规定，我国管辖海域面积达 3000 万平方千米。为加快我国海洋经济的发展，加强对海域的管理，我国《海域法》第五章第 33 条规定：“国家实行海域有偿使用制度。单位和个人使用海域，应当按照国务院的规定缴纳海域使用金。海域使用金应当按照国务院的规定上缴财政。”海域有偿使用制度已经成为沿海国家管理沿岸海域的基本制度之一（详见本章第二至八节）。

《联合国海洋法公约》从国际法的角度确认了沿海国对其领海

的所有权和支配权，这也反映了各沿海国家对领海海域享有所有权的共识。国家作为海域资源的所有者，应当从海域资源中获得相应的经济利益，这就要通过海域使用权的有偿出让来实现。作为使用海域的单位和个人，必须向所有者交纳一定的使用费后，才能从国家取得相应的用海权，然后才能利用海域资源来进行生产经营活动。

对海域实行有偿使用，是在市场经济条件下依法对海域资源合理开发与保护的根本措施，有利于国家的海域所有权从经济上得到实现，可以避免海域国有资源性资产的流失。同时，海域有偿使用可以建立一种海域资源更新的经济补偿机制，海域使用者通过开发利用海域取得经济效益；国家将征收的海域使用金用于海域资源的再生产过程，不断增加社会投入，促进海域资源的新陈代谢。实现取之于海、用之于海，形成海域开发、整治、保护和管理的良性循环。因此，海域有偿使用为海域使用管理的科学化、合理化起到了保障作用，也有利于海域空间资源的综合开发利用，而这正符合《联合国海洋法公约》提出的要依靠海洋资源满足各国人民的营养需要，满足各国对能源的需要以及新的或补充的原材料的需要，海洋的使用和管理要兼顾海洋开发利用和海洋环境保护各方面的利益的要求。因此，各沿海国纷纷根据本国的国情和海洋区域条件，建立起海洋综合管理体制，确立了海域使用的许可证制度和有偿使用制度。

第二节　英国的海域有偿使用制度

一　英国的海域有偿使用制度概况

海洋是英国的能量之源、立国之本，在历史上，英国曾一度是世界上最为发达的海洋大国，其海域使用与资源开发历史悠久，海洋科学技术一直处于世界前列，海洋产业在其国民经济中占有重要的地位，保护海洋就是保证国家持续发展。而关于海域使用的立法，向来为英国政府和立法机构所重视，其海域使用制度颇为发达并为各沿海国家所效仿。

英国是位于欧洲西部的岛国，由英格兰、苏格兰、威尔士和北爱尔兰四部分和一些小岛组成，隔北海、多佛尔海峡、英吉利海峡与欧洲大陆相望，海岸线总长 11450 千米。英国是近代世界海洋强国，各项海洋事务起步较早，伴随着每一项海洋新事务的出现，就要建立一个相应的机构来管理，由于这一历史原因导致英国至今还没有综合性的海洋法规和政策，没有形成集中管理的体制和统一的海上执法管理机构。当负责海洋管理和开发的各部门之间在海域利用上发生矛盾时，由有关部门之间以委员会的形式自己协调解决，解决不了的再交由内阁成立的专门委员会进行协调。

英国将内水和领海海域视为“水下土地”予以规定。通过把海域归属到水下土地这一概念中区分于陆上土地，统一适用普通法上的不动产法律原理和一般规则。英国通过公共信托理论明确规定水下土地归国家或政府所有，排除了海域的个人所有权。在英国，“公共信托原则”起着确定海域或者水下土地的重要作用。这一原则在中世纪消失了一段时间，在英格兰托多尔时期又出现，并明显成为国王控制滩涂和可航行水道的法律基础。英国女王伊丽莎白一世借用“公共托管原则”声称王室以公众的名义托管潮间带，甚至法律授权私人所有的潮间带的所有权仍属王室。根据英国的普通法，从私法意义上看，国王作为君主拥有所有权，同时，从公法意义上看，皇家因公众利益的信托占有土地。

英国的海域由王室所有，使用权的授予必须经过王室地产委员会的许可，水下土地使用人需要与王室地产委员会签订水下土地租赁协议，才能取得水下土地的使用权。取得水下土地使用权的当事人需向王室地产委员会缴纳地租。在王室地产上进行的活动，诸如建造港口、码头、栈桥、管道、水产养殖等，都应当通过租赁的方式取得水下土地的使用权，并缴纳租用费。王室地产委员会下设海洋地产委员会，负责审查和颁发使用海岸和海域的许可证，包括海水养殖、围海填海、海底采矿挖砂、建设海滨娱乐区的许可证等，监督管理持证的海域使用活动，审查海洋开发建议等。

二　英国规范海域有偿使用制度的法律法规

英国在海域使用制度方面的基本法律是 1961 年制定的《皇室地产法》，该法既是目前英国调整海域使用活动的主要法律，也是英国皇室地产以这一历史传统（该传统来源于古罗马法的“公共托管”原则）为立法依据。该法规定潮间带和自低潮线起向海中延伸 12 海里的海域的水下土地的所有权归王室所有，视为皇家地产并由皇室地产委员会统一进行管理，皇室地产委员会代表国王行使水下土地的所有权人的权利，规定使用这些皇家地产修建港口、码头、栈桥、管道、围海、填海，进行水产养殖以及海底矿砂开采等，必须获得皇室地产委员会的许可，由皇室地产委员会与使用人签订租赁协议，颁发海岸或海域使用证，并须向皇室地产委员会交纳相应的租用费（地租）以取得水下土地的使用权，海域使用权人具有财产权人的所有权利并受到财产法上的保护。

在 1961 年《皇室地产法》之前，英国还颁布有《海岸保护法》，该法制定于 1949 年，它要求成立海岸保护委员会，以行使海域使用过程中海岸保护的权力。有关海域有偿使用的部分，《海岸保护法》在第 7 条第一项中规定：“工程计划须指明土地（以下称捐助地）作为土地在开展了计划中的规定的工程后将获得利益，因此，根据计划要支付海岸保护费。”第 7 条共有 8 项内容，规定涉及保护费标准、由谁交付、有关争端解决等内容。除第 7 条，《海岸保护法》第 10 条和第 11 条分别规定了海岸保护费的有关内容以及海岸保护费的影响范围，涉及海岸保护费用的条款在该法中占据了相当比重。该法规定为加强海岸的保护，任何通过开展与海岸有关的工程而受益的人员，均须向当局缴纳费用。以《皇室地产法》和《海岸保护法》为根据，英国建立起了比较完备的海岸与海域使用许可制度和有偿使用制度。

除了以上两部法律外，涉及海域有偿使用的还有《大陆架石油规则》。由于英国近海海域油气资源相当丰富，在其海洋资源中占据首要地位，为有效管理和促进近海油气开发，英国于1964年专门颁布了《大陆架石油规则》。这部规则正文只有7条内容，它规定了英国及其殖民地公民、在英国居住的个人和在英国设立的法人均可依据该规则申请在其领海下的底土或任何特定区域的底土中进行石油勘探和生产的许可证，申请许可时"应当缴纳200英镑的手续费"。该规则正文没有涉及海域有偿使用的内容，但是，该规则附带了生产许可证和勘探许可证申请书格式、生产许可证标准条款和勘探许可证标准条款三个附件，其中，在生产许可证标准条款和勘探许可证标准条款两个附件中分别规定："在该许可证的上述六年期限内及在上述40年的期限，如果上述选择方案已正式执行，该持证人应当以矿区使用费或其他规费的方式向该大臣支付报酬，除非上述任何一个期限提前结束；报酬的多少由该大臣在征得财政部同意后确定，并应在附件2规定的时间、按规定的方式支付。""在该许可证生效期间，持证人应当在规定的时间，按照规定的方式向该大臣缴纳由该大臣经商财政部同意而确定的、附件1所列的签发该许可证的费用。"

在《英国海洋倾倒法令》中，第2条和第3条总共24个款项，对许可证的发放、使用、转让、变更、撤销等事项作了详细具体的说明。其中，第2条第1款规定："发证当局应在许可证上对于保护环境和资源、防止倾倒造成的有害影响所必要的、有益的条件，应予注明，"第3款规定："发证当局如果认为，由于海洋环境或其所维持的生物资源的条件的变化，包括科学知识的变化，应当更换和撤销许可证时，可以变更或撤销许可证。"《英国海洋倾倒法令》第9条第3款规定："违反本法的任何犯罪行为都应被起诉，并且违法行为一旦发生，即可在联合王国任何地点随即处理。"

在英国，其有关海岸带管理的内容属于土地利用规划系统的一个方面，是被当做土地使用来对待的，因此，于1971年颁布的

《城乡规划法》也涉及海域使用问题。根据该部法律，任何开发均须事先得到地方规划局的同意，海域的开发利用也不例外。另外，1974 年颁布的《海上倾废法》也与海域使用有关。依据该法，除非得到许可，禁止从车辆、船舶、飞机、气垫船、海洋或陆地构筑物上向海中或有潮水域永久性地投放任何物质，以保护海洋环境。[①]

三 英国动员全民保护海洋资源

多年来，英国政府、组织机构和民众一直通过各种途径保护海洋的各种资源。

尽管英国至今没有一个专门负责海洋管理和海洋开发工作的统筹组织或机构，但是，包括能源部、贸工部、环境部在内的各个政府部门均负责自身与海洋相关的事务。为有效地进行各政府部门之间、政府和企业公司之间、管理部门和研究机构之间的协调工作，英国于 1986 年成立了海洋科学技术协调委员会，负责协调政府资助的有关海洋科技活动。

随着全球气候日益恶化，英国政府近年来逐渐认识到海洋环境保护的重要性，因此，在 21 世纪初成立了“海洋管理局”。这个由数百个政府机构、企业和非政府机构资助的咨询组织，定期对英国领海以及周围的海域进行评估。

自该机构成立以来，英国政府的海洋政策逐渐从海洋开发转移到海洋环保。在收到该机构的第一份报告后，英国政府便通过修改《大渔业政策》，禁止在苏格兰西北部海岸以外 12 海里的范围内，使用破坏海床的渔具，目的是保护苏格兰境内唯一的深海珊瑚礁。在该机构报告的建议下，英国政府还同意将苏格兰西海岸的“达尔文丘”设为“环境保护特别地区”，树立海洋保护典型。

除此之外，英国政府还不断采取保护海洋生态系统的举措。2002 年 5 月 1 日，英国政府提出了“全面保护英国海洋生物计划”，

---

① 国家海洋局财政部编：《国外海域使用管理立法和实践》，1999 年 8 月，第 37 页。

为生活在英国海域的 44000 种海洋物种提供更好的栖息地。2003 年，在“大西洋东北海域环境保护”公约组织的建议下，英国政府还建立起了一个包括海洋科学、发展状况、发展前景等内容在内的数据网络，全面系统地开展海洋环保。

一些民间的环保机构在英国海洋保护的活动中也发挥了不可小觑的作用。2000 年 10 月 31 日，一艘满载苯乙烯的意大利货船在英吉利海峡附近沉没，对当地海域造成了较为严重的威胁和破坏。这一事件发生后，环保人士不断要求英国政府修订处理“海洋垃圾”的有关条例。

海洋资源的可持续发展在英国已经渗入各行各业。北海油田是英国能源的主要产地，但是，随着新型能源的发展和应用，英国也在向海洋“要”可再生能源。目前，苏格兰北海岸和威尔士东海岸已经建立了五六个大型风能发电场。但是，在建立这些风能发电场的同时，开发商一直保持着保护海洋的思想。英国海下公司是一家专门协助可再生能源开发商考察能源基地的企业，该公司的负责人吉姆·贾米森说：“在进行可再生能源开发时，一样要考虑环境和可持续发展。”他说，在设立风能发电场之前，开发商会聘请专家对海域周围的生物、海床结构进行全面考察和评估，为的是不破坏环境，并保证开发的持续性。

随着海洋保护的观念深入人心，普通的英国百姓也不断用行动捍卫自己国家的海域。1999 年 11 月中旬，一艘前美国海军报废油轮“卡卢萨哈奇”号驶入英格兰东北港口，等待一英国公司对其进行拆解。尽管美国海军已与这家公司达成了总金额高达 1670 万美元的拆解合同。但是，为了保护自己的家园，数百名环保人士到港口和唐宁街外抗议。在他们的努力下，英国最高法院终于判定英国公司必须取消该拆解合同。

用“赖以生存”来形容海洋对英国的重要性并不过分。也正因为此，英国自上而下都在通过不同的方式保护着海洋。

第三节　美国的海域有偿使用制度

一　美国海域有偿使用制度的概况

美国东濒大西洋，西邻太平洋，海岸线全长22680千米，是世界上海岸线最长的国家，其75%以上的人口均居住在邻接海洋和五大湖的各州。[①] 历史上，美国对海域使用的管理主要是在商业、海事运输、食物生产和安全防御等方面，其对海域使用的管理可以追溯到美国建国之前的久远年代。1716年美国设立了灯塔服务处，这标志着美国对海洋管理的开始。之后美利坚合众国的建立，伴随着海上贸易的发展，美国对海洋管理的领域不断扩大。美国是集中管理型模式下实施海洋综合管理的海洋大国。

20世纪30年代，美国对其周围海洋的管理主要集中在导航、救援、轮船检验、缉私、税收、卫生检疫、缉毒等方面。从20世纪30年代后期开始，由于全球海洋经济的发展，海洋利用越来越受到各国重视，美国逐渐加强了对其周围的海域海洋空间和海洋资源的管理和保护，开始将海洋作为一种可利用的资源对其实施立法，进行管理。至20世纪70年代，美国海域使用管理的立法达到高峰，并基本形成了一套有关海域使用管理的法律体系。进入20世纪80年代，立法重心则转到对这些法律的修订上。到目前为止，美国已形成了较为成熟的海域使用管理的立法体系，在若干制度上也较为先进。应该说，美国的海域使用立法基本上是立足于管理的角度。但通过这些立法，我们也不难捕捉到其海域使用权制度的大体轮廓。

在美国，联邦政府所有的水下土地的招标出租需要内务部长的批准，州政府所有的水下土地经州政府批准出租。根据《外大陆架

---

① 国家海洋局财政部编：《国外海域使用管理立法和实践》，1999年8月，第9页。

土地法》规定，联邦政府有权制定必要的外大陆架的法律规章，规定其出让和租赁的程序，内务部长通过招标的方式向出价最高的可靠投标人出让含油、气、硫的区块进行开发。美国法律同时规定内务部长每次可以出租的区块面积不超过5769英亩，租赁的期限一般是5年，但期限可以延展。中标人与内务部签订协议后，取得特定海域的使用权，可以进行海洋油气矿产的开采。联邦政府享有收取土地租金、场地使用费、特许费、享受租赁红利等权利。沿海州政府享有所有权的3海里范围的水下土地通过其招标、出租程序，授予水下土地使用权，收取租金。

二　美国海域使用中的管理权

在第二次世界大战以前，美国对于海洋管理的重点还只是航运。美国建国初期，领海的水下土地和资源归沿海州所有，水下土地和资源的权益由州行使。开始将海洋作为一种可利用的资源对其实施立法，进行管理是第二次世界大战以后。美国是第一个发起世界性由国家围圈海洋空间运动的国家。

1945年9月28日，杜鲁门总统发布了关于大陆架资源和渔业保护的大陆架（2667号）和渔业（2668号）两个公告，这两个公告基本确定了以后美国海域使用的立法走向，成为当代海洋法的起点。在这两个公告中单方面主张了对大陆架资源的要求以及在水下土地的上覆水域建立渔业养护区的权利。在公告发布以前，沿海各国仅就海洋空间或资源提出了各自不同的有限的管辖要求，大多数国家有关海洋的要求仅限于3海里的领海。由于美国是联邦政府和州政府的分权体制，使得美国联邦政府和各州之间进行了一场关于领海底土及其资源所有权归属的长期论争，沿海各州及众议院力主联邦政府应放弃沿岸海域底土及其资源所有权的要求，而联邦政府和最高法院则主张联邦政府应对此拥有至高无上的所有权。1945年联邦政府要求最高法院宣布，对水下土地拥有所有权的是美国，而不是沿海各州，并禁止沿海各州对美国权利的侵犯。1947年6月23日美国最高法院确认了联邦政府对沿岸海底土地的权利，并指出：

“……对领海的保护与控制确实是国家对外的职能……边缘海是国家而不是州所关切的地方，因为这里涉及国家利益、国家职责及国家的利害关系。贸易、国防、与其他国家的关系、战争与和平等问题都集中在这里。”最高法院裁定，根据美国宪法，州对领海并不拥有权利，联邦政府应当拥有至高无上的权利。然而，联邦和州政府关于水下土地所有权之争并未因此而终止，这场争论的结果是1953年5月23日《水下土地法》的出台；同年，为履行杜鲁门公告而制定的《外大陆架土地法》也告颁行。这两项法律明确规定了3海里领海范围内的海床及其资源由州政府管辖，3海里之外的外大陆架由联邦政府管辖。而领海水域的管理由联邦政府和州政府共同管理，这与海底的管理不同，联邦政府通常负责领海的安全、防卫、外事、航运、科研调查等，而其他事项则由沿海州政府管理，由此决定了美国海域使用管理中联邦和州政府分权的原则，从而逐渐形成了较为复杂的海洋管理体制。随着国际海洋法的发展，1988年美国将领海的宽度扩展到12海里，但州享有的水下土地的范围并未随领海的范围扩展而扩展，仍然是享有3海里的水下土地所有权。

美国同英国一样把内水和领海海域视为“水下土地”予以规定。美国也是通过公共信托理论明确国家或政府对水下土地的所有权，并通过《水下土地法》和《外大陆架土地法》规定了沿海各州和联邦政府的水下土地所有权。美国《水下土地法》和《外大陆架土地法》中规定“水下土地”是指：“可航行的非潮汐水域下的所有土地，上限为平均高潮线，并不断受冲击层、冲蚀作用和残积物的影响而变更，潮水永久性淹没或周期性淹没的土地，陆侧不超过平均高潮线；以前的水下土地，后经人工填围海造田而造成的土地，按水下土地对待”。由此明显看出了美国也是通过公共信托理论来明确国家或政府对水下土地的所有权。

三　美国规范海域有偿使用制度的法律法规

海域有偿使用是美国管理沿岸海域的基本制度之一。《外大陆架土地法》是“为联邦政府对外大陆架水下土地实施管辖和授权内政部长为某些用途租借上述土地特制定”的。它共有 17 节，主要针对外大陆架底土和海床资源开采的用海行为。有关海域有偿使用的内容包括：第 3 节确认了“外大陆架底土和海床归联邦政府所有，联邦政府对其拥有管辖权、主权和支配权”；第 5 节详细规定了外大陆架的租借管理；第 6 节规定了外大陆架租约的维系；第 7 节明确了联邦政府同州政府的管辖权属；第 8 节规定了外大陆架租借的各项内容以及第 9、10 节对租金的处置问题。1978 年美国又颁布了《外大陆架土地法修正案》，进一步加强了对外大陆架土地的管理。美国以此作为依据授权内政部长向出价最高的可靠投标人出让含油气的区块，限定租期。为此，联邦政府可收取区块租金、招标费、场地使用费、特许费、产值税、享受租赁红利等，仅区块租金一项联邦政府每年的收入就达 2000 余万美元。

20 世纪 60 年代初期美国人意识到了海洋对国家的防卫以及社会经济的发展具有许多重要的利益，要实现及调整这些利益，就需要制定长期计划和政策，以便于全国能够按其要求行动，有序地开发利用海洋。在这个背景下，美国于 1964 年制订了《大陆架资源保护法》，于 1966 年又先后制订了《海洋资源和工程发展法》《国家海洋补助金学院计划条例》和《12 海里渔业经济区法》，于 1969 年制订了《国家环境政策法》等。20 世纪 60—70 年代是美国海域管理立法的酝酿、制定、颁布时期，原因在于：一是美国国家海洋资源和工程委员会于 1969 年 1 月向总统提交了美国 1971—1980 年海洋规划，题为《我们的国家和海洋》，内容涉及美国的海洋科学、工程技术、海洋资源政策、资源的开发和管理、近海水域和海岸带的开发利用和管理、国家的海洋管理体制、组织机构、海洋经费预算、国际合作等问题；二是《海洋资源和工程发展法》及 10 年规划对 20 世纪 70 年代美国海洋管理立法和实践产生了重大影响，导致了海岸带管理等新型的海洋管理领域的产生和《海岸带管理法》《海洋保护、研究和自然保护区法》《深水港法》等一批重要的海洋管理法规的出台。这一时期是美国海域使用管理的一个承上启下的时期。

自20世纪70年代以来，一方面随着人类对海岸带开发利用的逐渐多样化，已经不仅仅是海岸防护、污染等某一方面的问题，而是不同行业之间日益突出的利害之争，沿海生态环境遭到破坏，海洋污染严重；另一方面，人们开始越来越清醒地认识到海岸带地区的特殊性和重要性。美国于1972年10月27日由国会颁布了《海岸带管理法》，该法是美国调整其海域使用的重要法律。联邦政府和各州政府作为各自范围内的水下土地的所有权人可以通过法定的程序和规定，通过招标或出租的形式和承租人订立水下土地承租合同承租人通过交纳租金等形式取得水下土地的使用权并受到财产法的保护。该法使海岸带综合管理作为一种正式的政府活动首先得到实施。美国颁布《海岸带管理法》以后，绝大多数沿海州都相继颁布了本州的《海岸带管理条例》，从联邦到地方都设立了海岸带管理机构，实现了海岸带综合管理（Integrated Coastal Zone Management, ICZM），从此，也推动了世界各国海岸带综合管理的发展。调整美国海域使用的重要法律《海岸带管理法》强调其目的在于："达到海岸带水土资源的广泛利用，并充分考虑生态、文化、历史、美学价值和经济发展的需要"。依据该法，美国确立了海域使用活动的基本原则——"一致性原则"，[1] 并初步确立了海域使用的许可证制度和有偿使用制度，该法还对联邦和州政府海域使用的权限划分作了较详细的规定。

为了控制海水污染，保护海洋环境，美国国会于1972年通过了《海洋保护、研究和自然保护区法》，它要求商务部制定一项长期规划，以解决海域污染、过度捕捞及海洋生态系统的人为变化可能造成的长期影响。

美国还于1972年颁布了《海洋哺乳动物保护法》《联邦水污染

① 所谓"一致性原则"，是指处理海岸带各种利益冲突的主要机制，即在沿海各州的海岸带管理计划获得批准之后，所有影响土地和海域使用活动，包括联邦政府的开发项目，都应该与该州的海岸带管理计划的目标相一致。

控制法》。1973年颁布了《濒危物种法》，为了调整深水港的海域使用问题，于1974年颁布了《深水港法》，规定深水港的建造和使用应进行广泛的协调，须与国家的海洋政策和利益相对应。由于第三次联合国海洋法会议谈判的缓慢进程，对北大西洋渔业过度捕捞需立即采取行动认识的缓慢发展，为了加强对海洋渔业的调整力度，美国于1976年颁布了《渔业保护和管理法》，该法明确必须制定和实行国家渔业管理标准，建立渔业管理委员会，健全渔业保护和管理原则，它标志着美国由传统的渔业管理制度开始转向综合的渔业管理制度。

美国根据使用的不同地理位置，采取不同收费标准。在滨水区，平均高潮线向水一侧开发许可证依据《沿海地区设施审查法》制定收费标准；对于在平均高潮线向岸一侧的开发工作，依据《淡水湿地保护法条例》许可证所规定的收费标准；在有潮水域则依据《1970年湿地法》许可证制定收费标准。

美国在海域使用上的立法实践中不断调节利益主体的平衡及适应国际海洋经济发展与本国的实际。美国于1980年先后出台了《深海底硬矿物资源法》《海洋热能转换法》，于1982年出台了《海岸沙坝资源法》。1983年1月，对《渔业保护和管理法》进行了较大的修订，以加强渔业管理体制并防止资源进一步衰退。1983年3月10日，在习惯国际法基础上，里根总统宣布了200海里专属经济区，根据专属经济区的提法替换了渔业区的主张。1984年美国国会对海洋自然保护区做出了重大修订，确立了海洋自然保护区内将有多种用途和兼容使用，允许合适的团体和机构参与海洋自然保护区的选划过程和制定管理条例的工作。修正案重申了自然保护区规划原有的保护重要海洋资源的目的，但改变了自然保护区的选划方法，要求开展更多的环境研究，更广泛地进行协商和较多地注重经济影响，反映出自然保护区在概念上的变化。1986年4月7日的《海岸带管理法》总结了沿海各州、环境专家、地方官员及公民维护和支持国家和州的管理规划的工作成果，根据修正后的精神，各州海岸带管理规划也作了某些修改。自 1972 年《海岸带管理法》颁布后，先后经过 5 次修改，已经确定了资源开发与环境保护兼顾并重的原则。另外，还有一些新的法律法规出台，其实质主要是对旧的条文进行修正，如 1984 年和 1988 年的《海洋哺乳动物保护法》修正案等。

美国长期以来对海岸海洋实施的综合管理虽然取得了卓越的成效，但仍存在一些不足之处。这主要表现为 1972 年以来，美国政府试图赋予沿海各州对海洋及其活动更多的控制权，但在实践中矛盾重重，并与一些法规如 1972 年颁布的《海洋保护、研究和自然保护区法》相抵触。再如 1988 年制定的《美国海洋自然保护区规划条例》与《海岸带管理法》也有冲突之处，如果说后者试图将对海岸带的更多权力赋予沿海各州的话，那么前者则企图让联邦政府收回一切权力，某一海域一旦确定为自然保护区，商务部就将对该海域拥有充分的控制权。在部门间的协调活动方面，海洋和海岸带政策较弱，最明显的是在联邦一级，缺乏有效的协调机构。海洋管理职能分散在多个议会和行政部门之中，与海洋有关的全部立法权由众议院 12 个常设委员会中的 39 个小组委员会和参议院 10 个常设委员会中的 36 个小组委员会分担。美国国家海洋大气局成立于 1970 年，然而并未按委员会的设想成为直接向总统报告的统管海洋的独立部门，事实上是隶属商务部的一个独立局，是一个由一些有关部门拼凑而成的较松散的部门，并不能统管全国的海洋工作，海上执法的主要部门——海岸警备队也未并入该局而归运输部。除此以外，联邦和州在领海的管辖权上有一定的交叉，在管理体制和职权方面美国也深深感到困难重重，力不从心。《海岸带管理法》是美国海洋政策和规划发展的一个重要产物，但它所涉及的范围十分广泛，所调整的对象又非常复杂，对一些问题特别是海域管理权限的划法，该法不但没有解决这些职权不明或冲突问题，反而将其混为一体。

四　美国规范海域有偿使用制度的特点

（1）立法形式基本完成了由单项的部门立法向综合管理立法的发展。在美国进行海岸带立法的初期，所颁布的法规都是专为某一目标的部门性单项法规，如1903年的《大马哈鱼渔业法》、1916年的《海运法》、1924年的《石油污染法》、1936年的《商船法》等。20世纪60年代以来，海岸带的利用逐渐多样化，不同行业之间的矛盾日渐突出，依据部门性的单项法规进行的各部门的分工分类管理已经不能适应严峻的管理形势了。1972年颁布的联邦《海岸带管理法》，是世界上第一部综合性的海岸带管理法规。由此开始了海岸管理立法在立法形式上由单项的部门立法向综合管理立法的发展。

（2）增加了联邦到地方政府的管理职能，促进新的管理制度的建立。美国海岸海洋管理的内容与目标反映了管理的职能，这一点在前述内容中可以了解。美国的海岸海洋管理体制从联邦到州、地区和地方有三到四级，这些管理职能落实到海域实体上，从水面到水下土地，从海岸、潮间带、领海、毗连区、专属经济区到大陆架，具有完整的空间结构。

（3）管理计划与环境影响评价制度对世界沿海国家的海岸海洋管理具有普遍意义。美国是世界上较早实施海岸海洋全面管理的国家之一，这有赖于美国浓厚的海洋意识和完整的海洋发展战略，因此，相关的管理制度首先在美国建立起来有其客观原因，因为美国是最发达的国家，海岸带开发比别的国家要早一些，矛盾暴露也早一些；另一方面美国又是一个法制比较先进的国家，迄今为止美国制定的有关海洋和海岸带的法规可能比其他任何国家都多，并取得了重要的进展。在诸多法律法规中，《国家环境政策法》要求对所有影响环境的联邦行动作出环境影响声明。而《海岸带管理法》则要求联邦及各州、地方政府制定海岸带计划，从而使这两项法规成为美国最有影响力也最适用的法规。环境影响声明已被统一归纳为环境影响评价程序，这一程序已被许多国家用来作为其环境保护计划的主要内容。海岸带管理计划也在某些方面为其他考虑采取海岸带管理行动的国家起到示范作用。

五 美国规范海域有偿使用制度的实践

（1）建立了以州为基础和分散型的海岸海洋管理体制。沿海各州建立的不同形式的海岸带管理委员会，其名称、组织形式因各州而异。其共同的职责是与其他有关部门组织拟定和实施本州的海岸带管理规划，组织举行各种公众听证会，听取对重大海岸带开发活动的意见，审核涉及本州海岸带开发项目，决定是否颁发许可证。对于现有法律还不足以保护的特定区域，还可确定为环境敏感区、海岸带资源敏感区、特别区域、特殊处理区等，采取特殊措施予以保护。

（2）编制执行与联邦一致性的各级海岸带管理计划。在“美国海岸带管理计划”中，《海岸带管理法》为各州提供联邦拨款，以便各州根据该法所提供的指导方针来制定管理海岸计划，并通过“联邦一致”规定，承诺联邦政府的行动将与批准的州计划保持一致。1976 年，华盛顿州海岸计划第一个获得联邦批准。在 1980 年至 1985 年间，国会对《海岸带管理法》进行了修改，从而加强和扩大了海岸带管理计划，如海岸带能源影响规划也成为国家海岸管理规划的重要组成部分。截至 1998 年，已有 97% 的海岸由各种海岸带管理计划管理。国家海洋保护区计划于 1972 年制定，1988 年和 1992 年做了重大修改，作为《海洋保护、研究和自然保护区法》的一部分，该计划旨在根据一个海洋区域的资源价值和人类利用价值确定具有国家或国际意义的海洋区域，在法律授权不足的地方授权全面保全和管理这种区域。其他如在渔业管理方面，根据《马格纳森—斯蒂文斯渔业保护和管理法》制定管理计划，通过美国商业部的规定实施。渔业管理计划依据该法所规定的国家标准制定，防止过度捕捞并确保最佳产量。《海洋哺乳动物保护法》为一系列海洋哺乳动物提供了一个综合管理的计划，如果符合该法的严格标准和程序，管理捕捉海洋哺乳动物的权力必须移交给各州，以确保州的计划同该法和国际义务一致。1978年《外大陆架土地法》修正案也规定了租赁和开发计划等。可见，海岸海洋管理计划是美国海岸海洋管理的最基本方式，计划较好地把法律法规确定的管理内容与目标融入具体的行动之中，奠定了保护、保全和协调管理的基础。

（3）实施资源开发与利用的许可证和有偿使用制度。许可证制度一直是美国海岸海洋管理的一项主要措施。如海岸带开发项目，除各主管部门签发的各种许可证之外，还需要获得海岸带使用许可证，实践中并不采用单一的许可证制度。许可证制度在公开展示的海洋哺乳动物、公海海底采矿、大陆架勘探活动等也莫不如此。在有偿使用制度方面，美国也是征收多种费用，如区块租金、招标费、产值税等，仅区块租金联邦政府每年的收入就达2000多万美元。

（4）管理方式上法律手段、行政手段和经济手段并用。目前，美国以多种方式实施对海岸与海洋的管理，除法律手段外，还包括行政手段和经济手段。行政手段是指制定国家海洋政策、海洋功能区划和海洋开发规划以及行政机关发布命令、指令、决定等。经济手段是经常采用的重要方式，是指国家海洋管理机关利用税收、财政援助、罚款等方式间接管理海洋，主要是通过发放制定海岸带管理规划补助金、救济补助金和行政管理补助金，鼓励沿海各州制定和实施海岸带管理规划。此外，还设立沿岸能源影响基金，管理和协调沿岸能源影响规则，提供财政援助，解决地方政府因特定的能源活动而产生的需要。

第四节　法国的海域有偿使用制度

一　法国海域有偿使用制度的概况

法国位于欧洲西部略为凸起的海峡之上，与北海、英吉利海峡、大西洋及地中海四大海域相接，法国的海岸线总长5500千米。法国是世界沿海国家中最早实行高度集中的海洋综合管理体制的国家。早在1960年，法国时任总统戴高乐就已提出“法兰西向海洋进军”的口号，1967年，法国就成立了国家海洋开发中心，这是一个具有工业和商业特色的公共研究机构。其任务是在国营企业、私人企业和各部之间起桥梁作用，发展海洋科学技术，研究海洋资源开发。自20世纪80年代，法国的海洋管理有了很大发展。1981年法国首先在政府部门增设了海洋部，1983年更名为“海洋国务秘书处”，这是法国政府统一管理、协调海洋工作的职能部门，海洋国务秘书处直属法国总理领导，它可直接向总理报告工作，可以参加政府内阁会议，负责制定并实施法国海洋政策；负责法国本土管辖海域和海外领地管辖海域；管理法国海岸带及海区公共财产；保护海洋环境；推进海洋开发领域的国际合作；保障海上作业人员安全等职能。“海洋国务秘书处”的成立，使法国的海洋实现了集中统一管理。

法国海洋地产属于国家所有，其使用权可以出让给特定使用人。法国通过《民法典》规定海域属于公有财产的性质而只能由国家对其享有所有权，并排除个人所有权的存在。《民法典》第583条规定：“由国家负责管理的道路、公路与街道，可航运或可漂流的江河、海岸、海滩、港口、停靠锚地，广而言之，不得具有私有财产性质的法国领土之任何部分，均视为公有财产的不可分割之部分。”法国把海域的法律性质归属到“海洋地产”的概念中，并将其归属于不动产范畴并适用不动产法律原则和规则。国有海洋地产作为国有财产，不受时效的约束，不得被转让。海域所有权的代表人主要是中央政府（主要是国防占用的海域）、省政府、自治港当局和自治团体。这些所有权代表有权行使海域的占有、使用、收益和处分的权利。同时，法律也规定海域使用权可以出让，因此，可以说，法国在规定海域所有权的同时，也规定了海域特许使用权。法国国有海洋地产通过多种方式出让或者出租。

（1）通过特许出让协议方式。使用海洋国有地产须事先向有关部门提出书面申请，经公众调查和有关程序审查后，省长作出批准或拒绝的最终决定。经省长批准出让海洋地产使用权的，由省长与使用人签订特许出让协议，获得海洋地产使用权人要缴纳特许费用。

（2）通过经营许可证和占地许可证方式。法国法律规定在有关国有海洋地产上已建有附属建筑物的，属于地方单位管辖权限的港口海洋国有地产的附属建筑物，在国家获得管理上述附属建筑物地方单位的同意后，可以颁发经营许可证和港口占地许可证，收取使用金。

（3）通过海水养殖经营许可证方式。在由国家直接管理的海洋国有地产上，根据现行有关海洋捕捞和海水养殖方面的法律法规颁发海水养殖经营许可证。

二　法国规范海域有偿使用制度的法律法规

英美"水下土地"的概念涵括海域所包含的水体、水面、海床、水下土地和水上空间。而法国并不像英、美两国那样对海域作整体性的规定，而是区分海域的不同组成部分，对不同的组成部分进行分别立法和规范。法国的海洋管理制度虽然比较健全，但没有制定海域使用方面的制度。法国调整海域使用主要由单行法作出规范。其中，涉及海域使用管理内容的主要有1982年颁布的《国有财产法典》、1963年施行的《关于海洋国有地产的法律》、1966年制订的《关于海洋国有地产实施细则》、1986年实施的《关于海滨的保护、开发和治理》以及1986年和1989年先后颁布的《城市化法典》《农村法典》等，这些法律制度，都包含一部分海域权属和使用的管理规定。如法国《关于海洋国有地产的法律》中规定领海的地表层和地下层、未来的冲积地、淤积地以及海浪冲击作用下人为减少的土地属于国有海洋地产，与海洋土地相区分的水面也属于国有海洋地产。同时，在其相应的一些关于海洋和海滨的法律规定中甚至对供游船停泊的船坞或水面以及和公共道路相连接的码头也是国有财产。

法国对国家所有的“海洋地产”分别由中央政府、省政府和地方当局的自治团体作为代表享有和使用权利，禁止海洋地产的所有权归私人所有，但是，在不违反公共利益和公众自由出入与航行的前提下，可以由政府通过特许合同的形式赋予海域使用权。海洋地产的使用权人须向国家缴纳使用金，使用权人的权利受到民法规范的保护。如《国有财产法典》第 L·64 条规定：“沼泽地、海洋冲淤积地、筑坝权、滩地、江洞和洪水冲积地和淤积地构成公有地产或国有地产的，只要遵守国家的规定，国家可以将它们出让。”法国《国有财产法典》特许修筑堤坝第 62－298 号法令和 62－299 号法令中第 R. 130 条规定：“（1969 年 2 月 6 日第 69－137 号法令第 1 条）依照专门的法律法规，通过友好协商出让国有不动产和属于国有不动产的，出让价由（1970 年 12 月 11 日第 70－1160 号法令）‘税务局长’确定，无论出让地产的价值如何，均须经过省长批准。无法友好协商解决的，应按照公用事业征用方面的定价方法确定出让价。”在《关于海洋国有地产实施细则》中，更为详细地规定了国有海洋地产的所有权管理、创建和使用权和所有权的分离、使用、买卖等办法。这些均与我国相同。

第五节　日本的海域有偿使用制度

一　日本海域有偿使用制度的概况

日本是一个四面环海的岛国，按照日本政府 1996 年统计，其海岸线共达 33899 千米，领海面积达 31 万平方千米，渔业水域达 361 万平方千米，200 海里水域面积达 429 万平方千米。日本陆地资源匮乏，国内资源主要来源于海洋。随着科技的发展，日本经济的重心也由重工业、化学工业逐步向海洋转移，日本经济发展和社会生活越来越依赖于海洋，有效地开发利用海洋成为日本的一个非常重要的战略。[①] 日本对海域的利用较为充分，除航运、渔业、矿产资源及海水资源的开发利用外，还大规模地进行围海造地，建造人工岛、海上机场、工业用地、居住用地，开辟人造海滨、海水浴场、旅游基地、海滨娱乐综合设施等。因此，其海域使用立法涉及的范围颇为广泛。与世界其他国家相比较，日本更为重视海域使用立法工作，并较早地建立起了一套完整的涉及范围广泛的海域使用与管理的法律体系，仅有关沿岸海域使用的法规就达 24 项[②]，而且这些法律大多得到了良好的实施，有的为其他一些沿海国家所效仿。可以说，日本较为完备的海洋立法，对规范其海域的所有及使用，推动其经济起飞和整个国力的增强，发挥了巨大的作用。

日本的涉海管理部门很多，全国没有统一的海洋管理职能机构。日本也没有建立起专门适用海域使用管理的法律制度。在其颁布施行的《海岸法》《海岸法实施令》和《公有水面填埋法》中，都包括了一部分海域使用管理的规范内容。日本规定的海岸区是一个狭窄概念，仅只处在高低潮之间，误差不超过 50 米的范围内，和德国相同。日本的民法典没有规定国家对海域的所有权，不同的是日本不是通过其他海域法而是通过最高法院的判例规定了海域的法律性质。如 1986 年 12 月 16 日日本最高法院判例指出："海，自古以来，以自然状态供一般公众共同使用，即所谓的公共用物，服从国家公法支配管理，不允许特定人的排他性支配，所以，维持原本的状态，并不相当于所有权客体的土地"，"海不是土地，不是所有权的对象，海在社会观念上，在海水表面达到最高潮面的水际线处，与陆地区隔且此为海域土地的境界线。"这就是说海具有公共物的性质，它不同于土地，不能被国家或特定人排他性占有，但不排除国家根据法律对海域进行直接管理和支配，国家可以废除传统上的公共用海。

---

① 国家海洋局财政部编：《国外海域使用管理方法和实践》，1999 年 8 月，第 66 页。

② 同上书，第 71 页。

二　日本规范海域有偿使用制度的法律法规

日本主要通过渔业法规定渔业用海。如1901年制订的《明治渔业法》确立了渔业权制度，1949年制订的现行《渔业法》将渔业权视为物权，适用土地管理的规定。1977年颁行了《关于渔业水域的临时措施法》及其施行令，对渔业的许可及其标准作了相应的调整，对渔业费的征收、许可的撤销、附加条件等做了详细的规定。

日本通过其他法律规定非渔业用海的行政许可和有偿使用原则。1921年制定的《公有水面填埋法》（1921年制订，1957年第13次修订）是日本在海域使用上颁布得较早的法律，依据该法，任何填埋行为都必须事先获得都、道、府、县知事的许可，该法中对准予许可的条件也作了列举性规定，如符合国土的合理利用及环保和防灾的要求、申请者要有足够的资力和信用、填埋所获收益明显超过可能造成的损害和损失等；同时，该法还对填埋权人享有的权利和义务、填埋权的转让和继承、填埋许可费用等作了详细的规定。《公有水面填埋法》在日本海域使用立法中占据重要地位，这是因为日本国土面积狭小，围海造地成为日本拓展国家生存空间的重要手段。该法制订之后，为韩国等沿海小国所仿效。该法主要规范将国家所有的水面（其中主要是海域）填埋为陆地的行为。该法第十二条包含两款规定：①在允许填埋公有水面时，“都、道、府、县知事应征收填埋许可费用”。②“关于前项征收的许可费及所属的必要事项，应用政令作出规定。”

为了规范海岸使用及其管理，防止海岸因海啸、高潮、波浪或地基变化而遭受损害，除《公有水面填埋法》以外，日本在1956年制订颁布了《海岸管理法》及内容详细的实施令。该法第七条第一款和第八条第一款规定了非海岸管理者如果在海岸带保护区内进行某些海域使用活动，必须要获得海岸管理者许可，且须缴纳占用费或开采费。[①] 该法中还对海岸设施建筑的标准作了严格的限制规定。而根据《海岸管理法》第 11 条规定：“海岸管理者按照主管省令的规定的标准，可以向得到第 7 条第 1 款或第 8 条第 1 款第 1 项规定的许可者征收占用费或土石开采费。但是，对在其他土地的土石开采，不能征收土石开采费。”如果使用海域为渔业权所包含的特定海域，国家可以在禁止海域私人所有权的前提下废止渔业权而许可海域使用权的设立，国家将对渔民进行补偿。该法第 7 条第 1 款和第 8 条第 1 款规定了非海岸管理者如果在海岸带保护区内进行某些海域使用活动，必须要获得海岸管理者许可。

日本海域使用法律体系中另一重要的法律是《渔港法》，这是因为渔业生产在日本国民经济中占有较大比重，在世界上也位居前列，该法自 1950 年颁布以来，至 1989 年已修改了 29 次。但该法主要侧重渔港管理方面的规定，对私人渔业行为调整的规范很少。为弥补其不足，适应渔业发展的需要，日本于 1977 年颁行了《关于渔业水域的临时措施法》及其施行令，对渔业的许可及其标准作了相应的调整，对渔业费的征收、许可的撤销、附加条件等也作了细化规定。

在大规模开发利用海洋资源的同时，日本对海域资源保护及环境保护也非常重视。在此方面，日本颁布有《水产资源保护法》《水质污染防止法》《海洋污染及海上灾害防止法》以及《濑户内海环境保护特别措施法》等。此外，日本还颁布有合理利用港湾、建设和维护港湾环境及秩序的《港规法》和《港湾法》等。

---

① 该法所规定的海岸保护区，是指一定范围内的陆地和水面。据其第 3 条第 3 款的规定，应将海岸保护区控制在最小限度的区域内。陆地以满潮时的水际线为界，水面以落潮时的水际线为界，均不得超过 50 米。也就是说，通常海岸保护区的宽度为潮间带加两侧各不超过 50 米宽的陆地和水面。但是，根据地形、地质、潮位、潮流等情况，在认为有必要或不得已的时候，陆地和水面均可超过 50 米。根据该法第 8 条第 1 款的规定，与海岸有关的海域使用活动，主要是指：开采土石和砂；新开辟或改造水面或新设地区的其他设施；挖掘土地、堆土、铺土及政令规定限制的其他行为。

第六节　韩国的海域有偿使用制度

一　韩国海域有偿使用制度的概况

韩国位于朝鲜半岛南半部，西邻黄海，东濒日本海，东南是朝鲜海峡。韩国虽不属世界海洋大国，但就韩国本国情况来看，其三面环海，属典型的半岛国家，除半岛之外，韩国还拥有3000个大小岛屿。韩国海域的自然条件优越，海洋资源丰富，自古以来海洋就在韩国人的生活中起着重要作用，海洋产业在其国民生产总值中占有较大比重，因而该国高度重视海域使用立法，其发达程度也位于世界前列。

1996年韩国成立海洋水产部，结束了长期行业管理式的海洋管理体制，对全国的海洋事务进行集中统一管理，其中，包括对公有水面申请使用的批准或拒绝，以及使用费或占用费的征收或减免等。

二　韩国规范海域有偿使用制度的法律法规

韩国是较早把海洋作为一种特殊的空间资源而加以管理的国家。该国在海域立法体系中，最为重要的法律是早在1961年就已经仿照日本制订并实施的韩国《公有水面管理法》，该法以公有水面为调整对象，所谓公有水面是指“海域、河流、湖泊、沼泽及其他用于公共目的的国有水流或水面以及湿地滩涂，可作为公有水面的组成部分，且不受有关河流法令的限制。”就公有水面使用权的许可、费用征收、权利义务以及权利的转让、停止和取消等作了详细的规定。该法中公有水面的权利称为公有水面使用权，公有水面使用权也包含了海域使用权。涉及海域有偿使用的第7条明确规定：“管理厅可以向依据第四条第1款的规定已取得许可者征收占用费或使用费，但以公用或公益为目的而使用的非营利性事业的行为，可以减免（上述费用）。”该法中的不少条款、制度为我国的《海域法》

所借鉴。

1970 年韩国又颁布了《公有水面管理法施行规则》，其中，第 3 条包含了占用费的标准，可减免的情况以及支付方式；第 3 条之 2 则是有关占用费催收的内容；第 4 条则是占用费的调整。之后相继制订施行了《公有水面管理施行规则》《有关公有水面管理的事务处理规定》等配套管理制度。

为了调整海域及其他水域的填埋问题，韩国仿照日本在 1962 年制订了《公有水面埋立法》，同时，颁布了详细的施行令和施行规则。该法除调整埋立活动外，还适用于水产品养殖场建造、造船设施的设置、潮汐能利用设施的建造以及利用公有水面的一部分进行永久性设施的建造等。《公有水面埋立法》中确立的一些基本制度，如埋立许可制度、费用征收制度、埋立后的所有权归属制度等，与日本的《公有水面填埋法》比较相似，但其适用范围却被大大地扩张。除调整埋立活动外，该法还适应于水产品养殖场的建造、造船设施的设置、潮汐能利用设施的建造以及利用公有水面的一部分进行永久性设施的建造等。

为明确海洋及其资源的合理开发、利用和保护的基本政策和发展方向，韩国于 1987 年颁布了《海洋开发基本法》，该法在韩国海域使用立法中占据基础地位。该法要求政府制订海洋开发综合计划，并在此基础上制订每年的实施计划。《海洋开发基本法》集中体现了立法机关在海域使用上的基本立法思想，为以后的海域使用立法确立了基调。

韩国调整海洋渔业方面的法律称为《水产法》而非《渔业法》，其原因是该法包括的内容较为繁杂，甚至有渔获物运输业和水产制造业的相关条款，但其主要内容还是海洋渔业方面的规范，尤其是 1990 年修订后的《水产法》，对渔民的权利问题给予了较多的关注。

韩国海域使用立法的另一特点是：与多数国家海底矿产资源的开发适用陆地矿产资源开发的法律不同，其于 1970 年颁行了专门的《海底矿物资源开发法》，对海底矿产资源开采所涉及的一系列法律问题均作了明确的规定。

第七节　其他有关国家的海域有偿使用制度

一　德国海域有偿使用制度的概况

德国位于欧洲的中部，东北部濒临波罗的海，西北部濒临北海，海岸线长1300多千米。德国在统一成为一个国家之前存在许多独立或相对独立的城邦或行政体，在长期的历史过程中逐渐形成各自控制的疆域行政界限，统一后原有的行政单位以及行政区域都被继承下来。

德国民法典中没有直接规定国家对海域的所有权，也没有使用权的规定，而是通过联邦法律和州法律来规定海域的法律性质。如1951年的《关于联邦水道财产关系之联邦立法》将德国的水道分为内水水道和海水水道，内水水道所有权归属于沿岸各州，海水水道所有权归属于联邦，海岸所有权归属于国家。根据其公法法人私有财产所有权理论，国家对海域的所有权和民法上的所有权具有相同的性质和效力，但由于海域的公共使用和公共利益需要而限制其私法效力，因此，海岸虽属国家所有但有公共使用的性质，所以，排除了所有权本身具有的排他性所有物保全请求的效力。因此，德国虽然没有明确但是实际上规定了国家对海域的所有权，同时，赋予其不动产土地的法律性质。

德国主要通过水资源法与水道法等一些特别法，同时，连接民法典中的物权体系共同规范其海域使用。联邦和沿海州政府按照法律规定的权限范围共同管理海域，在不违反公共使用和公共利益的前提下，可以由联邦或政府发给使用人许可，并根据海域适用不动产土地的法律性质采用有偿使用的原则。

二　挪威海域有偿使用制度的概况

挪威是位于欧洲最北部的国家。全国国土面积为38.7万平方千米，其中，本土面积为32.4万平方千米，斯瓦尔巴德群岛为6.27万平方千米，扬马延岛为380平方千米。挪威三面环海，自北沿西向南依次为巴伦支海、挪威海和北海。由于境内多峡湾，使挪威的海岸线曲线长达21000千米。

挪威通过颁布一系列的王国法令对海域的使用进行管理，确立海域有偿使用制度。1972年挪威颁布《关于在挪威大陆架的海床和下部地层勘探及开发的王国法令》，其中，第18条规定："当开采许可证发出后，许可证持有者必须缴纳为期6年的每平方千米750克朗的租费，此项费用概不退还。"

三　比利时海域有偿使用制度的概况

比利时西北部濒临北海，拥有65千米的海岸线。同德国一样，比利时在统一前存在着许多独立或相对独立的城邦或行政体，在长期的历史过程中逐渐形成各自控制的疆域行政界限，统一后原有的行政单位以及行政区域都被继承下来。

比利时王国制定了专门的大陆架法，对大陆架海床和底土的矿物资源及其他非生物资源进行规范，并发布了皇家特许法令，明确规定了领海界线及大陆架的管辖范围，资源勘探与开发利用的申请许可由矿产大臣与矿物局长审定，经济事务大臣负责法令的实施。经批准使用的海岸带及近岸海域，申请者需要缴纳租金。

四　澳大利亚海域有偿使用制度的概况

为更好地统筹全国海洋产业协调发展，自1990年至今，澳大利亚制定了一系列的海洋产业发展战略，其目的是统一产业部门和政府管辖区内的海洋管理政策；为保证海洋的可持续利用提供一个框架；为规划和管理海洋资源及其产业的海洋利用提供战略发展依据。1998年3月，发布了《澳大利亚海洋政策》，成立了"国家海洋办公室"。该办公室作为国家海洋部长委员会的办事机构，负责实施海洋规划，协调各涉海部门的矛盾，以加强对海洋的统一领导。针对国内现有海洋开发利用活动，联邦政府或州政府也都制定了相应的法律法规。目前已出台多部海洋法律。

澳大利亚是联邦制国家，与美国联邦和州对海域的管理权设置相似，澳大利亚涉海法律规定，沿海各州对“近岸水域”的3海里以内的范围具有一定管辖权，3海里之外为联邦和州的共同权限。澳大利亚制订有1967年颁布的《石油（水下土地）法》，亦即《矿区使用费法案》。

五　马来西亚海域有偿使用制度的概况

马来西亚1966年颁布的《石油开采法》也有涉及海域有偿使用的规定，其中，第5条第1款规定：“每一项勘探许可证或石油协定的申请，都应做成表一所示的书面形式，并且写明：致州务大臣或首席部长，或者依具体情况，致部长，以便石油当局作考虑。”第2款规定：“第一项申请应随附可能需要缴纳的费用。”

第八节　各国规范海域有偿使用的基本制度

由于海洋区域条件的差异，以及国家间不同的历史文化传统，沿海各国形成了各自独特的海洋使用管理体制。海域有偿使用制度是海域使用管理中的一项基本制度，概括来说是指海域属国家所有，国家作为海域所有者享有海域的受益权，海域使用者必须按照规定向国家支付一定的海域使用金作为使用海域资源的代价。世界各国的海域有偿使用制度大同小异，本质相同，只是在具体设计和表现形式上有所差异。同时，各国又依据其本国国情和海域的自然情况，对海域的不同使用方式在立法规范上各有侧重。为了确保这一基本制度的顺利实施，就必须有一系列其他制度予以规范。

一　海域所有权制度

海域所有权是海域使用权的“母”权，构建海域有偿使用制度，必须首先明确海域的所有权归属。从海域本身的地位来看，海域不仅在各国经济发展中发挥着重要作用，而且在国防上也有着举足轻重的地位。绝大多数沿海国家在立法上都将海域所有权直接或者间接地定为由国家享有，这与国际法上的国家领土主权原则是完全一致的，也符合《联合国海洋法公约》所建立的国际海洋新秩序。海域所有权由国家享有，意味着海域使用管理的权力也主要由国家行使，地方政府仅可根据中央的授权行使部分管理权力。从目前各国海域立法规定的情况来看，尚未见有完全否认国家海域所有权的立法。但由于社会制度、国家体制和历史传统方面的原因，在海域的所有权归属和管理体制上，各国亦有一定的差异。

（1）英国虽然有潮间带和 12 海里的海域属皇室地产的传统，但从其有关的法律规定来看，实际上也是按照海域国家所有的原则来立法的。

（2）虽然美国在 20 世纪 40 年代后期至 50 年代初曾发生过领海底土及其资源所有权归属的争论，但是，其《水下土地法》和《外大陆架土地法》也明确了沿海各州享有领海底土及其资源的所有权，却并没有否认联邦政府享有领海以外的大陆架土地和资源的所有权。规定了 3 海里以内的水下土地和资源所有权归州政府所有；3 海里之外的到领海边界线内的水下土地和资源所有权归联邦政府所有。况且这种所有权分属联邦和各州享有的规定，是与美国联邦政府和各州之间分权的联邦制政治体制密切相关的，而归各州所有的海域在性质上也为公有。

（3）澳大利亚同美国一样，根据《近海问题的宪法解决办法》，将从 3 海里界限向陆地一侧的海域底土所有权划归各州和北方地区享有，3 海里之外的到领海边界线内的海域底土所有权归联邦政府所有。

（4）法国通过民法典直接规定海域属于公有财产的性质而只能由国家对其享有所有权，并排除个人所有权的存在。1963 年法国《关于海洋国有地产的法律》第 1 条规定：“下列土地归海洋国有资产，第三者的权利除外：A）领海的地表层和地下层。这一划分不影响国家各行政部门依照各自在领海内拥有的权力所从事的活动及创建的权利。B）未来的冲积地、淤积地以及在海浪冲击作用下减少的土地，特许契约中有相反规定的情形除外。”

（5）与法国相同，意大利《民法典》第 822 条规定：“海岸、沙滩、海湾停泊处和港口；江河、流水和湖泊以及其他依据法律规定属于公共所有的水源，属于国家所有的财产。”其对海域的使用由单行法调整。

（6）智利《民法典》第 589 条规定：“国有财产的使用属于国家的全体居民，例如，街道、广场、桥梁、道路、近海及其海滩，谓公用国有财产或公共财产。”第 595 条规定：“所有水体为公用国有资产。”对海域的权属做了明确的规定。

（7）德国是通过联邦法律和州法律来规定海域的法律性质。如 1951 年颁布的《关于联邦水道财产关系之联邦立法》将德国的水道分为内水水道和海水水道，内水水道所有权归属于沿岸各州，海水水道所有权归属于联邦，海岸所有权归属于国家。

（8）日本是通过最高法院的判例规定了海域的法律性质。如 1986 年 12 月 16 日日本最高法院判例指出海具有公共物的性质，它不同于土地，不能被国家或特定人排他性占有，但不排除国家根据法律对海域进行直接管理和支配，国家可以废除传统上的公共用海。

（9）韩国《公有水面管理法》规定公有水面是指海域、河流、湖泊、沼泽及其他用于公共目的的国有水流或水面以及湿地，可作为公有水面的组成部分，且不受有关河流法令的限制。

（10）只有瑞典海域立法中有海域私人所有权的条款的明确规定，根据瑞典法律规定，从海岸线外推 300 米是私人沿岸陆地拥有者的私有海域。但由于非濒临私人海岸的全部主权海域和濒临私人海岸的 300 米以外的主权海域，皆由国家享有所有权，因此，国家享有所有权的海域仍占绝对优势的比例。

二 海域使用权制度

海域有偿使用制度是根据海域所有权与使用权分离原则，国家与海域使用单位或个人之间依法建立的一种租赁关系，保证海域使用权作为特殊商品进入市场流动的一种新型海域管理制度。由于对物权及海域使用的不同理解，对海域使用权概念的界定存在不同的观点。因此，在此只讨论世界沿海各国海域使用权的取得。

各国的海域有偿使用制度大都规定了海域使用权的取得需要国家或政府的许可，这叫许可制度。这一制度是各国海域使用立法中均已建立的基本制度。海域使用许可要求海域使用者在使用海域时，必须获得海域所有者（包括国家、地方政府和私人）及相关管理部门的许可。目前，世界各国的海域使用许可制度，相似性多于差异性，仅仅在些许细节上稍有不同。

从纵向上看，目前，世界上大多数国家实行的是单级许可制，单级许可制，是指某一具体的海域使用行为仅须一级行政机关许可即可，而不论该级行政机关涉及多少行政部门。较为特殊的是瑞典在若干海域使用上实行多级许可制，如根据瑞典《渔业法》及相关法律的规定，申请者在申请进行海水养殖时，必须先将申请及养殖发展计划提交省政府，若省政府予以许可，则申请者所在市政府在接到省政府的通知后，还须根据《规划建设法》和本市海域可持续发展总体规划对申请进行审查，签发地方许可，至此才可取得在特定海域进行养殖的权利。

从横向上看，海域使用许可又有单项许可制与多项许可制之分。单项许可制，是指海域使用的申请仅须某一海洋行政主管部门许可即可；多项许可制，是指海域使用的申请须经两个或两个以上的相关海洋行政主管部门的许可。目前，世界上大多数国家实行的是多项许可制。如美国的海岸带开发项目，不仅需取得海岸带使用许可证，还须取得各主管部门颁发的各种许可证。再如，瑞典许可证有场址许可、地方规划许可、建设许可、环境许可和水法许可五种，若海洋活动需要两项以上许可的用海项目，使用人便需到多个部门去办理许可证。日本和韩国则实行单项许可制，如日本《公有水面填埋法》第 2 条第 1 款规定：“任何海域填埋行为只须得到都、道、府、县知事的许可即可。”韩国《公有水面管理法》第 4 条第 1 款规定："其所列举的八种使用海域的行为只须获得总统令指定的管理厅的许可。"单项许可制有利于海域使用管理权力的集中，但容易导致主管部门滥用行政权力，损害其他部门的利益，并且由于海域使用所涉范围广泛，单项许可制往往不能对用海项目进行周密的审查，因而某些用海项目可能会对海洋生态与环境产生不利影响；多项许可制有利于周密地审查申请用海的项目，但降低了工作效率，并可能引发部门之间的利益争执。

沿海各国规定了海域有偿使用制度，并通过海域使用合同取得海域使用权，这种海域使用合同在不同的国家表现为不同的形式。如英国《皇室地产法》规定使用皇家地产修建港口、码头、栈桥、管道、围海、填海、进行水产养殖以及海底矿砂开采等，必须获得皇室地产委员会的许可，由皇室地产委员会与使用人签订租赁协议，颁发海岸或海域使用证，并须向皇室地产委员会交纳相应的租金取得水下土地的使用权。再如，美国《海岸带管理法》规定联邦政府和各州政府作为各自范围内的水下土地的所有权人可以通过法定的程序和规定通过招投标或出租的形式和承租人订立水下土地承租合同，承租人通过交纳租金等形式取得水下土地的使用权。由此可见，海域使用合同表现为租赁合同。而法国《关于海洋国有地产实施细则》规定海洋国有地产的使用权可以在法律规定的范围内出让，授予特许使用权，在此海域使用合同就表现为特许合同。日本《公有水面填埋法》规定都、道、府、县知事可以根据准予许可的条件，如是否符合国土的合理利用及环保和防灾的要求，填埋所获收益是否能明显超过可能造成的损害和损失等，对填埋行为予以批准。此时海域使用合同则表现为用益合同。

三　海域使用管理制度

从目前世界各国海域使用立法情况来看，尽管一些法律法规并未冠有"管理法"的名称，但是，其内容也是以管理为主的。各国海域使用的重点普遍都是在于管理方面，整体上属于行政法范畴。从行政管理的角度看，海域使用管理主要涉及管理权限的划分和管理机构的建立这两个方面。

在海域使用管理权限上，各国均确立了中央和地方两级管理体制。海域属国家所有，则自然应由国家享有海域使用的管理权，但是，由国家集中统一管理在实际执行上颇有不便，故国家常常授权地方享有部分管理海域的权力。

地方海域管理体制又可进行层级划分，如美国的地方海岸带管理体制划分为州、地区和地方三级。日本则分为专区和市两级。海域使用管理权限如何划分，与各国政治体制紧密相关。在实行单一制的国家，地方政府拥有的权力范围有限，所受限制也较多，很多事项还须经中央海洋行政主管部门审批；而在实行联邦制的国家，地方政府则享有较大的权力，典型的当推美国。如根据美国《海岸带管理法》的规定，海岸带的管理职责主要由沿海各州承担，联邦政府的海岸带管理规划仅为各州提供一种政策上的框架。根据该法确立的“一致性原则”，即使联邦政府的开发项目，也须与沿海各州的海岸带管理计划相一致，联邦政府不得基于行政权力而在违反各州海岸带管理计划的情况下强制进行海域开发。虽然联邦可以通过发放各种补助金将州的管理规划纳入联邦的轨道，但有些州是不接受这些补助金的。此外，这种中央与地方管理权限上的划分，与海域的所有权归属的确定也有着密切联系。除前述美国联邦政府和各州之间分享海洋底土的所有权之外，澳大利亚的《近海问题的宪法解决办法》也将从 3 海里界限向陆地一侧的海域底土所有权划归各州和北方地区享有，这样，对 3 海里以内的海域底土进行开发使用的，其管辖权便归于地方。[①]

就目前各国海域管理机构的设置情况而言，由于海洋事务纷繁复杂，多数国家并未建立统一的海洋管理机构，而是由各涉海部门按各自职能进行相关事项的管理。但也有少数国家建立了统一的管理机构，但是，即使是成立了统一机构，也并不意味着其有权管理

---

① 国家海洋局财政部编：《国外海域使用立法和实践》，1999 年 8 月，第 44 页。

所有的海洋事务。例如，美国目前国家一级的海洋管理职能分散在国家海洋资源和工程委员会、商务部下属的国家海洋与大气局、隶属于交通部的海事管理局等多个机构或行政部门中，还没有一个总的部门负责协调和管理全国的海洋事务；其海岸带管理，包括规划和实施都是由各州进行的，在一些情况下是由当地政府进行的。[①]日本也未建立起统一的海洋管理机构，其海域使用管理机构主要由8个涉海中央政府机构组成，地方政府如县级长官和一些大城市的市长也被授予协商或特殊的权力。[②] 法国曾于1981年设立了专门负责海洋事务管理的海洋部，该部虽曾在海域使用管理方面发挥过重要作用，但其仅存在两年即被撤销。目前，仅韩国于1996年成立了一个总揽所有涉海部门职能的“超级机构”，即海洋事务与渔业部。[③] 该部成立后，原先由各涉海部门分别行使的有关海洋管理方面的职能统归该部行使，大大加强了韩国对海域使用的综合管理。除此以外，不少国家在海域管理的某一方面建立了统一的机构，如英国建立了皇室地产委员会，专门负责管理潮间带和12海里领海海域的使用；日本实现了海上执法机构的一元化，由海上保安厅统一行使海上执法职能。

笔者认为，海域使用的统一管理模式与分散管理模式各有其利弊，但随着海洋地位的加强和海洋科学技术的进步，相比之下，统一管理的模式能够更好地平衡和优化经济结构、协调各方利益，满足资源有效利用和环境保护等各种社会需求，更有利于促进海洋经济的可持续发展，应代表着海域管理制度发展的方向。

四 海域使用金制度

海域有偿使用制度是海域使用方面的基本制度，为目前世界各

---

① 张灵杰：《美国海岸带综合管理及其对我国的借鉴意义》，《世界地理研究》2001年第10卷第2期。

② 国家海洋局财政部编：《国外海域使用立法和实践》，1999年8月，第68页。

③ ［韩］李吉熏、林熏洙：《韩国的海岸带综合管理》，阿东译，《海洋开发与管理》2002年第1期。

国的海域使用立法所普遍采用。海域有偿使用金是国家作为海域自然资源的所有者出让海域使用权应当获得的收益，是资源性国有资产收入，海域使用金是海域有偿使用制度的核心内容。只是在不同的国家，对这种有偿使用所征收的费用的称谓有所不同，如英国将使用皇室地产而征收的费用称为“租用费”；韩国因填埋海域而征收的费用称为“埋立费”；比利时对海岸带及近岸海域的使用所征收的费用称为“租金”；我国则一律称为“海域使用金”。

（一）费用征收标准

海域有偿使用制度在各国法上的差异，主要体现在费用征收标准和征收方式等细微方面。一般来说，在经济较为发达和海域使用立法起步较早的国家，海域使用费用征收的标准较高；而经济发展较为落后或海域使用立法起步较晚的国家，海域使用费征收的标准相对较低。不同的国家会根据本国的国情确定费用征收的标准。以英国为例，据资料显示，仅1988—1989年，英国皇室地产委员会征收的潮间带和12海里海域使用的租用费就达4300万英镑。[①] 再如，美国根据使用的不同地理位置，采取不同收费标准，在滨水区，平均高潮线向水一侧开发，依据《沿海地区设施审查法》制定的收费标准收费；对于在平均高潮线向岸一侧的开发工作，依据《淡水湿地保护法条例》制定的收费标准收费；在有潮水域则依据《1970年湿地法》制定的收费标准收费。因此，美国才会有各种有偿使用费用，如区块租金、招标费、产值税等。

笔者认为，海域使用费用征收标准不能过高或过低，过高会增加海域使用者的经济负担，损害海域使用者开发用海的积极性；过低则会减少国家作为海域所有者的应得收益，给海域使用者利用海域牟取暴利提供条件。

西方国家基于地租理论主要考虑资源稀缺、效用、地租支付能力等多项因素形成一套理论体系，以此作为确定海洋资源有偿使用

---

① 国家海洋局财政部编：《国外海域使用管理立法和实践》，1999年8月，第31页。

费用征收标准的理论基础，而我国海域有偿使用的收费标准也应合理吸收西方地租理论的观点，制定适合我国国情的收费标准。总之，应根据本国经济发展水平和所利用海域的自然状况、海域开发使用的方式及其对资源、环境的影响等情况的差别，合理确定海域使用费用的征收标准。

（二）费用征收的方式

在海域使用费用征收方式上，各国多采取分期缴纳的方式，这主要是考虑到一次性征收数额较大，一般的海域使用者难以承担，且在海域使用过程中可能发生减免的情况，故不宜一次性征收。如英国《海岸保护法》第 10 条第 2 款规定："海岸保护当局根据任何应支付海岸保护费的人员的要求，可以法令的形式声明他可以 30 年分期付款方式支付，有关利息将由当局确定一个合理的利率。"再如，挪威对征收费用的规定，采取每年缴纳，满一定期限时采取逐年递增的方式。也有国家根据海域使用的不同情况，采取分期缴纳与一次性缴纳相结合的方式。如韩国《公有水面管理法施行规则》第 3 条第 3 款规定："当海域使用许可的期限未满 1 年时，在批准许可时全额课税、征收占用费和使用费；当许可期限为 1 年时，以每个财经年度为单位交付，当年度的费用在许可时征收，其后年度的费用在年度开始之后 3 个月内课税、征收。"相比之下，根据不同用海情况采取一次性征收和分期征收相结合的方式，较为灵活，也更符合实际情况。

（三）各沿海国家关于海域使用金的法律法规

（1）英国的《海岸保护法》第 7 条共 8 款规定了"工程计划规定的海岸保护费用"；第 10 条共 8 款规定了"海岸保护费"；第 11 条共 3 款规定了"海岸保护费的影响范围"；第 13 条共 8 款规定了"对不是根据工程计划建造的工程的维修费用的收取"。

（2）美国的《外大陆架土地法》在第 6 节"外大陆架租约的维系"，第 8 节"外大陆架租借"以及第 9 节"税收处置"中详细规定了租借外大陆架进行水下土地开发需要缴纳的使用费的比率、时限以及费用的处置等。

（3）日本的《公有水面填埋法》和《海岸保护法》中都有海域使用金强制征收的规定。《公有水面填埋法》第 38 条规定："第 12 条的许可费归属国家，以及前条的鉴定费用都由都、道、府、县按照国税滞纳处分进行征收，但是应按先后顺序，先国税后地方税的原则，依次征收。"《海岸保护法》第 35 条共有 5 款规定了不缴纳占用费、土石开采费或负担金时，海岸管理者必须发出督促书指定缴纳期限，并征收误期金。

（4）韩国的《公有水面管理法》第 3 条第 1 款规定了占用费的征收标准，第 2 款规定了占用费减免的情况，第 3 款规定了占用费的支付方式。除此以外，韩国的《公有水面管理法》还有第 3 条之 2，共 4 款，规定海洋水产部长批准公有水面的占用费，应通过缴纳告知书责令取得许可者缴纳占用费，未能缴纳者应征收相当于拖欠占用费 5% 的滞纳金，同时，发出敦促书，仍不缴纳者则由海洋水产部长指令其公务人员参照国税拖欠的案例强制征收。

（5）挪威 1972 年颁布的《关于在挪威大陆架的海床和下部地层勘探及开发的王国法令》规定："当开采许可证发出后，许可证持有者必须缴纳为期 6 年的每平方千米 750 克朗的租费，此项费用概不退还，如开采许可证在 6 年期满前已失效，许可证持有者不得退还所交费的一部分"，当"在 6 年期满后开采许可证持有者为开采许可证缴纳矿区租费，此项费用每年应提前缴纳。第一年所缴租费应为每平方千米 1800 克朗。此后每年交费逐年增加如下，第二年 2000 克朗……第 10 年 15000 克朗。在此以后的许可证有效期间的矿区租费为每平方千米 30000 克朗。工业部可以从发出开采许可证之日起每五年对第一、第二段中规定的租费调整一次，目的是使它和克朗购买力的变化相适应。调整租费的依据是中央统计局发布的消费价格指数。如果克朗与外国货币单位之间的比值发生显著变化时，工业部在下一次交费日期到达至少三个月以前，对租费作出适当的调整。"

第九章　海洋价值与海洋管理体系

自《联合国海洋法公约》颁布实施以来，对世界海洋使用管理产生了深刻影响，各沿海国家在其原则下，积极扩大本国管辖海域范围，及时调整海洋政策与发展战略，颁布海洋法律法规，加强国家海洋综合管理，保障本国海洋事业的可持续发展。

我国海洋功能区划实施以来，经过近十年的实践，日臻健全和完善，从总体上看取得的成绩是显著的，对加强我国的海洋使用管理发挥了不可估量的作用，这是一部成功的海洋功能区划。但随着国内外形势的发展和经济及社会的需求，海洋功能区划需要进一步充实补充修订完善，它涉及方方面面，是一项系统工程。参照国外主要沿海国家的做法，从我国的实际出发，在此仅就为确保海洋功能区划的实施，完善海洋使用管理体系谈点愿景。

第一节　沿海国家海洋管理趋势

海洋管理制度是海洋功能区划顺利实施的重要保障。自 1992 年联合国环境与发展大会通过《21 世纪议程》和 1994 年《联合国海洋法公约》生效以来，世界各沿海国家根据本国的实际，重新制定或调整本国的海洋发展战略、政策、规则和法律，建立了各自独特的海洋管理监督体系，不断强化海洋使用管理工作。

一　美国

美国明确划分联邦政府与各沿海州政府之间的海上管辖范围和

管辖权限，各州政府对其邻近海域的管理体制的建立和资源的开发、分配等有很大的独立性。就管辖权而言，美国 3 海里之内海域底土上的覆水域的法律地位不同于底土，一般按活动或使用的性质和功能分别由联邦政府有关机构和州政府管理。联邦政府通常负责领海安全、防卫、外事、航运、科研调查等事务，而其他事项则由沿海州政府管理。如美国国家海洋与大气局主管海洋和气象服务以及联邦渔业和海岸带计划等；运输部主管海上执法、航运事务和 3 海里内的水域活动等，除联邦政府主管的部分外，其他由沿海各州政府管理。美国的海上执法由联邦政府部门和海岸警备队联合进行。隶属美国五大武装部队之一的海岸警备队全面负责海上巡查，具有全天候海上执法能力，其职责是法律规定的海事安全、海洋环境保护、海上应急、国防安全、缉私等。

20 世纪 90 年代以来，美国制定了一系列海洋发展战略规划。进入 21 世纪，制定了《大型软科学研究计划（2001—2003 年）》，2004 年，出台了 21 世纪新海洋政策《21 世纪海洋蓝图》，对海洋管理政策进行了迄今为止最为彻底的评估，并为 21 世纪的海洋事业与发展描绘出了新的蓝图。2004 年 12 月 17 日，美国总统布什发布行政命令，公布了《美国海洋行动计划》，对落实美国《21 世纪海洋蓝图》提出了具体措施。

美国是世界上海洋管理法规体系最为完善的国家之一。2000 年 8 月，美国国会通过了《海洋法令》。该法规定自 2001 年 12 月起，总统每两年必须向国会提交一份相关内容的报告。

二　日本

日本的涉海管理部门很多，全国没有统一的海洋管理职能机构。2001 年经过改组后，日本的涉海管理部门由原来的 8 个减少为 6 个。国土交通厅由原建设省、运输省的国土厅合并而成，其主要职责是：负责制定海洋开发规划和有关国土开发的法规；负责沿岸海域和空间的开发利用和保护；负责管理全国海洋国土开发；负责海上执法任务。另外 5 个涉海部门分别是通商产业厅、农业水产厅、文部科技省、环境省和防卫厅。日本政府还建立了由日本海洋开发审议会、海洋科技开发推进联络会、海洋开发有关省厅联系会组成的决策咨询与协调机构来弥补海洋事务分散的弊端。除上述部门外，1956 年的《日本海岸法》第 5 条共 8 款对海岸管理者作出了详细的规定。日本的海上执法实行的是区域性执法管理，海上保安厅把全国管辖海域分成 11 个海上保安管区，下设 11 个海上保安本部，每个保安本部负责一个管区内的海洋法律法规的具体执行。

自 20 世纪 60 年代以来，日本政府把经济发展的重心从重工业、化工业逐步向开发海洋、发展海洋产业转移，推行“海洋立国”战略。进入 21 世纪，日本政府制定了海洋开发战略计划，并采取了许多具体措施，于 2001 年提出了后 10 年海洋政策制订框架，在当年的日本内阁会议批准的科技基本规划中，海洋开发和宇宙开发被确立为维系国家生存基础的优先开拓领域。2004 年，日本发布了第一部海洋白皮书，提出对海洋实施全面管理。

三　英国

在英国，海岸线不仅是陆地和海洋的分界线，也是划分海陆管理部门职权的分界线。英国的海域管理，按不同地理区域或资源的性质，分别由王室海洋地产委员会、能源部和英国煤矿公司等负责。王室海洋地产委员会拥有并管理潮间带和宽度为 12 海里的领海区域。王室海洋地产委员会还负责管理领海外部界限至大陆架边缘海域内的矿物资源，但不包括石油和天然气以及煤炭资源，后两种资源分别由能源部和英国煤矿公司管理。地方政府设有海岸管理保护机构，负责治水对策，水资源开发、渔业、河口水域及河川环境保护以及与海岸管理有关的所有行政和服务工作。英国的《海岸保护法》中有关于海岸保护委员会的规定，其目的是“在大臣认为某地区急需进行土地保护时，可以颁布法令成立海岸保护委员会，该委员会即是那个地区的海岸保护当局”。

早在 18 世纪初，英国就以海运业和造船业领先于世界。自 20 世纪 60 年代以来，英国的海洋产业以石油和天然气为主，通过海洋油气开发活动，带动了本国造船、机械、电子等行业的快速发展。与此同时，滨海旅游业及海洋设备材料工业也迅速崛起，从而带动了英国整个经济的发展。1999—2000 年，英国涉海经济活动产值达 390 亿英镑，占英国 GDP 的 4.9%。自 20 世纪 90 年代初，英国政府公布了《90 年代海洋科学技术发展战略规划报告》，提出今后 10 年国家海洋 6 大战略目标和海洋发展规划。1995 年英国政府成立了海洋技术预测委员会。进入 21 世纪，英国政府公布了海洋责任报告，提出了关于政府政策的海洋管理原则。

四 法国

早在 1960 年，法国总统戴高乐就提出“法兰西向海洋进军”的口号。1967 年，法国成立了国家海洋开发中心，这是一个具有工业和商业特色的公共研究机构。其任务是在国营企业、私人企业和各部之间起桥梁作用，发展海洋科学技术，研究海洋资源开发。到 20 世纪 80 年代，法国的海洋管理有了很大发展，首先在政府部门中增设了“海洋部”，后更名为“海洋国务秘书处”，这是法国政府统一管理、协调海洋工作的职能部门，它可直接向总理报告工作，可以参加政府内阁会议，负责制定并实施法国海洋政策；负责法国本土管辖海域和海外领地管辖海域；管理法国海岸带及海区公共财产，保护海洋环境，推进海洋开发领域的国际合作，保障海上作业人员安全等。海洋国务秘书处的建立，使法国的海洋实现了集中统一管理。

五 加拿大

加拿大是北美主要海洋国家。加拿大政府从 20 世纪 70 年代开始关注海洋。2002 年制订了《加拿大海洋战略》。其海洋管理工作要点可以概括为：坚持一个方法，即在海洋综合管理中坚持生态系方法；重视两种知识，即现代科学知识和传统生态知识；坚持三项原则，即综合管理原则、可持续发展原则和预防为主原则；实现三个目标，即了解和保护海洋环境，促进经济的可持续发展和确保加拿大在海洋事务中的国际领先地位；加强四种协调，即政府各部门之间的协调，各级政府之间的协调，政府与产业界之间的协调，以及政府、产业界和广大公众之间的协调。

六 澳大利亚

为更好地统筹全国海洋产业协调发展，自 1990 年至今，澳大利亚制订了一系列海洋产业发展战略，其目的是统一产业部门和政府管辖区内的海洋管理政策；为保证海洋的可持续利用提供一个框架；为规划和管理海洋资源及其产业的海洋利用提供战略依据。1998 年 3 月发布了《澳大利亚海洋政策》，成立了“国家海洋办公室”。该办公室作为国家海洋部长委员会的办事机构，负责实施海洋规划，协调各涉海部门的矛盾，以加强对海洋的统一领导。针对国内现有海洋开发利用活动，联邦政府或州政府都制订并出台了多部相应的法律法规，进一步强化了海洋管理工作。

七 韩国

长期以来，韩国海洋管理体制实行的是行业管理，由水产厅、海运港湾厅、科技部、农业水产部、通商产业部、环境处、建设交通部和警察厅等 13 个涉海部门负责 55 项海洋职能工作。由于管理分散，海洋开发与管理以及海洋事务得不到政府重视。1996 年韩国成立了海洋水产部。在新的管理体制下，海洋水产部把原来松散的海洋管理转变为高度集中的海洋管理，由企划管理室、海洋政策局、海运局、港湾局、水产政策局、渔业资源局、安全管理局、国际合作局各司其职，负责海洋的开发与协调，实现综合的、系统的海洋管理。

进入 21 世纪的韩国，出台了《21 世纪海洋》国家战略，旨在解决食物、资源、环境、空间等紧迫问题及 21 世纪面临的挑战，通过开发和利用海洋，成为超级海洋强国。为了实现这个目标，《21 世纪海洋》还设立了由 100 个具体计划组成的 6 个特定任务目标。为使海洋政策得到更好的贯彻落实，韩国政府从组织机构和法律上提供支持，先后制订了 22 项以海洋开发管理为目标的法律法规。

八　欧盟

欧盟作为一个政治共同体，陆地边界2/3以上是海岸，40%的人口居住在沿海地区，海洋产业占欧盟GDP的40%，90%的贸易与商业活动依赖海洋，拥有22个沿海国家，海岸线总长度超过65000千米。海洋对于欧盟具有十分重要的意义。

欧盟一直试图建立一套综合、统一的海洋利用与管理体制。于2001年制订出台了《欧洲海洋战略》，不久，颁布了欧盟《2005年至2009年战略》，2006年颁布了欧盟《综合海洋政策绿皮书》，2007年颁布了欧盟《综合海洋政策蓝皮书》，2008年又出台了欧盟《综合海洋政策实施指南》《海洋战略框架指令》一系列战略、政策等文件。

这些战略、指令等确立了欧盟海洋管理的主要目标，明确强调了保护海洋环境、保全海洋生态系统的必要性。明确了欧盟海洋管理的主要目标："海洋环境作为宝贵的遗产，需要被保护、保全甚至恢复，终极目标应当是维持生物多样性并建成清洁、健康、多产的多样化、动态化海洋。"确立了欧盟行动框架，在海洋管理中，一方面应当考虑使用的相对优先，另一方面也应考虑养护和保存。强调管理措施应当受到地理空间范围的支配，不能因单独国家甚至是全体欧盟成员国政治或法律管辖权而被限制或扩展。还对实施问题进行了规范，为各成员国设定了目标、行动原则、程序要求和时间安排等。

九　国外海洋管理体制的一般特点

目前世界各沿海国家虽然都没有建立专门的海域使用管理制度及其法律保证，但他们实行的是属于区域海洋综合管理或统一管理的制度，这一制度在部分发达的沿海国家还是比较健全的。通过针对具体范围、具体事物和行为，包括部分海域权属和使用的管理规定的法律共同构成海域使用管理制度。

区域海洋综合管理或统一管理制度有其优势，同我国专门的、综合性海域使用管理制度相比较，它调整的范围较小，目标单一，对象明确，针对性强。就海域有偿使用制度来说，我们可以从前述世界各国与海洋有关的法律规定看出，其内容十分详细，涉及海域的权属、海域使用权的出租转让程序、费用的标准和处置、争议的解决方式和依据等各个方面，甚至还有从事海域管理人员的要求、违反规定的处罚等。因此，法律的执行更为简便易行，取得的效果也较为直接有效。因此，我国应立足本国国情，吸收融合各方优势，逐步完善我国的海域使用管理制度，推动我国海洋发展战略的实施。

我国制订并施行的《海域法》与韩国的《公有水面管理法》及施行规则比较接近，有许多共同处，但也有很多差别。这些差别主要表现在：

（1）适用范围不同。我国仅局限于领海外界之内的内水和领海的海面、水体、海底和底上进行的3个月以上的一切用海活动；韩国公有水面管理适用地理范围包括内陆水面，无时间限制，仅涉及部分利用活动。

（2）调整对象不同。我国涉及的是所有开发利用的用海活动；韩国则是仅涉及公益或公共事业的用海活动。

（3）宗旨、目的不同。我国是为“维护国家海域所有权和海域使用权人的合法权益，促进海域的合理使用和可持续利用”而制订的；韩国是为对公共福利事业做出贡献而制订的。

（4）监督管理权限不同。我国是按照物权管理理论确立了海域使用的统一监督管理体制；韩国采用的是相对分散的管理体制。

第二节　海洋价值观念

海洋价值观念是海洋管理非正式制度的核心内容。反映在海洋功能区划制度实施中，之所以会出现各种不重视海洋功能区划的现象和行为，正是由于人们的海洋价值观念不强，公众整体对海洋管理制度滞后的海洋意识形态，形成了对海洋管理制度建设的羁绊。曾见过这么一段忘记了出处的话："当个人深信一个制度是非正义的时候，为试图改变这种制度结构，他们有可能忽视这种对个人利益的斤斤计较。当个人深信习俗、规则和法律是正当的时候，他们也会服从它们。"所以，海洋管理制度的完善，首要的一点就是要加强非正式制度的建设，亦即要提高人们的海洋价值观念，增强海洋价值意识，强化海洋使用管理。

一　人类的海洋价值观念形成过程

人类对海洋价值的认识过程是一个不断探索、深化的过程。这个过程随着海洋研究、开发和保护事业的发展而不断深化。纵观历史，人类海洋价值观念的形成过程大致分为四个阶段。[①]

1. 从远古时代至 15 世纪

自远古时代至 15 世纪，接触海的人们主要是居住在沿海地区的居民（多为渔民），他们对海的利用活动最早主要是随着潮涨潮落采拾贝类和浅水垂钓、围捕鱼类，随着对海的认识的逐步加深，有了利用海水制盐等，由此形成了人类最早的海的价值观念——海能兴渔盐之利。随着这种价值观念的不断增强，古人又逐步认识到海有通舟楫之便，于是，逐步发展起了航海事业，但这一阶段世界各国的航海活动大都只是在本国的近岸海域。这些活动使人类形成了海有"渔盐之利和舟楫之便"的基本认识，这种认识既是对海的价值的一种直观的认识，也是由海的价值上升到海洋价值的初级阶段的认识。

我国早在唐、宋时期航海事业就比较繁荣，造船技术也比较发达，并在这一时期产生了海洋潮汐研究、海图绘制、指南针用于航海三大先进航海技术，这在当时均居世界首列。这同时也充分证明了人类的海洋价值观念发生了新的飞跃。

---

① 王琪：《海洋管理——从理念到制度》，海洋出版社 2007 年版。

2. 从15世纪后期至20世纪初

15世纪前亚洲和欧洲之间并未沟通直接的海上航路，更没有沟通全球的航路。自15世纪后期到20世纪初，商品生产和交换的发展以及寻求黄金以积累资本的需要，促成了海洋大航海时代的来临。一系列海上远航探险活动的开展、新大陆的发现和新航路的开辟，扩大了世界市场，开始了近代殖民掠夺，推动了欧洲资本主义海洋的发展。

人们在感受到世界性大航海活动对社会发展所起的巨大推动作用的同时，也深深地认识到以往对海洋价值认识的局限性。这时人类对海洋的认识已经从局部走向全局。人们认识到地球确实是圆的，知道了海洋包围着陆地而且是全球海洋连成一个整体，通过海洋可以到达地球上各个大陆的任何一方。人们进一步认识到，正是海洋的世界交通重要通道的作用，才使世界性大航海活动得以推动社会的发展。于是，人们将地球划分为五大片陆地洲和四大片海洋。这是人类社会探索、利用和征服海洋的显著进步，也是人类通过实践认识海洋价值的显著进步。

3. 从20世纪初至20世纪80年代

这一阶段爆发了两次世界大战。战争时期，海洋成为屯兵、作战的重要战场，战后海洋又成为食品基地、油气开发基地、旅游娱乐基地和仓储等空间利用基地，海洋的价值越来越大。特别是第二次世界大战以后，科学技术的发展突飞猛进，开发利用海洋的技术也飞速提高。以陆地为主要活动场所与主要资源地的人类苦于陆上人口的日益拥挤和陆地资源的日趋枯竭，迫切需要新的活动场所与新的资源地作为人类生存和发展的空间。人们认识到海洋里有着比陆地丰富得多的各种资源，同时，又有远比陆地广阔得多的活动场所，这正好适应了人类这一新的需求，于是，海洋本身也随之成为各国争夺的对象。

第二次世界大战以后，人类普遍认识到“海洋是人类生存与发展的重要空间”。这种观念的转变和对海洋价值认识的新的飞跃促进了新的实践的飞跃，使得人们把目光投向海洋，纷纷走向海洋，很多国家掀起了海洋开发利用的热潮。沿海国家都想从海洋里取得更多的海域主权和更大的利益，从而引起了世界海洋权益的争斗。在1973—1982年召开的历时九年的第三次联合国海洋法会议上通过了《联合国海洋法公约》，对领海、海峡、海洋专属经济区、大陆架、群岛国、岛屿制度等做出了一系列新的规定，把大片海洋圈入了沿海国家的主权和利益范围之内。

4. 从1992年世界环境与发展大会召开至今

1992年在巴西里约热内卢召开的世界环境与发展大会促进了人们海洋价值观念的全面提升。会上通过的《联合国可持续发展21世纪议程》强调："海洋环境——包括大洋和各种海洋以及邻接的沿海域——是一个整体，是全球生命支持系统的一个基本组成部分，也是一种有助于实现可持续发展的宝贵财富。"① 这一论断是对海洋价值的重新定位，也表明人类社会对海洋价值认识水平的提高和海洋价值观念的进一步增强。于是，人们从可持续发展的高度看待海洋，从资源的可持续利用的视角去认识海洋价值。因此，许多沿海国家开始重新审视国家海洋政策，制定新的海洋开发战略，加强对领海、大陆架和专属经济区的开发、保护和管理，力求使管辖海域成为食品资源生产基地、能源开发基地、水资源开发基地等生产生活空间。能否在海洋开发中实现对海洋资源的可持续利用，做到开发和保护并重，成为海洋管理的中心问题。

纵观人类认识海洋价值的整个过程，可以概括出以下几点：

第一，海洋价值的展现是一个逐渐显露的过程。海洋价值的展现表现为物的有用性不断丰富，价值对象的数量和种类不断扩大和增多。海洋自身所具有的所有价值并不是一下子全都呈现在人们的面前的，而是一个逐渐显露的过程。这一过程既是自然界自身演化的客观规律的体现，也是人类与海洋交互作用的结果。恩格斯指

---

① 《联合国可持续发展21世纪议程》第17章导言17.1。

出："从历史的观点来看，……我们只能在我们时代的条件下进行认识，而且这些条件达到什么程度，我们便认识到什么程度。"[1]

第二，海洋价值的实现是一个由"应该有"到"现在有"的转化过程。海洋价值应该体现出来的却不一定能在现实中完全体现出来，从"应该有"到"现在有"要经历一个复杂的转化过程。实现这一过程取决于：一是人们的认识程度。在一定的历史条件下，人们对海洋实际价值的认识和把握是有限的、相对的。而且人类对客观事物价值的发现与掌握，是在实践的基础上经历了由片面到全面、由简单到复杂不断上升的过程。二是科学技术水平的高低。对海洋价值的认识难度相对于对陆地的认识要难得多，海洋价值认识的由浅入深、由表及里、由简单到复杂，在很大程度上取决于科学技术的进步。没有一定的技术装备条件，海上的活动将无法进行。

第三，海洋价值认识的拓展改变着人类与海洋之间的关系。社会的发展使我们认识到人们过去对海洋的态度所依据的价值观是片面的，从早期的人类直接利用海洋资源发展到当今的开发利用，甚至是掠夺式的开发利用，这一过程表明了人们与海洋关系的变化。人们与海洋的关系从最初对海洋的敬畏、顺应变成了今天的驾驭、消费的关系。但是，这种驾驭和消费在一定的开发利用规模下，海洋能够保持自身的生态平衡，一旦过度的开发利用将使海洋无法承受。由此引起的海水污染、环境与资源损害等现象又影响着人类自身的生存。因此，这又迫使人们改变以往对海洋的态度，改变海洋实践活动的方法，调整干预海洋的方式，采取与海洋友善的态度。

第四，开发和利用海洋价值有"度"的限制。海洋价值问题是在资源、生态、环境问题日益严重的背景下提出来的。"自然资本"[2] 的日益稀缺，海洋价值问题更为突出。要使海洋价值得到充分体现，必须考虑海洋利用的"度"。这个"度"主要是指海洋环

---

① 《马克思恩格斯选集》（第九卷），人民出版社 2009 年版，第 494 页。

② ［美］莱斯特·R. 布朗：《生态经济有利于地球的经济构想》，东方出版社 2002 年版。

境容量，即指在不影响海洋调节功能正常发挥的前提下，海洋在单位时间内可以接纳的污染物的数量。海洋所提供的物质资源、服务系统和净化功能都是有一定限度的，在限度内，海洋能维系其自身的生态平衡，若超过一定限度，则将可能导致海洋功能的丧失和海洋环境质量的恶化。

二　加强海洋价值意识教育迫不及待

我国历史上以农为本，在小农自然经济下的农耕意识形态制约了人们的行为，虽然在唐、宋时期我国的航海事业繁荣，造船技术发达，出现了三大先进航海技术领先世界的海洋盛世。但是，历经清朝时期闭关锁国的政策以及两次世界大战中国的屈辱历史，使民族发展的方向长期偏离了海洋。尽管当今国人的海洋意识、海洋价值观有了很大提高和增强，但是，仍然远远落后于世界发达的国家或地区。

事例 1，据国内某媒体调查后报道，我国某大城市部分大学生中竟有 90% 的大学生只知道中国版图有 960 万平方千米的陆域国土面积，而不知道 300 多万平方千米的管辖海域；北京市“世纪坛”宏伟建筑，依然把祖国疆界限制为“960”；上海市“东方绿舟”教育基地知识大道上，有历代中外名人雕像，其中，有伟大的航海家哥伦布，却没有早于哥伦布的郑和；当英国海军退休军官加文·孟席斯关于“早于哥伦布 70 年，中国人发现美洲大陆，并绘制了世界海图；在麦哲伦的100 年前，中国人已经完成了环游地球的壮举，郑和是世界环游地球的第一人；比库克船长早 350 年，中国人已经发现了澳洲和南极洲，领先欧洲人 300 年解决了经度测量的问题”等一系列研究成果发布后，在中国史学界一些所谓的专家学者中对这些成果不仅不帮助其进一步核实考证或发掘新的材料，反而持否定态度，确实令人匪思。

要知道，这些成果如果得到进一步的证实和肯定，便可以进一步提升中国在世界上的历史地位①，其意义巨大而非凡。

事例2，美国夏威夷州在实施海岸带管理计划时，根据海洋环境保护和海洋经济可持续发展并重的原则，在12海里及其毗邻区内把夏威夷海域划分成10个海域资源区，其中一个分类是公众参与区（Public Participation），建立这个区的目的是为了唤醒人们的海洋意识、开展海洋教育，让公众参与海岸带管理等。

事例3，早在20世纪，日本政府制定了海洋开发战略计划，采取了许多具体的措施。对政府部门的各个机构组织进行了必要的改革，实行精兵简政，以利于海洋开发战略的实施，各省厅也都相应地制定了自己的海洋政策。2005年7月21日，日本学术会议海洋科学研究联络委员会发表了《综合性推进海洋学术的必要性——制定综合性海洋政策的建议》。2005年7月22日，日本国会通过了《部分修订旨在综合开发国土而制订的国土综合开发法的有关法律》（《国土综合开发法》），该法首次将利用和保护包括专属经济区及大陆架在内的海域列入国土规划范围。2005年11月15日，日本经团联发表了题为《关于推进海洋开发的重要课题》的政策意见书，提出了"切实加强大陆架调查"、"防止、减少自然灾害以及对海洋的污染和破坏"、"开发海洋资源"、"整备推进海洋开发体制"四点建议，并呼吁在海洋开发中"产、学、官"（即产业界、学界和政府）应该联合起来，在小学、初中、高中开设海洋教育课，以提高国民对海洋问题的理解与关心。

事例4，我国台湾地区"教育部"于"中华民国97年1月22日"制订了"海洋教育执行计划"，内容分为十个部分，分别是：基本资料、计划缘起、计划理念、计划目标、现况概述与问题分析、重要发展策略、具体执行内容、实施期程既经费需求、绩效评估指标、预期效益。

---

① 《中国国民海洋意识薄弱，加强海洋教育迫不及待》，新华网（http://news.xinhuanet.com/mil/2006-10/03/content_5166659.htm），2006年10月3日。

对于以上4个事例，关于事例1，反映了我国大多数人甚至包括一些专家学者在内，对自己国家涉及海洋的事实和历史都不以为然，可见国人的海洋价值观念何其薄弱。关于事例2，美国夏威夷州专门建立公众参与区只是为了加强国民海洋意识、开展海洋教育。再看我国海洋功能区划确立的10个一级类功能区及其包括的36个二级类功能区以及地方各级功能区划所划分的功能区，虽然在数量和名目上远远超过美国夏威夷州10个海洋资源区，却没有任何一个或多或少能够与增强海洋意识、开展海洋价值观教育有点关系的。由这一事例可以看出一个国家或者地区对海洋管理非正式制度建设的重视程度。关于事例3，日本提出在海洋开发中“产、学、官”联合起来的理念，暂且不管其实际实行的效果如何，单看其对海洋管理制度的思考就已经比我们深入了许多，我国目前的海洋管理主要是政府与产业界之间的互动。关于事例4，中华民国九七年也就是公元2008年，我国台湾地区根据其《海洋教育政策白皮书》制定了详细的海洋教育计划，而我国大陆地区在这一方面却是空白，连最基本的教育都没有海洋教育的内容，于是，有90%的大学生认为我国的国土面积为“960万平方千米”也就不奇怪了。

三　强化海洋价值教育的主要途径

目前，在人民群众甚至领导干部中有相当一部分人的海洋意识仍较淡薄，大多国民受传统“重陆轻海”的观念影响，仍存在着守土敬业、偏于内向发展的思维倾向，缺乏浓厚的海洋意识和活跃的海洋进取精神。因此，对全民加强海洋价值意识教育，牢固树立海洋价值观尤为重要。

1. 强化国家海洋国土观教育

这主要是为了树立人们的海洋国土意识，提高全民海洋国土观念是海洋资源合理利用和可持续发展的基础和前提，要通过各种形式，加大对海域使用管理重要性和必要性的认识，突出开展海域国家所有的宣传教育，重点解决沿海干部群众中存在“祖宗海”“谁占有谁拥有”的错误观念，不断增强全民的海洋国土观念，为海域使用管理制度的贯彻执行创造良好的环境，同时，要提高各级政府的决策者对海域使用管理重要性的认识，确保海域使用管理制度的有效贯彻实施。

根据 1994 年的《联合国海洋法公约》，我国拥有 300 多万平方千米的管辖海域，可称为我国的“海洋国土”。按照该公约的规定，“海洋国土”在不同的海洋区域是有区别的。内海是一国领土的组成部分，其法律地位与陆地领土完全相同。领海是沿海国连接内海并从领海基线向外延伸 12 海里的一带水域。沿海国对其领海行使排他性主权，该主权包括领空、领水、海床和底土，但允许其他国家船舶无害通过其领海。专属经济区是沿海国从领海基线向海一侧起至 200 海里的一带水域；大陆架是沿海国陆地领土向海的自然延伸，不足 200 海里的可延伸至 200 海里，超过 200 海里的最多可延伸到 350 海里或延伸到 2500 米等深线以外 100 里，以较近者为准。专属经济区和大陆架是沿海国的“准海洋国土”。按照这一规定，我国全部的国土面积就不再是 960 万平方千米，北京市“世纪坛”上的文字就应该改为我国拥有 960 万平方千米的陆域国土面积和 300 万平方千米的海域国土面积。《联合国海洋法公约》的这一规定确立了新的海洋国土观。笔者认为在提到我国的国土面积时不应再使用“960”和“300”的表述，而应该用“1260”的表述更为确切。

2. 强化国家海洋主权教育

海洋主权是国家主权的重要组成部分，它所包含的领土主权、领海主权、海域管辖主权、领空主权等海洋权益，直接关系着国家的主权和领土完整。我国自明朝中期，特别是清政府实行闭关锁国政策以来，屡遭外国侵略者从海上入侵。从 19 世纪中期到 20 世纪中期近百年时间内，我国遭到列强从海上入侵达 470 多次，从辽东湾的大孤岛到南海的太平岛，从旅顺港到澳门港，几乎所有岛屿、港湾都遭到过列强的掠夺。虽然现在中国海防实力在不断加强，但是，在我国管辖海域，至今仍有近 100 万平方千米与相邻国家存在争议或被他国强占，有些国家还不时觊觎我国的海洋权益。

3. 强化海洋强国教育

我国自1993年首次成为石油的净进口国以来，进口石油不断增加。2010年，我国石油消费超过3亿吨，2020年预测将为3.9亿吨。而2020年前后，我国石油的高峰产量只约有2亿吨，缺口必须通过海外供给获得。除此之外，在今后的20年中，我国预测还将缺铁30亿吨、铜5亿至6亿吨、铅1亿吨，这些都需要大量的进口来满足。由此判断，我国在未来5—10年将遇“资源安全”问题，10—20年，这一问题将会变得严峻起来。2020年前后，若没有充分准备，“资源安全”问题就极有可能成为制约我国经济发展的“软肋”。为应对即将面临的“资源安全”问题，除了要充分利用国际资源市场外，发展海洋经济、开发利用海洋资源将成为我国经济崛起的必由之路，保卫海洋资源必将成为重中之重。因此，加快实施海洋强国战略具有特别重要的意义，我国能否和平崛起，要看我国能否在牵涉到一系列国家生存问题的海洋事业上的崛起。鉴于此，我们应尽快提高民众的海洋资源利用意识，牢固树立海洋价值观念，以推动我国海洋事业的快速发展。

4. 强化海缘政治教育

可以肯定地说，世界沿海各国都已经充分认识到了海洋在政治、经济、军事等方面的重要性，便纷纷制订了海缘政治战略。以美国为首的“北约”集团，为了共同的利益，其海上军事力量随时可以在某海域集结以打击别国；一些发达国家为了争夺南极洲，其舰艇经常在此附近的海域游弋；美国利用太平洋第七舰队作为称霸海洋最强大的工具，主要用于遏制和攻击俄罗斯、中国。目前亚洲海域，在东亚，日本海军的活动逐渐向南扩展，一方面对我国的海上威胁从渤海、黄海、东海扩展到南海；另一方面为日本的海上生命线①提供了海上安全保障，实现了在太平洋战争中梦寐以求的战略目标。在南亚，印度不仅自认为阿拉伯海和印度洋有其天然的利

① 海上生命线指的是日本—琉球群岛—南海—马六甲海峡—波斯湾。

益，而且还认为对西北部的波斯湾和东南部的安达曼海也有必要的利益。因此，印度积极发展海军，提出东进战略，不断进行海洋扩张。我国的海上安全已近底线。因此，我们必须牢固树立新的海洋价值观念，准确把握海缘政治趋势，全面掌握海洋价值的重要性。

5. 强化发展海洋科技教育

自20世纪60年代以来，海洋开发与原子能工程、宇宙空间技术一起并列成为世界当代三大尖端技术。海洋开发除了传统海洋产业的现代化改造和扩展外，还表现在以高新技术开拓陆地替代资源、形成新兴产业等方面。日本、美国、法国等国家非常重视海洋科技的发展，在海洋科技研究开发上不惜投入重金。相比而言，我国海洋事业的发展，直到20世纪90年代后期才真正受到重视。目前，中国海洋地质和矿产资源的调查水平还不是很高，特别是海洋高科技研究开发能力还有一定的差距，在海洋科研上，也存在资源分散的缺点。发达的海洋国家对专属经济区的调查研究做了充分、大量的工作，但我国在这方面所做的工作仍然很不足，从总体上看，我国落后发达国家至少15年到20年。

第三节　海洋管理机制体系

制度主要由正式制度、非正式制度和它们的运行机制所构成。海洋功能区划制度是海洋使用管理的三项基本制度之一，因此，海洋功能区划制度的运行基本取决于海洋管理制度的运行机制。海洋管理的运行机制主要是指海洋管理制度的运行机制，其中，海洋管理体制是核心内容。由于海洋管理主要是一种政府行为，因此，海洋管理体制是指建立在国家政府行政体制上的海洋行政管理的组织制度，它决定国家海洋行政管理机构的设置、职权划分和活动方式。[①]

一　海洋使用管理体制的发展

（1）初期阶段。随着海洋开发利用活动的发展，特别是当其发展到初具规模并达到一定程度时，便自然产生了建立一种管理体制来规范专门活动的要求，尤其是当海洋开发利用活动涉及本国的政治利益和经济利益时，这种要求尤为突出。因此，一些海洋开发利用活动相对发达的国家就建立起了初级的海洋管理体制。在这一时期，由于对海洋的认识水平有限，且由于海洋自由原则[②]的影响，当时的海洋强国并未认识到其所主张的海洋权利同海洋资源之间利益联系，追求的海洋权益也只表现在海外殖民地的争夺，往往是航行和商业利益的争夺。

（2）行业性管理阶段。随着海洋开发利用活动在国家经济体系所占的比重日益增加，某些海洋资源的衰竭使得世界各国逐渐注意到了海洋资源同国家利益的关系。美国渔业局在1921年的报告中指出："过去从未适当考虑过至关重要的资源养护问题，对此，尽人皆知的某些宝贵渔业资源的衰退应该是有效的警告。今后应当更直接、更广泛地应用科学研究成果。"出于对海洋自然资源的保护，沿海各国陆续建立起相关行业管理机构来管理海洋开发利用活动，并制定相关的行业法律予以规范，以协调日益扩大的海洋开发活动，这种行业管理体制一直延续到20世纪50年代。

（3）复合型管理阶段。从20世纪40年代开始，迅速发展的海洋开发利用活动导致海域污染和生态环境的恶化。沿海各国在意识到这一问题的严重性后，纷纷制定本国的海洋环境保护法，成立环境保护部门监督和管理行业性海洋生产经营部门，形成了在海洋管理中用海洋环境保护部门对行业性海洋生产经营部门进行监督和管

① 王琪：《海洋管理——从理念到制度》，海洋出版社2007年版，第209页。

② 海洋自由原则是荷兰国家法学家格劳秀斯在《公海自由论》一书中正式提出的。他认为海洋既不能被圈定，也不会因利用而消耗掉，所以，海洋不应该被任何国家所占有，在海洋上航行谁也没有权力进行管制或行使管理权。

理的复合型管理体制。这种体制虽然改变了过去行业性海洋生产经营部门不合理的、超强度的开发利用海洋资源的局面，却在一定程度上成为有效开发利用海洋资源的巨大限制，出现了为保护海洋而保护海洋的环境倾向。

（4）综合性管理阶段。从 20 世纪 80 年代以来，海岸带管理和海洋权益管理逐渐引起各涉海国家的广泛重视。随着管理内容的变化，虽然行业管理依然在海洋管理体制中起着重要的作用，但协调机构和专职海洋管理机构已得到加强。20 世纪 90 年代以后，海洋管理体制中出现为实施海洋综合管理而建立的集中统一的专职海洋管理机构，海洋综合管理成为海洋管理体制的主导形式和方向。美国是最早提出海洋综合管理的国家，其代表性著作是《美国海洋管理》[①]，美国通过《水下土地法》《外大陆架土地法》《海岸带管理法》等一系列法律建立起海洋综合管理体制，确立了海域使用的许可证制度和有偿使用制度。由于海洋区域条件的差异，各沿海国家根据海洋区域的特点和条件，因地制宜地采用了许多管理措施和方法，逐渐形成了各自独特的管理体制。

二　海洋管理机制的类型

日前沿海国家宣布一定宽度领海制度的有 152 个，宣布专属经济区和渔区制度的有 139 个。每个国家社会制度、海洋地理位置、自然环境和资源状况都有所不同，海洋管理体制也不尽相同。这些海洋管理体制大致分为三类：

（1）集中管理型模式。集中管理型模式的特点：一是有专职、高效的国家海洋管理机构，海洋管理职能覆盖海洋管理的各个方面；二是有健全、完善的海洋管理体系；三是有较为系统和完善的国家海洋法律法规及海洋政策；四是有统一的海上执法队伍；五是

① 《美国海洋管理》由 J. M 阿姆斯特朗与 P. C. 赖纳合作完成，该书认为海洋综合管理是“把某一特定空间内的资源、海况以及人类活动加以统筹考虑。这种方法可以看成是特殊区域管理的一种发展，即提出把整个海洋或其中的某一个重要部分作为一个需要予以关注的特别区域”。

管辖范围除海域外，还包括海岸带。这一类的国家有美国、法国、加拿大、韩国等。

（2）半集中管理型模式。半集中管理型模式的特点：一是全国没有统一的海洋管理职能部门，海洋管理职能大多分散在多个部门；二是设有海洋工作的协调机构，负责协调解决涉海部门间的各种矛盾；三是已经建立了统一的海上执法队伍等。这一类型的国家有日本、澳大利亚等。

（3）松散管理型模式。松散管理型模式的特点：一是全国没有统一的海洋管理职能部门，海洋管理分散在较多的部门，海洋管理力度不大；二是没有统一的法规、规则、政策等；三是没有统一的海上执法队伍。这一类型的国家有俄罗斯、英国等。

综上各类海洋管理机制可见，现代海洋管理体制必须具备以下要素：一是有专职的海洋管理部门和必要的海洋政策协调机构；二是有统一或相对统一的海上执法队伍；三是有负责海洋行业业务工作的部门；四是有健全或相对健全的法律法规。

三 我国海洋管理机制类型分析

根据对各种海洋管理机制类型的归纳分析，我国目前的海洋管理机制可以说不属于上述中的任何一类。

（1）有统一的海洋管理职能部门。在我国，国家海洋局代表国家行使海洋综合管理职能。在中央一级的海洋综合管理机构中，还包括国家海洋局下设的三个分局，即北海分局、东海分局和南海分局。他们是国家级海洋综合管理的二级管理机构，是国家海洋局的派出机构，是区域性管理海洋事务的职能部门，担负国家海洋局赋予的所在海区综合管理的使命，实施海洋监测、监视、维护海洋权益、协调海洋资源合理开发利用，保护海洋环境，会同有关部门建设和管理所在海区的公共事业及基础设施。这一点符合集中型海洋管理体制模式。但是，实际上国家海洋局是隶属于国土资源部的一个部门，海洋行政管理部门层次偏低，不能直接对国务院负责，缺乏权威性，难以协调在海洋开发过程中部门之间的矛盾和冲突，有些职责难以到位。可以说，我国目前是海洋综合管理和部门行业管理相结合的管理体制，正处在以行业管理为主向综合管理为主转变的过程中。因此，与半集中管理体制模式也有相似之处。

（2）有统一的法律法规。《海域法》作为我国海洋宏观管理的法律制度，自实施以来，对于宏观调控海域的使用，起到了重要的不可替代的作用，但是，目前尚有许多配套的法律法规还没有跟上，因此，在作用的发挥上还有一定的局限性，而且我国没有专门的负责海洋工作的协调机构。单从这两点来看，我国既不是集中和半集中型管理机制模式，也不是松散型管理机制模式。

（3）没有统一的海上执法队伍。目前，我国海上执法体制属于分散型，海监、港监、渔政、公安、缉私等海上执法部门分属于国家海洋局、农业部、交通部、国家环保局、海关、海军等诸多部门。海洋执法自成体系，力量分散，形不成合力。他们按照相应的法律规定，各自执法巡航监视，现场调查取证，并向各自的主管机关报告，其结果是好管理的事情，管理的部门太多；不好管理或者法律界定不清的事情就没人管。尽管农业部的渔政渔港系统已形成中央、省、市、县、乡五级管理网络，是一支重要的海上执法力量，但近年来随着渔业生产的发展，海上渔场治安秩序比较混乱，偷抢渔获物和渔用器材的治安事件不断发生。尽管渔政部门有一定力量管理，但没有海上治安权，而有海上治安权的公安边防部门却因缺少海上管理手段，海上管理力量薄弱，加之海上作案现场不易保护、取证难等原因，致使许多海上治安案件得不到及时有效处理，助长了海上不法分子的嚣张气焰。

四 海洋管理机制改革的建议

尽管各个国家的海洋管理机制存在着一定的差异，但从总的演化过程看具有一定的共性：一是行业管理机构是海洋管理的基础。现代海洋管理机制呈现出综合性的特征，但综合并不意味着大而全。随着科学技术的发展和人类开发利用海洋的广度和深度的不断提高，海洋开发利用活动的专业分工越来越细，相应的海洋行政管理水平也由粗放型向科学化和专业化转化。任何国家即使是有高层次的海洋管理机构，这些专业的海洋产业管理部门也是绝对需要的，他们是海洋行政管理机制的基础。二是综合协调机制是发展的必然趋势。海洋管理的综合协调机制是以各种海洋资源开发利用和治理保护之间的复杂关系为中心，通过一系列的政策法规、海洋功能区划和海洋开发规划进行宏观指导、控制、协调和监督管理。它与行业管理的区别在于它是多资源、多目标的协调管理，而不是单资源、单目标的行业管理。它着眼于协调各行业管理的矛盾，使各个行业管理工作更加卓有成效。海洋管理工作之所以需要建立起综合协调机制，主要有三个方面的原因：一是研究和开发利用海洋的活动包括交通、渔业、能源、科技等诸多方面，分属不同的行业，全部集中于一个部门管理难度比较大。但是，这些活动之间又有密切联系，没有必要的协调是不可以的。二是有些海洋重大活动，一个部门是无能为力的，需要各方面的力量密切配合才能完成。三是在开发额度高的海域，不同行业争地的矛盾日益突出，同一沿海海域相互抵触的问题往往需要各个部门的参与协调，才能解决海域的综合、合理利用问题。

（1）我国海洋管理机制的改革可借鉴有关国家的做法。自《联合国海洋法公约》生效以来，沿海国家都相继建立起了自己的海洋管理机制。联合国号召沿海国家改变部门分散管理方式，建立多部门合作、社会各界参与的海洋综合管理制度。世界海洋和平大会推荐了四种海洋与海岸带综合管理模式，即荷兰模式、美国俄勒冈州模式、美国夏威夷模式和巴西模式。

美国是世界上实施海洋综合管理最早的国家，早在 20 世纪 70 年代初期，美国就通过了《海岸带管理法》，设立了国家管理海洋及资源、保护海洋，并具有海洋科研和技术力量为全国提供服务，制订国家海洋政策，参与国际海洋事务和合作的政府独立机构——国家海洋大气管理局（NOAA）。美国是联邦制国家，这决定了美国在海域使用管理方面采取中央和地方分权的形式。根据美国有关法规规定，离岸3海里内海域由沿海各州负责立法，实施管理。离岸3海里以外到20海里专属经济区由联邦政府负责，按职责分工由各联邦行政机构执行。州政府在离岸3海里内有“绝对”的管辖权，包括所有的海洋生物和矿物资源。这一授权包括在其辖界内管理、租赁、开发和利用土地自然资源的权力，对海下底土及其自然资源的开发与利用收取租赁费和税负。但涉及州辖海域水面的航行权、贸易权、国防和国际事务权则统一由联邦政府行使。目前已在沿海州建立了州级海洋管理机构和地方海洋管理机构，形成联邦、州和市县地方政府三级海洋管理体系。在联邦一级，海洋职能管理部门是国家海洋大气管理局（NOAA），另外，涉及海洋管理的部门还有运输部、内政部、能源部、国防部及国务院等部门。为加强领导、协调，根据美国《海洋资源与工程开发法》的规定，成立了“海洋科学、工程与资源委员会”，负责评价已有的海洋活动，并提出国家海洋规划和政府规划建议。根据美国国会2000年8月通过的《海洋法令》规定，成立了“国家海洋委员会”，负责审议制定美国新的海洋战略，协调跨部门、跨行业的国家海洋事务。

我国著名的海洋战略专家杨金森在《海洋事务面临的重大问题》一文中提出了适当调整我国海洋管理体制的几点建议：一是国际上推荐的建立海洋委员会的模式，既是美国、荷兰等国的经验，也符合中国的国情，可以参照设计一个国务院海洋事务委员会，负责海洋管理的协调工作；二是鉴于我国是一个沿海大国，应在国务院专设一个负责海洋工作的直属机构；三是加强地方政府对海洋工作的管理是世界性趋势。

（2）提高海洋管理主管部门的行政层次，加快我国海洋管理由以行业管理为主向综合管理为主转变的进程。例如，将国土资源部下属的国家海洋局单列出来成为海洋事务部，直接对国务院负责，由海洋事务部管理我国包括政策、法规、规划等在内的一切海洋事务。

（3）明确中央与地方对海洋事务的事权划分。国家海洋行政主管部门履行维护我国海洋权益，推进我国海洋法制建设，制定海洋经济发展方针、政策、发展战略规划，组织协调“科技兴海”战略的实施，对地方海洋管理工作进行宏观指导等重要职责。地方海洋管理部门是国家海洋管理部门的重要组成部分，是我国海洋管理体系的重要力量。《海域法》已经明确提出了中央与地方在海域使用管理上的统一领导、条块结合、分级管理的行政管理体系，这是我国海洋管理法规在规范中央与地方海洋事务管理工作关系方面的重要突破，也是对海洋综合协调管理机制在我国海洋管理实践中应用的重大推动。在规范这一工作关系时，该法提出国家海洋行政主管部门应加强对地方海洋工作的业务指导和监督，向国务院反映地方人民政府的有关建议和要求，并在政策、资金、技术等方面给予必要的支持，从而推动全国海洋管理工作的开展。地方海洋行政主管部门要接受国家海洋行政主管部门的业务指导，建立请示报告制度，及时向国家海洋行政主管部门汇报情况和反映问题，认真传达贯彻并组织落实国家海洋主管部门的指示精神。

（4）提高海洋管理人员素质。1996 年韩国成立了海洋水产部，对全国的海洋事务实行统一的综合管理。韩国海洋水产部拥有一支离素质的公务员队伍，在海洋水产部里有一半以上的人员是归国留学生，他们拥有在北美和欧洲等一些国家学成毕业的博士、硕士学位。在 5 位部级领导中，4 人有在国外留学或工作的经历，其中 3 人拥有西方的法律学或管理学博士学位。正是因为拥有这样一支高素质的管理队伍，才使韩国迅速实现了高度集中、高效运转的海洋综合管理机制。

（5）建立高层次的国家级海洋综合协调决策机构。国家及海洋综合协调决策机构负责制定研究开发、保护、防卫的重大战略方针，进行全局性连续指导，协调各部门、各地区之间的关系。这是海洋管理机制中最重要的层次，也是综合统一管理能否展开的关键环节。现在在我国代表国家海洋实施统一管理的机构是国家海洋局。国家海洋局经历了由海军代管、国家科委管辖、国土资源部管辖等过程，但一直无力承担统辖全国海洋管理的职责，更难以履行新的国际海洋法公约赋予的权利和义务，因此，亟待建立国家级更高层次的权威性的协调管理机构。例如，我们可以参考美国的海洋管理经验，建立一个由国务院各有关涉海部门参加的海洋事务委员会，既能起到协调海洋管理中各种关系的作用，又不增加国家机关人员编制。①

① 陈艳、赵晓宏:《我国海洋管理体制改革的方向及目标模式探讨》,《中国渔业经济》2006 年第 3 期。

第十章　保障海洋功能区划落实的对策

海洋功能区划是合理开发利用海洋资源、有效保护海洋生态环境的法定依据，必须坚决贯彻执行，但要真正使其严格而有效地得到实施，必须建立起一整套健全保障海洋功能区划实施的法律法规、管理体系、体制机制、技术支撑和跟踪评价等制度，依法建立起覆盖全部管辖海域的海洋综合管控体系，对海洋开发利用和海洋环境保护情况进行实时监视监测、分析评价和监督检查，确保海洋功能区划目标得以实现。

我国现行的海洋功能区划施行期限至2020年，在研究制订下一个海洋功能区划时，笔者认为应将我国的所有海域列入其中。在海域使用管理上，可以暂时有所区分：一是属我国目前完全控制的海域，作出具体功能区划、使用、管理等规划，并严格予以贯彻执行；二是港、澳地区海域可按“一国两制”原则，明确其管辖海域，具体使用管理由港、澳地区政府自主决定；三是台湾地区海域，我国政府可以在中国海域框架内明确其管辖海域，具体使用、管理暂由台湾当局自行决定；但对钓鱼岛海域和在台湾海域发生其他国家非法侵占时，应由中央政府和台湾当局共管，而且不管台湾当局管与不管，中央政府应旗帜鲜明地捍卫我国海域主权；四是与沿海国家有争议的海域，当暂时争议解决有困难的情况下，应本着“主权在我，搁置争议，共同开发”的原则利用海洋，保持海域地区和平稳定。

第一节　维护海洋功能区划的权威性

海洋功能区划具有整体性、基础性和稳定性的特点和作用，要发挥好其作用，就应维护好海洋功能区划的权威性、控制性和约束性，沿海地方各级人民政府应依据国家有关法律法规的规定，按照海洋功能区划的要求，认真做好所在地区的海洋功能区划实施工作，需编制或修订海洋功能区划时应严格按照程序逐级上报审核或审批。

一　强化海洋功能区划的控制性作用

各级在编制本级海洋功能区划时必须以上一级海洋功能区划为依据进行，下级对本级管辖海域的功能分区和管理要求等都必须与上级海洋功能区划保持一致。各级编制或修改上报的海洋功能区划，应征求有关部门和军事机关的意见，各级海洋功能区划经批准后，应向社会公布，真正建立起海洋功能区划编制和执行过程中的公众参与制度，提高海洋功能区划的科学化和民主化水平。

二　加强海洋功能区划实施的协调工作

海洋功能区划是编制各级各类涉海规划的基本依据，是制定海洋开发利用与海洋环境保护政策的基本平台。沿海各级人民政府在制定涉海发展战略和产业政策、编制涉海规划时，应当征求海洋行政主管部门的意见，海洋行政主管部门应对用海项目是否符合海洋功能区划要求进行审查，对于全部或部分不符合海洋功能区划要求的用海项目，应提出项目重新选址意见；渔业、盐业、交通、旅游、可再生能源、海底电缆管道等行业规划涉及海域使用的，应当符合海洋功能区划的要求；沿海土地利用总体规划、城乡规划、港口规划涉及海域使用的，应当与海洋功能区划相衔接。

三　从严控制海洋功能区划的修改

根据海洋功能区划规定，省级海洋功能区划批准实施满两年后，因公共利益、国防安全或者进行大型能源、交通等基础设施建设，经国务院批准的区域规划、产业规划或政策性文件等确定的重大建设项目，海域资源环境发生重大变化，确需改变海洋功能区划的，由编制该海洋功能区划的政府海洋行政主管部门根据国务院文件提出修改方案，报法定批准机关批准；应严禁通过修改市县级海洋功能区划，对省级海洋功能区划确定的功能区范围做出调整。

四　编制实施海洋综合规划和专项规划

沿海各级人民政府应根据《海域法》《海洋环保法》及其他有关涉海法律法规的规定，依据海洋功能区划管理海域、保护海洋环境；编制全国海洋环境保护规划、全国海岛保护规划、专属经济区和大陆架及其他管辖海域的开发保护规划等都应以全国海洋功能区划为依据进行；开发海岛周围海域的资源，应当以海洋功能区划的要求制定海岛生态保护方案，并采取严格的生态保护措施，不得造成海岛地形、岸滩、植被以及海岛周围海域生态环境的破坏。

第二节　全面提高海域使用管理水平

一　全面推进依法行政

依法行政，有效开展海洋监察执法工作。一是要完善海域管理的法规体系。按照全面推进依法行政、建设法治政府的要求，应尽快制定和修改完善相关法律法规，进一步规范海域使用权的申请审批、招标拍卖、转让、租赁、登记以及海域论证、预审等方面的程序。地方政府要及时修订与国家法律法规不一致甚至相抵触的涉海法规、规章，进一步理顺海域管理体制，为确保海洋功能区划的实施提供更加完备、有效的法制保障。二是应对《海域法》有关内容进行修改，制定军事用海管理、围填海管理、海上人工构筑物管理等法规，探索建立专属经济区、大陆架及其他海域用海活动管理制度。三是要加强执法检查力度。海洋主管部门应根据实际情况，对用海情况采取日常检查和突击检查相结合的形式进行执法检查，通过查获一批有影响的违法用海案件，有力打击违法用海行为，维护海洋秩序，从而提高人民群众的依法用海意识，促进海洋管理工作步入法制化的轨道。

二　审批用海项目应以海洋功能区划为依据

审批用海项目，应以海洋功能区划为依据，以促进经济和社会协调发展、保护和改善生态环境、严格控制填海和围海项目、保障国防安全和海上交通安全为原则；应不断完善以海洋功能区划为基础的功能管控制度，切实提高海洋功能区划的权威性和约束性，严禁不按海洋功能区划审批项目用海；省级海洋功能区划是县级以上各级人民政府审批项目用海的主要依据，任何单位和个人不得违反；海洋行政主管部门在审查项目用海时，应当征求有关部门和单位的意见，涉及军事项目用海的，必须征求有关军事机关的意见。

三　严格执行建设项目用海预审制度

涉海建设项目在向审批、核准部门申报项目可行性研究报告或项目申请报告前，应向海洋行政主管部门提出海域使用申请；海洋行政主管部门主要依据海洋功能区划、海域使用论证报告、专家评审意见及项目用海的审核程序进行预审，并出具用海预审意见；用海预审意见是审批建设项目可行性研究报告或核准项目申请报告的必要文件，凡未通过用海预审的涉海建设项目，各级投资主管部门不予审批、核准。

四　实施差别化的海域供给政策

重点安排国家产业政策鼓励类产业、战略性新兴产业和社会公益项目用海。制定各类建设项目用海控制标准，适时调整海域使用金征收标准，促进节约集约使用海域资源。加强对海岸线的管理，将占用海岸线长度作为项目用海审查的重点内容。

五　完善海域权属管理制度

按照《物权法》和《海域法》的规定，建立海域使用权登记岗位责任制，规范海域使用权登记管理；加强海域使用权的审批工作，完善海域使用金的征收使用和管理制度；推进海域使用权招标、拍卖和挂牌出让工作，充分发挥市场在海域资源配置中的基础性作用；规范海域使用权转让、出租、抵押行为，建立海域价值评估制度，积极培育海域使用权市场，总结经验，出台相关政策。

第三节 创新和加强围填海管理

一 科学编制、严格执行围填海计划

围填海计划是国民经济和社会发展计划的重要组成部分，是政府履行宏观调控、经济调节、公共服务职责的重要依据。国家应根据围填海资源现状和年度需求，按照适度从紧、集约利用、保护生态、海陆统筹的原则，经综合平衡后形成初步围填海计划，待征求有关部门意见后按程序纳入国民经济和社会发展计划。

围填海计划指标应实行指令性管理，不应擅自突破。建立围填海计划台账管理制度，对围填海计划指标使用情况进行及时登记和统计。加强围填海计划执行情况的评估和考核，对地方围填海实际面积超过当年下达计划指标的，暂停该围填海项目的受理和审查工作，并严格按规定扣减下一年度指标。

二 加强对集中连片围填海的管理

对于连片开发、需要整体围填用于建设或农业开发的海域，应编制区域用海规划，经省审核同意后，报国务院审批。区域用海规划应当依据海洋功能区划编制，加强区域用海整体规划、整体论证、整体审批和整体围填海管理。应提高海域使用论证及资质管理的水平，重点对改变海域自然属性、对海洋资源和生态环境影响大的用海活动进行严格把关。海域使用论证过程应公开透明，充分征求社会公众意见，接受社会各界的监督。

三 严格依照法定权限审批围填海项目

围填海项目的审批权在国家和沿海各省、自治区、直辖市人民

政府，各沿海省、自治区、直辖市不得违法违规下放围填海项目审批权。应提高办事效率，加强围填海项目用海审批管理，规范围填海项目海域使用论证和环境影响评价工作。应严禁规避法定审批权限，将单个建设项目用海化整为零、拆分审批。

四　加强对围填海项目选址、平面设计的审查

应禁止在经济生物的自然产卵场、繁殖场、索饵场和鸟类栖息地进行围填海活动。引导围填海向离岸、人工岛式发展，限制顺岸式围填海，严格控制内湾和重点滨海湿地围填海。围填海项目应尽量不占用、少占用岸线，保护自然岸线，延长人工岸线，保留公共通道，打造亲水岸线。建设项目同时涉及占用陆域和海域的，国土资源主管部门和海洋主管部门应相互征求意见，核定用地和用海规模。加强围填海动态监测，完善竣工验收制度，严格禁止违法违规围填海，对于闲置海域的使用权应当予以收回。

第四节　强化海洋环境保护和生态建设

一　坚持陆海统筹的发展理念

坚持陆海统筹的发展理念，发挥海洋功能区划在海洋开发利用活动中的控制作用，应当切实严格限制高耗能、高污染、高资源消耗型的产业，不能因新建的项目而使污染物的排放转嫁海洋。应结合近岸海域污染状况和海域环境容量，实施主要污染物排海总量控制制度，制定减排方案并监督实施，排污口的设置应满足海洋功能区环境保护的要求。

二　严格执行海洋环境质量标准

各类海洋功能区应按照国家相关标准，提出海洋环境保护的要求和具体的管理措施，严格执行海洋功能区环境质量标准，定期开展海洋功能区环境质量调查、监测和评价，各类用海活动必须严格执行规定的海洋功能区划环境保护的要求。应加强海洋开发利用项

目的全程环境保护监管和海洋环境执法，完善海洋工程实时监控系统，建立健全用海工程项目施工与运营期的跟踪监测和后评估制度。应加强海洋环境风险管理，完善海洋环境突发事件的应急机制，加强赤潮、绿潮、海上溢油、核泄漏等海洋环境灾害和突发事件的监测监视、预测预警和鉴定溯源能力建设。

三　完善海洋保护区网络系统

应完善海洋保护区网络系统，大力推进海洋保护区规范化建设和管理，海洋保护区周边的海洋开发利用活动不得影响保护区环境质量和保护区的完整性。应在海洋生态受损严重的区域组织实施海洋生态修复工程，开展滨海湿地固碳示范区建设和海洋生态文明示范区建设，提升海域生态服务价值和经济效益。

四　切实保护海洋水生生物资源，确保渔业可持续发展

应对沿岸海域进行科学规划、合理布局，切实做好重要渔业水域、水产种质资源保护区、水生野生动植物保护区的管理和保护，严格限制对海洋水生生物资源影响较大用海工程的规划和审批。最大限度地减少涉渔工程对渔业的影响，保护重要水产种质资源，维护海洋水生生物的多样性，促进渔业经济全面可持续健康发展。

第五节　加强海洋功能区划实施的基础建设

一　依靠科技，完善海洋功能区划的技术支撑体系

应依靠科技进步和创新，加强海洋功能区划理论与实践研究，促进海洋功能区划工作的科学性、超前性与可操作性。应利用现代科技手段，对海域的资源与环境、使用状况进行调查与评价，为海洋功能区划的编制提供可行的基础依据。应建立结构完整、功能齐全、技术先进的海洋功能区划管理信息系统，为建立海域使用与环境保护动态监视监测网络体系、全方位动态跟踪和监测海域使用状况与环境质量状况、强化政府对海域使用和海洋环境保护的实时监

督管理提供科学依据，实现与政府电子信息平台相联结，促进海洋行政管理和社会服务的信息化，提高各级海洋管理部门和其他涉海部门的综合决策能力和办事效率。

二 推进海域管理科技创新

应加强海域管理与海洋功能区划的理论、方法和技术手段研究，建立健全完善的海域管理科技标准体系，制订或修订海洋功能区划有关技术方面的国家标准和行业标准。应建立海域管理国际合作交流平台，借鉴国外海洋管理和海洋空间规划的先进经验和方式，提高我国海域管理的科技创新，促进海域管理学科发展。

三 开展海域海岸带综合整治

根据海洋功能区划确定的目标，完善海域海岸带整治修复计划，在重要海湾、河口、旅游区及大中城市毗邻海域全面开展整治修复工程。中央和地方海域使用金收入应专项支持开展海域海岸带综合整治修复工作，促进海洋经济有序、协调发展。

第六节 完善综合监测预警体系，提高管辖海域监管能力

近年来，随着沿海开发力度不断加大，沿海地区用海需求日益增多，尤其是随着围填海的兴起以及港口、城市建设的不断发展，我国海岸带自然岸线逐年减少，部分海湾和城市附近海域污染严重，重要生态系统退化，许多重点海域和重点项目亟须进行多频次、高精度监视监测。

一 充分发挥无人机基地的作用，全面提高海城管控能力

目前，我国海域动态监视监测的主要手段是卫星遥感、航空遥感、地面监视监测和远程视频监控等比较现代化的科技手段，这几种监测手段各有优势，但在应用中也存在一些相对不足，如卫星遥感监测受制于天气和拍摄周期等因素影响，在一些区域长年无法获

取一次性质量较高的影像；航空遥感监测具有较大的局限性和延时性；地面监视监测存在野外工作量大、人力成本高等问题；远程视频监控则存在拍摄范围较小、视频精度不高等问题。因此，为建立和完善行之有效的四级海域使用管理和海洋环境保护执法监督检查机制，以保证海洋功能区划的顺利实施，应在沿海省、自治区、直辖市普及建设无人机基地，负责监测所管辖的海域，全面实现沿海各地海域实施无人机遥感监测。

要对我国管辖海域实施全覆盖、立体化、高精度的监视监测，实时掌握海岸线、海湾、海岛及近海、远海的资源环境变化和开发利用情况。作为一种遥感监测平台，充分利用无人机遥感结合卫星遥感、有人机航空遥感以及海巡船等常规监测手段，形成真正的“天、空、地”立体海域监管模式，提高海域使用监测与评价技术水平。无人机飞行操作智能化程度高，可按预定航线自主飞行、摄像，实时提供遥感监测数据和低空视频监控。无人机遥感监测具有机动性强、便捷、成本低等特点，其所获取的高分辨率遥感数据在海域动态监管、海洋环境监测、资源保护等工作中用途极为广泛。无人机遥感监视监测技术与现有海域监视监测技术手段有机结合，必将增强我国海域综合管控能力。

应完善海洋功能区划和围填海计划实施的监测制度，建立建设项目用海实时监控系统，重点对围填海项目进行监视监测和分析评估。负有职责的部门和沿海地方各级人民政府应不断加大对海域动态监管体系的支持力度，切实建立起无盲区、无死角、全方位的海域动态监视监测管理体系。

2011 年辽宁省率先开展了无人机航拍工作，对大连长兴岛临港工业区、盘锦辽滨沿海经济区、锦州市新能源和可再生能源产业基地 3 个重点区域 980 平方千米的用海进行了 0.5 米精度的无人机航拍。2012 年 1 月 8 日，江苏省启用了海域三维立体监管平台，无人机进行了首航。江苏省利用无人机低空遥感测绘获取了连云港海岸线约 360 平方千米的航测遥感数据以及其他沿海地区近几年无人机航拍的应用等，充分说明了利用无人机航拍大大增强了我国海域综合管控能力。

我国沿海各地海域普及实施无人机遥感监测的条件已经成熟，各地在实施这项举措时只需做好以下四项工作即可：第一，购置无人机以及搭载的遥感监视监测数据采集、接收和处理等软硬件设备；第二，探索无人机操作、影像快速获取、数据快速处理、信息加工集成、变化信息自动提取等技术方法和技术指标，研究建立海域无人机监视监测管理模式、管理制度和技术规范；第三，建立一支业务熟练的无人机遥感监视监测技术团队；第四，探索对重点海域和重大项目的监测内容、监测频率、监测精度，研究无人机监视监测成果在海域管理与执法工作中的实际应用，形成海域管理、海监执法与动态监测三者之间的信息共享和协同作业机制。无人机航拍系统主要包括三个部分，即无人机飞行系统、航拍影像后期处理软件和影像拼接处理用的图形工作站。

二　不断加大监督检查力度，确保海洋功能区划目标的实现

沿海各级人民政府应根据海洋功能区划确定的目标，制定重点海域使用调整计划，明确不符合海洋功能区划的海域用海项目停工、拆除、迁址或关闭的时间表，并提出恢复项目所在海域环境的整治措施。沿海各级人民政府职能部门及其所属的海监机构应加大执法力度，整顿和规范海域使用管理秩序，对于不按海洋功能区划批准用海的，批准文件无效，收回海域使用权；对海洋生态环境造成破坏的，责令采取补救措施，限期进行整治和恢复。通过调整计划和监督检查，切实做到以海洋功能区划引导和制约用海需要，促进海上基础设施共享，降低开发利用成本，实现海洋开发利用从粗放型向集约型转变，提高用海质量，加强海洋环境保护。

三　加强海洋行政执法和监督检查

应加快推进海洋综合执法基地建设，通过日常监管和执法检查，整顿和规范海域使用管理秩序。对未经批准非法占有海域，无权批准、越权批准或者不按海洋功能区划批准使用海域，擅自改变海域

用途等违法行为的，应坚决予以查处。应依托海域动态监管系统，逐步实现从现场检查、实地取证为主转为遥感监测、远程取证为主，从人工分析、事后处理为主转为计算机分析、主动预警为主，提高发现违法违规开发问题的反应能力及精确度。应建立健全海洋开发利用违法举报制度，广泛实行信息公开，加强社会监督和舆论监督。

四　加大对我国管辖海域开展巡航监视力度

应深化全海域定期维权巡航执法，重点加强对敏感目标、重点海域的巡航监视，有效监管各种海洋涉外活动。应组织开展专项维权执法行动，定期检查海洋油气资源勘探开发、海底光缆和油气管道作业活动，及时发现和制止各种海洋侵权行为，保障海上交通安全，维护我国海洋权益。

五　全方位创设监视监测预警预报系统，高点谋划海洋生态环境健康发展谋略

海洋生态环境监视监测预警预报是个系统工程，虽然在野外工作量大、人力成本高，但它既是一个崭新的工程，也是一个基层工程，更是一个民心工程。为全方位、多角度地开展好这项工作，为开展海洋生态环境监视监测预警预报工作提供有力的组织保障，应在全国范围内建立健全海洋生态环境监视监测网络。在行政体系上，在沿海村庄和重点企业招聘海洋环保监督员，建立市、县、镇、村和重点企业监测管理网络。在技术体系上，本着“公助、民参、合作、共享”的原则共建海洋环境监视监测预报中心，实现优势互补，增强海洋环境监视监测能力；建设由知名专家组成的专家组队伍，建立由资源环境保护、海洋环境监测、海洋事务所、专家组组成的“行政＋事业＋中介组织”的工作机制，为海洋生态环境监视监测预警预报工作的顺利开展奠定坚实的组织基础。在资金保障上，要完善财政投入渠道，舍得投入，舍得花钱买平安，保障海洋行政管理队伍的监视监测预警预报工作高效运转，上级主管部门应利用每年集中收缴的海域使用金重点进行扶持，对所需仪器设备

的购置和实验室的新建改建给予大力支持，特别要加强海监执法装备的配置，加强海监执法船的配备步伐，以满足和适应监视监测工作的需要。

要全方位开展对海水、底质、生物类等海洋环境质量参数指标监测，加强对陆源入海、重点增养殖区、大型涉海企业排污口的实地监测等，聘请资深专家依据监测数据综合分析生态环境变化趋势及可能对养殖造成的影响，将专家意见和建议及时向社会发布，为预防和处置突发性、灾害性事件的发生、减少渔农损失提供信息、技术服务和决策依据，体现真心为民办好事、办实事的宗旨。在沿海主要港口建立电子显示屏，每天通过手机110信息网发布短信、每日在主要港口利用电子显示屏播放风暴潮浪和环境质量信息，定期编制预警简报、专报或快报等。把好海洋功能区划编制关，把好用海项目审批关，把好重大用海项目跟踪监测关，把好海监执法检查关，从不同角度为保护海洋生态环境发挥积极作用。

六　积极开展全方位、多层次的海洋生态环境监控协调合作

海洋资源自身的相互依存性和复杂性客观上需要多个行业相互配合，这就需要有广泛地协调和处理机构之间冲突的机制。

协调合作是一条能迅速提高海洋生态环境监控能力的行之有效的途径，应建立协调合作机制。要与有关部门和人员协调合作，可以考虑建立一个协调机构来执行政策协调、监测数据处理、交流与共享、海上执法任务调度以及海上救助等职能，该机构可以由相关部门的代表组成，以有助于政策协调与效率提高。要广开协调合作渠道，与国内外同行专业机构和知名科研院所拓展协调合作层面，寻求更高层次的共建与合作，弥补海洋生态环境监控的能力、理念、立法、管理等诸多方面的不足，充分发挥各自的区位优势、信息优势、人才优势、硬件优势等，实现信息共享，追求最优化的资源整合与配置。

七　建立健全海洋生态环境综合监测预警体系和技术配套

海洋生态环境综合监视监测预警系统的建立作为一项全新的工

作，各级各部门应当高度重视，经过各方积极努力，加强攻坚克难，尽快对有机污染和富营养化海区、赤潮多发区、海水养殖区、港口区、陆源排污口等各功能区的特点设计监测立案，进行布点调查，取得现场海洋环境监测数据，建立海洋环境质量信息管理系统，分析所辖海域主要环境要素的时空季节变化及分布状况等，客观准确地分析与评价海域环境特点和各海洋功能区生态环境质量。制定不同的海洋生态环境质量预警等级标准，确定合理的海洋生态环境预警戒值；建立海域生态环境质量变化趋势预警、预报的多参数综合评价系统，以发现海域存在的主要环境问题，快速对其作出预警。

要建立海洋环保技术产业化基地和示范试验区，关注海洋生态环境领域的理论研究，加强海洋生态环境恶化预警预测的理论研究，包括近岸海洋与河口环境及生态系统变化规律，大气—海洋—河口环境变化对居民健康的影响，海—陆—气与海岸带的环境定量分析平台，社会经济发展对海洋与大气环境的影响与反馈过程，近岸海洋河口造成经济发展脆弱性与灾害风险分析等课题，为海洋生态环境综合监测预警工作提供理论依据与参考，增强监视监测预警预报工作的针对性和有效性。

同时，应加大科技投入，全面提高海洋生态环境综合监视监测预警系统现代化水平。当前，海洋生态环境综合监视监测预警系统一个突出的缺点是手段传统，设施落后，严重影响监测数据的实时性与精确性，达不到预警预报的目的。当务之急是吸纳资金投入，加速监视监测预警系统设施的现代化升级，实现智能、在线、快速、实时监测监督等。

八　建立海洋生态环境重大事件应急反应机制

建立海洋环境重大事件的应急反应机制和制订应急预案，应对海洋生态环境重大突发事件的发生，对维护人民群众的生命和财产安全意义重大。一要建立应急反应工作组织或机构，做到责任清晰，分工明确；二要制订处突应急预案，在突发事件发生前，要充分考虑各种情况，及时稳妥而有效地果敢处理和应对各类突发事件，最大限度地保障国家和人民群众的生命和财产安全；三要经常进行执行应急预案演练，提高队伍的整体素质，真正遭遇突发事件时要使突发事件消息、进展与最终处理结果的发布、起因与损失等的调查、灾害评估、受灾安抚、责任追究以及受灾区域的人员疏散、损失补助、疫区养殖品的起捕、上市以及销毁等事项应对自如，处置恰当。

九　加强海洋生态环境综合监视监测预警预报制度建设，严格实行标准化管理

一是制订《海洋生态环境综合监视监测预警预报管理规定》，掌握海洋环境突发事件第一手资料，加强信息统计和综合分析，针对事件发展趋势作出预测，最大限度地减少和降低事件造成的损失；二是建立海洋环境预报预警统一发布制度，建立快速的海洋生态环境质量预警信息发布渠道，准确无误地将预警信息发送到广大沿海业主与县、乡镇级基层海洋与渔业管理和技术部门及人员；三是建立海区生态环境质量事故调查、评估分析、处理制度。根据不同灾种和地区制定事故发生后人员物资转移、救急预备、灾后恢复及灾情调查评估预案，制定海区生态环境事故理赔办法、标准与应对措施；四是组织开展国内外海洋生态环境监视监测预警体制和管理工作机制调研，研究市场经济体制下海洋生态环境监视监测预警系统改革问题，为提高海洋环境的防灾减灾能力，为优质高效服务于快速发展的经济建设做出积极而应有的贡献。

第七节　建立统一的海洋执法队伍

一　海洋执法管理体制状况

我国现行的海洋执法管理体制基本上是分部门、分行业管理。同发达国家海上统一执法的管理体制相比，这种多头分散管理的体制，容易产生部门各自为政、执法内松外严、效能低下甚至推诿扯皮等弊端。由于历史等多种原因，长期以来，我国的海域管理权分散在海监、渔政、海关、海事、边防海警等多个部门，人们称之为“五龙治海”。其中，中国海监隶属国家海洋局，下辖北海、东海、南海三个海区总队，现有各类执法船艇400余艘，执法飞机若干架。2008年国务院“三定”方案明确的中国海监的具体职责是：“依法维护国家海洋权益……在我国管辖海域实施定期维权巡航执法制度，查处违法活动。”中国渔政隶属农业部，包括黄渤海、东海、南海3个海区渔政局，下设“渔政总队”。2000年农业部正式成立渔政指挥中心，负责组织协调全国重大渔业执法行动，包括跨海域、跨省区的护渔行动等。海关缉私局隶属海关总署，主要职责是打击各类海上走私违法犯罪活动。中国海事隶属交通部，主要负责行使国家水上安全监督及海洋设施检验、航海保障管理和行政执法，并履行交通部安全生产等管理职能，确保我国管辖海域船舶安全和航行秩序等。边防海警隶属公安部边防管理局，主要负责海上防范和打击境外敌对势力、偷渡、走私、贩枪、贩毒及其他违法犯罪活动以及军事海上演习警戒，对海洋违法犯罪嫌疑人员和船舶依法实施登临检查等。

以上五支海上执法队伍在海洋维权中呈现出各自特点。海监执法船只吨位较大，具备长时间、大面积的海域巡航执法能力；渔政执法船只数量较多，熟悉各重点捕捞海域情况，在保障渔业生产安全方面具有独特优势；海事部门在确保近海海域交通安全方面，拥有广泛的信息源和专业救捞力量；边防海警由现役军人组成，组织纪律性、作战能力强，但船只吨位普遍较小，难以在较远海域维权方面发挥更大作用。实践证明，这种“五龙治海”的海域管理权分散的局面不利于我国海洋维权。

近年来，外国渔船侵入我国专属经济区海域的情况日益增多，外军抵近侦察事件频繁发生，我国“五龙治海”的海域管理格局，已经不能从容应对大面积海域维权执法的复杂情况，现有各海上执法力量也不具备独立有效处理海上大规模突发事件的应急反应能力。从目前来看，海监、渔政等政府涉海部门维权执法能力较弱，是制约我国海洋维权能力提升的一个重要“瓶颈”。自2008年以来，围绕钓鱼岛主权争端、管辖海域划界问题，中国海监、渔政等部门采取了一系列海上涉外维权行动，并取得一定成效。但从整体上看，中国的海洋维权斗争仍存在诸多问题。这其中，既有海洋大国与周边国家不断侵权所造成的外部维权压力，更有我国维权力量、维权能力相对薄弱所形成的内部“瓶颈”。2012年9月11日，日本政府宣布“购买”钓鱼岛。针对日方的侵权行为，我国持续开展钓鱼岛海域维权巡航执法，以实际行动宣示了主权。自此以后中国政府成功实现了钓鱼岛海域的常态巡航，切实增强了我国对钓鱼岛海域的管控力度。但日本海上保安厅也多次调集舰船、固定翼直升机对中国巡航编队实施近距离跟踪、监视和干扰，采取穿越、夹击等危险的航路管制行为，并伴有强光照射等挑衅行为，企图吓阻我海上正常维权活动。

二　整合海洋执法队伍

根据我国辽阔的海域情况，在维护我国海洋权益的任务日益繁重的大环境下，集中海洋执法力量，统一海洋执法管理是大势所趋。但是，这一冲破传统旧体制的举措尚需较长时日，特别是在现阶段我国海洋执法力量相对薄弱的情况下，实现这一目标难度更大。因此，从长远着眼，建立一支强大的海洋执法队伍，并不断壮大这支队伍自身的力量是我国海洋管理工作的一项重要任务。近年来，随着地方海洋管理机构的建立健全，地方各级海洋执法队伍也相应组建，从而迅速壮大了我国海洋执法的力量。然而，地方海洋执法队伍的建设尚处在初级阶段，各地海洋执法队伍的建制和隶属关系尚未统一和规范。有的渔政与海监合一，有的由国家海洋局派出机构代理，有的在同一省市内机构设置也不尽相同。尽管这些不同模式体现了各地的实际情况，但因执法主体、执法依据和执法程序等方面的区别，在具体执法过程中难免给管理相对人造成不应有的混乱和误解。从长远看，就整合多部门海洋维权力量，形成更加有效独立的海洋维权机构，不少专家同仁学者的见解时常见诸报端。笔者认为，建立具有中国特色的“海上警卫队”是大幅度提升我国海洋维权能力的必然趋势。因此，我们可以参照邻国日本的模式建立起我们的海上执法队伍。

三 日本海上执法队伍状况

日本在战后长期以来实行分散的海洋管理模式，但却建有完备的海上执法机构，即日本海上保安厅。日本海上保安厅成立于1948年5月1日，是效仿美国的“海岸警备队”建立的，目的是维护日本的海上治安。其职责主要包括海上治安、维护海洋权益、海上防灾救灾、海洋环境保护等内容，平时隶属于国土交通省，战时归属日本防卫省直接指挥。但是，随着海洋问题的日益重要，日本海上保安厅不断调整任务重点，职责范围亦逐步扩大。作为海上准防卫体制和海上准武装力量的一部分，日本海上保安厅的性质也越来越接近美国的“海岸警备队”。日本海上保安厅所管辖的水域为领海、毗连区、专属经济区（EEZ）以及日美海上搜救协定《日美SAR协定》规定的搜寻救助区域（自日本本土东南1200海里）。其中，仅领海和专属经济区面积合计约447万平方千米，大约相当于日本国土面积的12倍。如果加上《日美SAR协定》的分担海域，日本海上保安厅负责管辖的海域大约相当于日本国土面积的36倍。

海上保安厅成为日本“第二海军”。随着各国海洋权益的不断扩展，组建独立的综合性海上执法力量已经成为趋势。美国海岸警卫队、日本海上保安厅、韩国海洋警察厅等准军事化力量，在海洋权益争夺中的地位与作用越发突出。特别是日本海上保安厅，已经成为日本与邻国争夺海洋权益的“利器”。日本海上保安厅总部设在东京，内设行政部、装备技术部、警备救难部、海洋情报部、海上交通部5个职能部门，辖11个管区以及海上保安大学和海上保安学校两所专业培训院校。其中，行政部主要负责公共关系、国际交流、人事管理、预算财务等工作；装备技术部主要负责船艇建造、飞机采购以及其他装备购置等工作；警备救难部主要负责海上公共秩序、海上救难与污染防治等工作；海洋情报部主要负责海图测绘、航道测量、海洋观测、提供海图出版物和确保航行安全所需的信息管理等工作；海上交通部主要负责航行安全措施的实施、航标的设立、维护和运作等工作。此外，日本海上保安厅非常重视队伍建设和职工教育工作，并拥有自己的人员培训机构——海上保安大学和海上保安学校。海上保安大学负责培养海上保安厅的干部职员，学生在四年半的学习期间接受高等教育和培训，包括一般教育科目和外语科目，还有法学、行政管理学、航海学、轮机工程学、通信工程学等专业科目以及训练科目，在学完了本科教育课程之后，转入专业教育课程，同时，还必须参加环球远洋航海实习，实习与海上保安实际业务相关的科目。海上保安大学除本科和专业教育课程以外，还有特修教育课程，以培养海上保安厅的初级干部，从一般海上保安官之中选拔成绩优秀的进修生，进行教育训练，学习所需要的知识和技术。当补充保安官时，在全社会按照严格的条件经考试合格录取后须经海上保安大学或海上保安学校的专业培训合格后方能上岗。

日本海上保安厅以日本本土为中心，将周边管辖海域分为 11 个海上管区，每个管区都设有海上保安本部，11 个保安本部下辖 66 个海上保安监部，另有海上警备救难部 1 个、海上保安署 58 个、海上交通中心 7 个、航空基地 14 个、海外保安署 58 个。日本海上保安厅的总职员数 12297 名（同一时期，日本的警察官约 246500 名，海上自卫官约 44400 名）。每年的经费预算大约 1700 亿日元。拥有各类巡视船艇 50 多种，共计 366 余艘（船上一般装备 40 毫米、35 毫米等口径火炮数门），其中，载直升机巡视船 13 艘，大型巡视船 40 艘，中型巡视船 46 艘，小型巡视船 20 艘，消防船 5 艘，其他巡视艇 200 余艘，另有测量船、设标船、航标维护船和教育实习船等。拥有各类型固定翼飞机 29 架，各类直升机 46 架。可以说，日本海上保安厅的兵力规模与海上行动能力甚至远超许多国家的海军。

近年来，日本海上保安厅在争议海域的活动日益频繁，特别是在我国钓鱼岛水域，海上保安厅野蛮暴力驱赶我国作业渔民以及民间“保钓”船只。同时，海上保安厅在其所辖的灯塔上大规模装备监视雷达、红外线夜视装置，并进一步完善危机管理综合情报系统。

平时，海上保安厅与日本自卫队的情报中心密切保持联络，并可以得到自卫队的直接支援。每年举行的日本海上演习中，海上保安厅都会演练与海上自卫队之间的协同科目。海上保安厅还定期参加美国海军在西太平洋举行的军事演习。可以说，海上保安厅虽然在编制上属于日本国土交通省，但在情报、技术支持甚至业务上都可以算做是日本海上自卫队的外围力量，称其为日本的“第二海军”并不为过。

四　建立海上准军事武装

进入21世纪以来，我国海上维权形势日益严峻，确保油气开发安全、监控进入我国管辖海域的各类涉外目标，已经成为我国海洋维权的重要内容。而海监、渔政等政府海上执法力量在船舶吨位、武器配备、对峙经验等方面，均不足以与日本海上保安厅等周边国家海上准军事力量抗衡。长此以往，将可能逐步导致某些关键性、战略性海域控制权的丧失。“知己知彼、百战不殆”，加强对海洋强国以及周边国家海洋执法力量的研究，从中汲取有益经验，对于我国的海洋维权斗争同样具有重要意义。

各国实践表明，将海上执法力量纳入准军事组织系列，充分发挥海军与政府海上执法力量的协同能力，已经成为有效维护国家海洋权益的根本保证。如《美国海军法》规定：“海岸警卫队在战时按照总统的命令，转隶属于海军部参加作战。海岸警卫队参战形式有两种：第一是人员、舰艇直接并人海军参战；第二是利用海岸警卫队的特殊技能，承担特别任务。”

2003年美国海岸警卫队正式转入国土安全部后，时任国土安全部部长汤姆·里奇将海岸警卫队的地位和角色描述为：“海岸警卫队的基础职责包括国防、保护、快速反应、救捞，几乎覆盖国土安全任务的所有方面。”日本海上保安厅、韩国海上警察厅两大海上准军事组织，平时执行海上执法警戒任务，战时参加海上作战。

从美日韩等国的实践来看，海军与海上执法力量要达成有效协同配合，必须经过长期的磨合与训练。美国海岸警卫队自成立开始，参加过包括第一次世界大战、第二次世界大战、海湾战争在内的多次大规模军事行动，与海军并肩作战。日本海上保安厅先后与海上自卫队实施了数十次大规模联合演练，有时一年双方的联合训练达30余次，协同配合能力得到明显提高。韩国海军与海警则在长期的联合巡逻与警戒行动中形成了较强的协同配合能力。

目前，我国的海洋执法队伍建设应本着立足当前，着眼未来的原则，从我国海洋管理的实际和海洋执法队伍的现状出发，建设高素质的海洋执法队伍。海洋执法队伍与海洋行政执法机关是海洋执法活动的主体，肩负着我国海域的海上监督、检查等执法任务，是海洋良好秩序的创造者和捍卫者。海洋管理人员只有具备很高的海洋法律素养和丰厚的海洋知识，才能胜任复杂的海洋行政管理工作。因此，建设一支强有力的海上执法力量是发展海洋事业刻不容缓的大事。在目前条件下，应继续不断加强我国港监、渔政、交通、治安、缉私等原有执法队伍建设。沿海各级人民政府应把海域管理工作放在重要位置，列入重要议事日程，明确目标任务，完善政策措施，实行目标责任制，科学考评考核，严格责任追究。应加强海域管理专业教育和继续教育，塑造一支懂科学、会管理、善管理、愿管理、能管理的高素质管理队伍。应建立海域管理从业人员上岗认证和机构资质认证制度，切实提高海域管理技术和管理人才的专业素养。在逐步整合海洋维权队伍的同时，应继续发挥军队，特别是海军在人才培养、训练基地、装备保障等方面的优势，协助海监、渔政等部门强化海洋维权执法能力。包括加速发展一批大中型水面执法舰艇（1000—3000吨）及远程飞机，逐步缩小与日本海上保安厅、韩国海警厅在大中型舰艇方面的差距，提高执法船只的海上对峙、持续巡航以及慑止能力；加强武器装备建设，我国海洋执法船只配有少量轻武器，自卫能力不强。相比之下，日本海上保安厅、韩国海警厅的巡逻舰艇已是完全意义上的准军事化，普遍装备有制式火炮、机枪、高压水炮等武器。政府执法部门在后续舰艇建造中应考虑安装小口径火炮、机枪以及其他非致命武器和特种装备，以增强海上慑止能力，确保我国执法舰船和人员安全。

海洋维权涉及军事、外交、法律等诸多方面，需从国家战略高度统筹规划和考虑。现阶段，中国海洋维权力量分散于农业部、公安部、交通部、国家海洋局等部门，要将它们从职能部门中分离出来并实现整合，需要一定的时间。

当前，中央政府已经就整合多部门海洋维权力量，形成更加有效独立的海洋维权机构，正在紧锣密鼓的调研之中。近期成立专门的涉外海洋维权机构，存在一定的困难，但可以先着手加强海军与海监、渔政、海警等部门之间的协调配合机制，发挥海军的主导作用。在条件具备或基本具备时，应将五支海上维权队伍进行整合，合并为一支队伍，成立“海上警卫队”，并且要配备精良的船、艇、飞机等装备，配备一定数量的武器，平时担任海域维权任务，战时根据需要赋予其海上作战任务。成立海警学校，培训培养专门人才，真正使其成为一支准军事化的队伍。

五 强化海洋宣传教育，增强全民海洋观念

应广泛、深入、持久地进行海洋科学知识、海洋发展战略、海洋法律法规及党和国家的有关方针、政策的宣传教育，使人们深刻认识我国海洋的重要地位和加强海洋管理工作的必要性和紧迫性，增强全民海洋国土和海洋可持续发展观念，为实施海洋功能区划营造良好的社会氛围。应多层次、多渠道、有针对性地做好海洋功能区划的宣传和培训工作，提高各级管理部门科学管理海洋的水平，以及各类用海者合理开发利用海洋的自觉性。应进一步加强舆论监督，完善信访、举报和听证制度，充分调动广大人民群众和民间团体参与海洋开发保护监督工作的积极性。各级领导干部应当带头学

习海洋知识，关心海洋事务，尊重海洋规律，切实研究和解决海洋发展面临的新情况、新问题，牢固树立依据海洋功能区划开发和保护海洋的自觉性。新闻媒体应当发挥好舆论的信息、教育和监督作用，以多种方式普及宣传海洋知识，在全社会形成关注海洋、热爱海洋、保护海洋和合理开发利用海洋的良好氛围。

参考文献

法律、规范性文件（含已被批准实施的各级海洋功能区划报告）类

[1]《中华人民共和国海洋环境保护法》(1999)。
[2]《中华人民共和国海域使用管理法》(2001)。
[3]《联合国海洋法公约》(1982)。
[4]《全国海洋功能区划》(2002)。
[5]《海洋功能区划技术导则》(2006)。
[6]《省级海洋功能区划审批办法》(2002)。
[7]《海洋功能区划验收管理办法》(1999)。
[8]《海洋标准化管理办法》(2008)。
[9]《关于加快海洋功能区划编制、审批和实施工作的通知》(2002)。
[10]《海洋功能区划管理规定》(2008)。
[11]《海水增养殖区监测技术规程》(2002)。
[12]《倾倒区管理暂行规定》(2003)。
[13]《中华人民共和国海洋石油勘探开发环境保护管理条例》(1983)。
[14]《中华人民共和国防治陆源污染物污染损害海洋环境管理条例》(1990)。
[15]《中华人民共和国防治海洋工程建设项目污染损害海洋环境管理条例》(2006)。
[16]《中华人民共和国海洋倾废管理条例》(1990)。

[17]《铺设海底电缆管道管理规定》(1990)。
[18]《海域使用测量管理办法》(2002)。
[19]《海域使用权管理规定》(2006)。
[20]《河北省海洋功能区划》(2006)。
[21]《天津市海洋功能区划》(2000)。
[22]《浙江省海洋功能区划》(2006)。
[23]《福建省海洋功能区划》(2003)。
[24]《广西壮族自治区海洋功能区划》(2005)。
[25]《上海市海洋功能区划》(2002)。
[26]《山东省海洋功能区划》(2004)。
[27]《青岛市海洋功能区划》(2002)。

论文类

[1] 葛瑞卿:《海洋功能区划的理论和实践》,《海洋通报》2001 年第 4 期。
[2] 王佩儿:《资源定位的海洋功能区划和沿海城市概念规划》,《浙江万里学院学报》2008 年第 2 期。
[3] 吕彩霞:《〈海域使用管理法〉的形成及意义》,《海洋开发与管理》2006 年第 5 期。
[4] 吕彩霞:《海域使用制度与海洋综合管理》,《海洋开发与管理》2000 年第 1 期。
[5] 吕彩霞:《海域使用管理立法的主要目的和基本制度》,《海洋开发与管理》2000 年第 2 期。
[6] 周鲁闽、卢昌义:《东亚海区的海岸带综合管理经验从地方性示范到区域性合作》,《台湾海峡》2006 年第 3 期。
[7] 刘容子:《构建海洋管理规划体系,强化海洋综合管理》,《海洋开发与管理》2002 年第 1 期。
[8] 张金良:《关于加强海洋功能区划,减少渔业生产纠纷,维护渔民合法权益的几点建议》,《中国水产》2003 年第 5 期。
[9] 徐志良、周宏春:《关于将海洋纳入经济区划视野的思考》,

《经济研究参考》2003 年第 41 期。
[10] 徐伟金:《关于主体功能区划有关问题探讨》,《浙江经济》2006 年第 10 期。
[11]《详解海域使用管理法的意义和作用》,《经济日报》2007 年 1 月 25 日。
[12] 肖桂荣、邬群勇、郭朝珍:《海洋功能区划 WebGIS 的设计与实现》,《福州大学学报》2002 年第 3 期。
[13] 邬群勇、王钦敏、肖桂荣:《海洋功能区划管理信息系统》,《地球信息科学》2003 年第 1 期。
[14] 李巧稚、刘百桥、林宁:《海洋功能区划管理信息系统框架研究》,《海洋通报》2001 年第 2 期。
[15] 王佩儿、刘阳雄、张珞平、陈伟琪、洪华生:《海洋功能区划立法探讨》,《海洋环境科学》2006 年第 4 期。
[16] 栾维新、刘容子、王茂军:《海洋功能区划与海洋发展规划关系的研究》,《海洋开发与管理》2001 年第 2 期。
[17] 胥宁:《海域分等定级制度浅析》,《海洋通报》2003 年第 5 期。
[18] 苗丽娟、李淑媛、王玉广:《海域使用分类定级方法初探》,《国土资源科技管理》2005 年第 4 期。
[19] 贾后磊、谢健、洪沛民、刘高潮:《海域使用管理中存在的问题及对策》,《海洋开发与管理》2006 年第 5 期。
[20] 滕骏华、黄韦艮、孙美仙:《基于网络 GIS 的海洋功能区划管理信息系统》,《东海海洋》2005 年第 2 期。
[21] 张灵杰:《开展海洋经济区划研究的若干问题》,《海洋信息》1999 年第 1 期。
[22] 张灵杰:《美国海岸海洋管理的法律体系与实践》,《海洋地质动态》2002 年第 3 期。
[23] 宋增华:《略论海域使用分类与管理立法》,《海洋开发与管理》2002 年第 2 期。

[24] 游建胜:《论海洋功能区划的几个问题》,《福建地理》2001年第2期。
[25] 黄创良:《论海洋资源环境保护与海洋经济发展的关系》,《海洋与渔业》2007年1月29日。
[26] 顿光宇、张勇:《浅谈海洋功能区划与海域使用规划的区别与联系》,《海洋开发与管理》2001年第2期。
[27] 于永海、苗丰民、张永华、刘娟:《区域海洋产业合理布局的问题及对策》,《国土与自然资源研究》2004年第1期。
[28] 林千红、洪华生:《区域海洋管理的能力建设及其效益分析》,《厦门大学学报》2005年第4期。
[29] 滕祖文:《区域海洋管理局的自我完善和发展》,《海洋开发与管理》2006年第5期。
[30] 刘明:《区域海洋经济可持续发展的能力评价》,《中国统计》2008年第3期。
[31] 阿东:《认真组织编制海洋功能区划,贯彻实施海洋管理法律法规》,《海洋开发与管理》2001年第1期。
[32] 王佩儿、洪华生、张珞平:《试论以资源定位的海洋功能区划》,《厦门大学学报》2004年第43期。
[33] 陈峻、高专:《树立海洋功能区划观念,依法治理港口水域乱养殖》,《世界海运》2004年第2期。
[34] 张永华、王玉广、李淑媛:《新旧海洋功能区划指标体系对比分析》,《海洋开发与管理》2005年第5期。
[35] 栾维新、阿东:《中国海洋功能区划的基本方案》,《人文地理》2002年第2期。
[36] 王斌:《中国海洋环境现状及保护对策》,《环境保护》2006年第2期。
[37] 赵章元:《中国近岸海域环境分区管理方法探讨》,《环境科学研究》1999年第6期。
[38] 王铁民:《对〈海域使用管理法〉有关条款的理解》,《海洋

开发与管理》2002 年第 1 期。

[39] 崔凤友:《海域使用权制度研究》,博士学位论文,中国海洋大学,2004 年。

[40] 王利、苗丰民:《海域有偿使用价格确定的理论研究》,《海洋开发与管理》1999 年第 1 期。

[41] 陈艳:《海域使用管理的理论与实践研究》,博士学位论文,中国海洋大学,2006 年。

著作类

[1] 姚泊:《海洋环境概论》,化学工业出版社 2007 年版。

[2] 王琪:《海洋管理——从理念到制度》,海洋出版社 2007 年版。

[3] 周剑云、戚冬瑾:《中国城市规划法规体系》,中国建筑工业出版社 2006 年版。

[4] 徐祥民:《海洋环境的法律保护研究》,中国海洋大学出版社 2006 年版。

[5] 马英杰、田其云:《海洋资源法律研究》,中国海洋大学出版社 2006 年版。

[6] 刘中民:《国外海洋环境制度导论》,海洋出版社 2007 年版。

[7] 李永军:《海域使用权研究》,中国政法大学出版社 2006 年版。

[8] 孙书贤:《海洋行政执法法律依据汇编》,海洋出版社 2007 年版。

[9] 苗丰民、杨新海、于永梅:《海域使用论证技术研究与实践》,海洋出版社 2007 年版。

[10] 国家海洋局海域管理司:《国外海洋管理法规选编》,海洋出版社 2001 年版。

[11] 鹿守本:《海洋管理通论》,海洋出版社 1997 年版。

[12] 鹿守本、艾万铸:《海岸带综合管理——体制和运行机制研究》,海洋出版社 2010 年版。

[13] 胡建淼:《行政法学》,法律出版社 1998 年版。

[14] [美] 莱斯特·R. 布朗:《生态经济有利于地球的经济构

想》，东方出版社 2002 年版。

[15] 王铁崖：《国际法》，法律出版社 1981 年版。

[16] 卞耀武、曹康泰、王曙光：《海洋使用管理法释义》，法律出版社 2020 年版。

[17] 鹿守本、李永祺：《海域使用管理基本问题研究》，中国海洋大学出版社 2002 年版。

[18] 国家海洋局海域管理司：《国外海洋法规选编》，海洋出版社 2001 年版。

[19] 陈学雷：《海洋资源开发与管理》，科学出版社 2000 年版。

[20] 韩立民、陈艳：《海域使用管理的理论与实践》，中国海洋大学出版社 2006 年版。

[21] 恽才兴、蒋兴伟：《海岸带可持续发展与综合管理》，海洋出版社 2002 年版。

[22] 杨金森：《海岸带与海洋生态经济管理》，海洋出版社 2000 年版。

[23] [德] 拉伦茨：《德国民法通论》，法律出版社 2003 年版。

[24] [法] 雅克·盖斯坦、吉勒·古博：《法国民法总论》，法律出版社 2004 年版。